军队"2110工程"三期建设教材

核爆炸侦察技术及应用

李夕海　李义红　编著

国防工业出版社

·北京·

内容简介

本书主要介绍了次声波侦察地震波侦察及电磁脉冲波侦察等核爆炸侦察技术的基本原理，系统阐述了核爆炸侦察信息的获取、事件检测、性质鉴别、源参数计算等关键方法，以及相应的波形信号融合处理技术，并简要介绍了天基核爆炸侦察、放射性及水声侦察等其他核爆炸侦察技术。

本书可作为核爆炸侦察及禁核试核查方向的专业教材，也可作为从事相关领域教学、科研的工作者和工程技术人员的参考书。

图书在版编目（CIP）数据

核爆炸侦察技术及应用/李夕海，李义红编著. —北京：国防工业出版社，2016.5
ISBN 978-7-118-10780-7

Ⅰ. ①核…　Ⅱ. ①李…　②李…　Ⅲ. ①核爆炸 - 辐射侦察 - 研究　Ⅳ. ①TL91

中国版本图书馆 CIP 数据核字（2016）第 054749 号

※

国防工业出版社出版发行

（北京市海淀区紫竹院南路 23 号　邮政编码 100048）
涿中印刷厂印刷
新华书店经售

*

开本 787×1092　1/16　印张 11¾　字数 266 千字
2016 年 5 月第 1 版第 1 次印刷　印数 1—2000 册　定价 32.00 元

（本书如有印装错误，我社负责调换）

国防书店：（010）88540777　　　发行邮购：（010）88540776
发行传真：（010）88540755　　　发行业务：（010）88540717

前　言

核爆炸侦察（曾称核爆探测）是通过对核爆炸直接或间接产生的各种效应信号的监测、接收、分析及处理，如冲击波、光辐射、核辐射、次声波、电磁脉冲波和地震波等，获得核爆炸源参数的一种军事活动。核爆炸侦察是随着核武器的出现而产生的一门国防技术，它既是军事情报侦察的重要研究领域之一，同时也是国际核军备控制的一个主要研究领域。在平时可侦察他国核试验及核技术与核力量发展动向，在战时可侦察核爆炸打击效果。所以，核爆炸侦察不仅具有重要的军事意义，而且对维护世界和平、促进国防建设都有十分重要的战略意义。

国外在 20 世纪 50 年代就开始了核爆炸探测工作，20 世纪 60、70 年代随着核武器技术的迅速发展，核爆炸侦察技术也发展很快。我国从 20 世纪 60 年代就开始了核爆炸侦察技术研究与实践。第二炮兵工程大学从 20 世纪 80 年中期就开始了核爆炸侦察的教学与研究，并建立了相关专业及教学科研团队。本书作者从 20 世纪 90 年代中期开始，对核爆炸侦察，特别是核爆炸侦察信息处理展开了较系统深入的研究，同时进行了侦测工程专业的教学与实践。为了适应专业教学和相关科学研究需求，我们在对 20 多年教学讲义和研究成果梳理的基础上，充分吸收国内外研究成果，编著了这本《核爆炸侦察技术及应用》。

本书共分七章。第一章介绍了核爆炸侦察的研究内容、基本要求，核爆炸侦察系统及技术发展概况，较为系统地阐述了国内外核爆炸侦察技术的现状、发展趋势以及禁止核试验条约的发展历程。第二章介绍核爆炸及其物理效应，从核裂变和聚变反应、核武器爆炸过程、核爆炸方式与外观景象、核爆炸侦察方式等方面进行了阐述。第三章在简要介绍次声波基础知识的基础上，从核爆炸次声波的形成、核爆炸次声波的测量与接收、核爆炸次声波信号综合处理等方面对核爆炸次声波侦察技术做了全面论述，并简要介绍了 IMS 次声波台站及数据处理技术。第四章概述了地震波基础以及核爆炸地震波侦察的简要历史，从核爆炸地震波的形成与传播、地震波探测技术和核爆炸地震波信号的综合处理等角度对地震波侦察技术进行了全面阐述，重点论述了核爆炸地震波信号的鉴别技术。第五章在概述核爆炸电磁脉冲侦察的优缺点及理论发展的基础上，从核爆炸电磁脉冲的产生与传播、核爆炸电磁脉冲的接收与综合处理等角度对核爆炸电磁脉冲侦察技术作了较全面的介绍。第六章简要介绍了天基核爆炸侦察、水声侦察和放射性核素侦察等三种核爆侦察技术。第七章重点介绍了基于多源核爆炸侦察数据的爆炸源位置综合计算及爆炸性质融合判别技术，并设计了一个多源核爆炸侦察数据融合处理系统。

本书作者尽自己的能力所及，广泛吸收前人的研究成果，尽量做到全面系统和深入浅出，但书中难免存在错误疏漏之处，望同行专家不吝赐教，以便再版时改正。同时，对所引文献的作者表示衷心感谢，对国防工业出版社的编辑们表示由衷的谢意。

编　者

2015 年 11 月

目　　录

第一章　绪　　论

1.1　引　　言

核武器是指利用重原子核的链式裂变或（和）轻原子核的自持聚变反应，瞬时释放出巨大能量而产生爆炸，进而对目标实施大规模杀伤破坏作用的武器。核武器的出现是 20 世纪人类科学技术发展和大国战略需求相结合的产物[1]。

从科技层面上来说，人类对原子技术的不懈追求为科学认识微观世界与和平利用核能开辟了广阔的前景。1895 年，德国物理学家 W. C. 伦琴在暗室做阴极射线管放电实验时发现，被黑纸包住的放电管可以使一段距离外涂有一种荧光材料的纸屏发出微弱的荧光，将其取名为 X 射线。1898 年，法国波兰裔玛丽·居里夫人提取出了天然放射性元素镭和钋。天然放射性的发现，不仅加深了人们对原子结构复杂性的认识，而且使人们认识到原子核内部蕴藏着巨大能量，启发人们探讨可能利用原子能的新途径。1902 年，英国科学家卢瑟福提出了原子蜕变学说，建立了原子结构模型，进而，他于 1919 年利用镭中放出的 α 射线轰击其他元素，第一次实现了原子核的人工转变，为深入研究核反应奠定了基础。1905 年，德国科学家爱因斯坦创立了划时代的"狭义相对论"，公布了质量与能量相关联的质能关系 $E = mc^2$，揭示了原子核内部所蕴藏巨大能量的奥秘，从而为人类利用核能展现了无限广阔的前景。1932 年，英国科学家查德维克发现了一种穿透力非常强、不带电的中性粒子——中子。利用中子几乎可以轰开一切元素的原子核，从而使科学家获得了打开原子核的好钥匙。1934 年 1 月，约里奥·居里夫妇公布了人工放射性的发现，这为打开原子核开辟了新的道路，同年，意大利物理学家 E·费米决定用中子轰击铀，开始探索人工放射现象的可能性。1938 年，德国物理学家哈恩和同事利用中子轰击铀元素，分离铀原子获得成功，铀原子核裂变时会释放出巨大能量并同时释放出 2 ~ 3 个中子，这预示着发生原子核裂变链式反应成为可能。1939 年，丹麦物理学家波尔和惠勒从理论上阐述了核裂变反应过程，并指出适合核裂变反应最合适的核元素是铀 – 235。

从战略层面来看，当科技的进步为这种前所未有的核武器研制奠定基础的时候，战略需要就成为核武器问世的加速剂。第二次世界大战之前，德国在核技术研究上处于领先地位。在第二次世界大战期间，美德两国正进行着一场更为激烈但却是秘密的角逐。1939 年 4 月 24 日，正当法西斯德国酝酿闪电袭击波兰，从而挑起第二次世界大战的前夕，德国汉堡大学的哈特克博士写信给德国陆军军部，建议研制核炸弹，他在信中写道"我冒昧地请你们注意在核物理方面的最新发展。我们认为这些发展将使人们可能制造出一种威力比现在的炸弹大许多倍的炸弹……显然，如果上述可能性可以实现（这肯定是在可能范围之内的），那么首先利用这种炸弹的国家就具有一种超过其他国家的无比优越性"，然而他的建议并没有受到重视。直到 1942 年，海森堡才在德国莱比锡研制成功一座铀反应堆，但由于战争空袭的干扰及电力和物资的缺乏，核炸弹研制工作进展缓慢，后来遂采用重水反应堆提取钚－239，至 1945 年初才建成一座不大的次临界装置。

与德国形成鲜明对照的是美国的积极行动。第二次世界大战前夕，在从欧洲移居美国的匈牙利物理学家西拉德等几位科学家的推动下，1939 年，爱因斯坦致信美国总统罗斯福，建议研制原子弹，并得到支持，成立了"铀顾问委员会"，专门负责"裂变弹"的研究工作。1941 年 12 月 7 日，日军偷袭珍珠港，太平洋战争爆发，美国加快了原子弹研制计划。1942 年 8 月 13 日，"曼哈顿工程"的启动，标志着美国研制原子弹的工作由纯理论的实验室工作转入实际研制生产的新阶段。1942 年 12 月 2 日，费米主持的第一座原子反应堆建成，制造了 0.5 g 钚，从实验上证明了链式反应理论的正确性。1943 年 2 月和 6 月，美国分别在汉福莱特和田纳西州的橡树岭建立了生产钚－239 和铀－235 的工程。至 1945 年 6 月，生产出 20 kg 铀（足够装填一颗原子弹）和 60 kg 钚（足够装填两颗原子弹）。1945 年 7 月，美国制造出最早的 3 颗原子弹，其中一颗装钚－239，用于试爆。1945 年 7 月 16 日 5 时 29 分 45 秒，该原子弹成功爆炸，当量为1.9 万 t。其余的两颗原子弹，即代号"小男孩"（little boy）铀弹和代号"胖子"（fat man）的钚弹分别于 1945 年 8 月 6 日和 9 日，用 B29 重型轰炸机轰炸了日本的广岛和长崎两座城市，造成巨大伤亡。

自美国 1945 年第一颗原子弹成功试爆以来，苏联、英国、法国、中国等国也相继研制出了各种核武器，进行了核试验。在 1963 年美国、英国、苏联三国签订《部分禁止核试验条约》（Partial Test Ban Treaty，PTBT）之前，美国和苏联两国共进行了 403 次核试验，积累了大量核试验数据和资料。在 1996 年全面禁止核试验条约（Comprehensive Nuclear Test Ban Treaty，CTBT）签订以后，印度和巴基斯坦不顾国际社会的强烈反对分别于 1998 年进行了地下核试验，朝鲜分别于 2006 年、2009 年、2013 年和 2016 年进行了 4 次地下核爆炸试验。截止到目前，世界各国核试验情况统计具体见表 1-1。

表 1-1　全球核试验统计[2-4]

时　间　段	国　　名	试　　验				
		大气层	高　空	水　下	地　下	合　计
1945.07.16—1963.08.04	美国	183	10	5	78	276
	苏联	121	3	1	2	127
	英国	21			2	23
	法国	4			4	8
1963.08.05—1996.09.10	美国				535	535
	苏联（俄）				369/126	369/126
	英国				21	21
	法国	41			146	187
	中国	22			22	44
	印度				1	1

时 间 段	国 名	试 验				
		大气层	高空	水下	地下	合计
1996.09.11—至今	印度				5	5
	巴基斯坦				6	6
	朝鲜				4	4
注：/后面的数字为苏联（俄）和平核爆炸的次数						

1.2 核爆炸侦察研究内容

核爆炸侦察是随着核武器的出现而产生的一门国防科学技术，同样也是核技术发展的重要支持和组成部分，在各国的核战略和军事技术发展中占有重要的地位。核爆炸侦察是指在核爆炸以后，通过对核爆炸产生的冲击波、光辐射、核辐射、地震波等各类直接或者间接核爆炸效应信号的监测、接收、分析及处理，确定发生核爆炸的准确时间、空间位置、当量和爆炸方式等源特征的一门技术。核爆炸侦察系统则是由多种核爆炸探测装备及相应的数据处理系统构成，能够提供核爆炸源特征信息、毁伤效应信息及放射性沾染信息的判断和预测，它是国土防御系统的重要分支。

在不同的国家及国际组织中，对核爆炸（或者核爆炸试验）进行监测并获取源信息的技术名称也有些不同，具体含义也有些许差异，如在禁核试核查领域，主要监测对象为平时全球所有可能发生的核试验，因此，一般称为核试验监测；在美国，一般称为核爆炸监测；在国内，若从核武器打击效果角度，一般称为核爆炸侦察（曾称核爆炸探测），若从核试验水平监测角度，一般称为核爆炸监测。无论从什么角度来说，核爆炸侦察技术是一个高度综合的国防技术领域，主要对核爆炸各种效应进行研究，主要涉及到地球物理学、声学、光学、核物理学等学科，并且对于不同的核爆炸效应信号，核爆炸侦察系统的处理过程都是类似的，主要包括：（1）对各种核爆炸效应信号进行测量、接收及滤波分析，对信号传播特性及源特性进行研究；（2）核爆炸效应信号数据的整理、储存、归类及分析；（3）核爆炸侦察自动处理系统的研制和评估；（4）核爆炸效应信号模型及传播模型的建立、核爆炸效应信号的模拟与探测系统的校准等[5]。

美国发展核爆炸监测技术的根本原因，除了本国核武器技术发展需要外，主要是为了收集潜在竞争对手的基本信息；另一个重要原因是为支持各种限制核武器的国际性条约。具体说来，美军认为，核爆炸监测系统可执行核武器袭击探测、核打击效果评估、核试验监测、核爆炸毁伤效应评估和预测、核爆炸辐射监测、贫铀弹等放射性武器监测、核事故辐射监测、核辐射恐怖事件辐射监测等任务，以确保国家安全及战略利益免受任何使用核武器的敌人的破坏，同时可使部队了解战场核生化态势并尽早采取防护措施。

对于我国目前而言，在中远程开展核爆炸侦察的主要原因可以归纳为两点：一是核反击效果侦察以及敌方核武器袭击探测的需要；二是国际上禁核试核查及他国核试验监测的需要。

1.3　核爆炸侦察的基本要求

鉴于核爆炸侦察技术所涉学科的高度融合性、侦察对象的复杂性，对核爆炸开展侦察的要求主要有以下几点[5]：

（1）及时性。所谓及时性就是要求快，及时性的度量可用自核爆炸零时到侦察系统给出核爆炸源参数之间的时间差来衡量。例如，核爆炸产生的电磁脉冲信号传播速度快，持续时间短，这就要求探测系统接收及处理信号的响应速度要快，能实时处理，迅速给出侦察结果。

（2）准确性。所谓准确性简言之就是要求准，也即要求计算结果与实际偏差的误差尽可能小，如果误差太大就会影响侦察效果，进而影响后续的作战决策。

（3）可靠。可靠性通常用平均故障间隔时间来衡量。由于核袭击的突然性和核爆炸侦察的瞬时性，侦察系统必须随时处于值班工作状态以等待核爆炸信号的出现，这对侦察系统的可靠性提出了较高要求。

（4）抗干扰及识别能力。抗干扰能力通常用虚警率及漏警率来表示，也常用正确识别率来表示。由于自然界中存在大量与核爆炸信号相似的干扰信号，如雷电、矿山爆破、飓风等，此外，还有很多背景噪声，这对于长期处于值班状态的侦察系统而言，不仅提出了较高的抗背景噪声能力，而且，提出了较高的对干扰事件的鉴别能力。

（5）环境适应性。对处于长期值班状态的核爆炸侦察系统而言，其核心的探测部件均放置在野外，为保证其长期工作效能，对侦察系统的自然环境适应性提出了较高要求。除自然环境的适应性外，还应考虑核环境的适应性。

1.4　核爆炸侦察系统及技术发展概况

核爆炸侦察技术是和核武器同时问世的。1945 年 7 月 16 日，美国在新墨西哥州阿拉莫多戈进行人类历史上首次核爆炸试验时，美籍意大利物理学家 E·费米为了尽快判断试验的成功与否，曾通过测定纸片被冲击波吹出的距离来近似地推测核爆炸的威力[6]。美国、苏联、英国、法国等有核国不断研究发展核武器技术的同时，也在不断加强核爆炸监测技术的研究。20 世纪 50 年代初期，美军便在阿拉斯加的考里奇设立了第一个核爆炸监测站。1958 年，联合国在日内瓦举行了第一次核爆炸监测技术的专家会议。经过几十年的发展，至 1996 年全面禁止核试验条约（Comprehensive Nuclear Test Ban Treaty，CTBT）在第 50 届联合国大会通过之后，为了保证条约核查的需求，在全球建立了次声、水声、地震波以及放射性核素等监测站，组成了国际核爆炸监测系统。其中，根据 CTBT 规定，在中国境内建立北京、广州、兰州等 3 个放射性核素站，并在北京建立放射性核素实验室，在北京和昆明建立两个次声站，在海拉尔、兰州、西安、北京、广州、昆明建立 6 个地震台站。

除 CTBT 外，世界上的主要国家也都在积极发展核爆炸监测技术，并构建各自的核爆炸监测系统，以便对国外的核武器发展进行监测分析。

1.4.1　美国核爆炸监测系统发展现状[6-8]

美国的核爆炸监测系统是由各种天基、地基资源组成。早在1960年，美国就在100多个重要地区设置了核爆炸自动报知装置，每一个地区有3~7个自动观测站，可利用核爆炸产生的光辐射测定爆炸地点，并自动报知战略空军总部。1961年，美国启用了"Vela"（维拉）卫星用于核爆炸监测试验，1970年，发射了最后一对高级维拉卫星，专门用于探测空间及大气层核爆炸，卫星上的核爆炸探测设备，装有X射线（接收初期火球的X辐射），γ射线（接收瞬发γ辐射）及中子（接收瞬发中子）探测器。1971年后，核爆炸监测任务由防御支撑计划（Defense Support Project，DSP）的卫星实施，主要装有中子计数器和X射线探测器；1983年夏季，美国发射第一颗携带有核爆炸探测器的全球定位卫星（Global Positioning System，GPS）。全球定位卫星是军用导航卫星，它系圆形轨道，运行高度2万km，地球上任何位置上空可同时"看"到4颗卫星。核爆炸探测设备则采用"搭班车"的办法布置在导航卫星上，卫星上有光学探测器、X射线探测器，可在全球范围内探测、定位并实时记录所发生的任何核爆炸。为了完善卫星核爆炸监测系统，洛斯·阿拉莫斯国家实验室（Los Alamos National Laboratory，LANL）开发并于1993年和1997年分别发射了ALEXIS和FORTE低轨道小型试验卫星。此外，新的GPS卫星上采用了新型X射线和带电粒子探测仪（Combined X-Ray Detector，CXD）及新一代大气层核爆炸电磁脉冲探测系统。美军还在积极研发新一代星载核爆炸探测传感器，军方与其他机构已经对将安装在GPS卫星和空基红外系统（Space Based Infrared System，SBIS）上的核爆炸监测系统进行了研究。

在地基探测领域，美国的原子能侦测系统（Atomic Energy Detection System，AEDS）则是由分布在全世界35个国家境内的地下、水下、声呐和机载传感器组成，使美国可监测到世界上90%以上的核试验。AEDS是一套超级整合原子能电子侦查系统，它以"地震研究""联合考察"等名义在世界范围内实现安装，一方面，可以进行科学研究任务，与所在国实行资源共享；另一方面，则可对所在国及相近范围内的区域进行核爆炸监测。

此外，美军也积极建设了战场生化态势感知与联合报警系统（Joint Warning and Reporting Network，JWARN）和核生化报警与报告系统（NBC Warning and Reporting System，NBCWRS），这些系统能迅速向指挥官报告核生化危害信息，并可传输至上级、下属与友邻司令部，通报作战区域内预计与实测的沾染。其中，多用途综合化学试剂报警器系统（Multipurpose Integrated Chemical Agent Alarm，MICAD）是JWARN的关键组成，它是一个集成的核生化探测、报警与报告系统，它使战场报警与报告过程自动化，包括从野战装备的核生化探测器自动收集核生化沾染数据，并发出警报。

1.4.2　其他国家核爆炸监测系统的发展现状[9]

目前，除美国外，世界上其他许多国家也都建立了严密的核爆炸监测网络系统，行使着战时和平时的核爆炸监测功能。

加拿大组建了对核爆炸及放射性沉降的监测机构，包括判定核爆炸投影点的观测哨、辐射侦察和剂量监督哨，情报收集和整理中心，以及情报中心站。在紧急时期他们将同军队的核爆炸监测机构组织进行情报交流。在战时，这些核爆炸监测哨的数目可达到 12000 个。

德国则把核爆炸监测系统列为国家预警和警报系统的组成部分，它将国土分为 10 个警报管区，每区有 4~5 个监测辐射、化学和生物情况的监测区。核爆炸监测哨把收集到的情报传给地区监测站，再传至警报中心。每个监测区有 25~30 个监测哨，相互距离 12~15 km。据称，德国共有监测哨 1565 个（其中包括 1000 个具有完全自动化装备的监测哨），另外还有 200 个机动的核爆炸监测哨。这些哨所的人员均配备有必要的监测仪器和个人防护器材。

英国建有辐射侦察和剂量监督系统，该系统共有约 11000 个工作人员，分布在 873 个地面观测警报站，遍布英国整个国土范围。每个观测站设有地下水泥工事，装备有必要的设备，可获取并传递核威力情况、辐射情况及气象情况。监测哨获取情报后报监测司令部（全国共 25 个）和观测警报区域作战中心（全国共 5 个），之后传给 250 个警报监测站。

苏联也积极发展核爆炸监测。苏联的宇宙卫星也担负有类似维拉卫星的任务，1962 年 5 月 28 日发射的宇宙 5 号和 1964 年 5 月 22 日发射的宇宙 17 号详细收集了美国核试验产生的放射性物质，后来核爆炸监测任务由一部分侦察卫星担负。此外，苏联还派技术专家带仪器到国外设站，对美国在太平洋进行的核爆炸进行监测。

法国、意大利、丹麦、葡萄牙、挪威、土耳其、比利时、荷兰等国也建立了一定数量的固定或机动的核爆炸监测哨，这些哨所多建立在人口稠密处、相关的大工业企业和使用裂变材料的能源单位中，各地的气象站往往也担负一定的大气层放射性的监测任务，有的国家还建有放射性落下灰自动预报系统等核爆炸监测设施，并建立了完善的情报传递机制与国家级的情报分析中心，可进行实时的联系。

中国科学家们对核爆炸侦察很重视。赵九章教授曾亲自召集有关专家讨论研究这一课题，在他的关切下，科学家们曾利用地震波方法、声重波方法、地磁扰动方法、气压扰动方法等，针对当时国外核爆炸试验事件进行了探测试验和研究。这是中国核爆炸侦察技术研究的开端。

自 20 世纪 80 年代以来，基于核爆炸侦察技术发展的需要，中国开展了一系列针对国外核爆炸侦察技术的分析工作。中国工程院院士毛用泽教授等对美国核爆炸监测卫星的发展进行了深入的研究[10]，对 Vela 卫星、FORTE 卫星、Alexis 卫星、GPS 卫星等装置的重要核爆炸探测仪器设备、技术参数、数据处理方法、通信传输模式进行了全面的资料收集、整编及细致的分析总结，进而对我国天基核爆炸探测系统提出了宝贵的建议。张仲山教授等人则对国外核爆炸光辐射探测技术的相关内容，尤其是光辐射与闪电的识别技术进行了研究[11-12]。在电磁脉冲技术方面，对国外研究工作了解较深、研究较多的是双基线定位技术、雷电脉冲的干扰处理，及电磁脉冲传播模型、核爆炸地磁场模型[13-15]。除跟踪国外技术外，国内一些研究机构和学校对核爆炸侦察装备和技术进行了较为系统深入的研究，利用一些较新的信号处理技术对核爆炸电磁脉冲、核爆炸光辐射探测、核爆炸地震探测中的关键技术进行了分析与验证[16-20]，并出版了一些书籍，如《核爆炸探测》[6]、《电磁脉冲导论》[21]，以及《核爆地震模式识别》等[22]。然而，国内的研究工作多数集中于对具体的某项技术或算法的研究，相对而言，对核爆炸水声探测、核爆炸次声波探测、核素探测等相关技术的介绍较少。

1.4.3 核爆炸侦察技术发展趋势

核爆炸侦察技术的发展是与禁核试核查及核防御的迫切需要分不开的，科学技术的发展进步必将为核爆炸侦察提供更有效的技术手段。从目前来看，核爆炸侦察技术的发展趋势如下：

（1）积极发展中、远区核爆探测技术，构建完备的核爆炸监测网络。用电磁脉冲、次声、地震、卫星等多种手段，设置多个侦察站构成监测网络，这样就能在较大范围内迅速和准确地实施核爆炸侦察和效果估计。

（2）积极采用新技术，提高探测效果。积极探索新的技术，不断改进现有设备，逐步提高实时处理的效果，缩短处理周期，提高精度和可靠性。

（3）研究针对低当量核武器爆炸可靠探测的设备、理论和方法。

（4）研发新的探测平台，实现核爆炸探测的攻防兼顾、平战结合。

（5）重视研发用以校准和检验各种核爆炸监测系统的核爆炸模拟仿真技术与装备。

（6）重视基础理论研究，拓展核爆炸探测的新方法。

1.5 禁止核试验条约的发展历程

1945 年 7 月 16 日凌晨 5 时 29 分 45 秒，美国在新墨西哥州，人称"死亡之旅"（Journey of Death）的阿拉莫戈多沙漠中进行了人类历史上首次核试验（钚弹，试验代号为 Trinity），该次试验在 30 m 高的铁塔上引爆核装置（如图 1-1 所示），爆炸当量为 19 kt。该试验使半径为 700 m 范围内的沙子融化成玻璃状物质，在半径为 1600 m 范围内的所有生物荡然无存。同年 8 月，美国空军上校保罗·蒂贝茨和少校查尔斯·斯威尼根据杜鲁门总统的命令分别向日本的广岛和长崎投掷了一颗原子弹。原子弹爆炸使得广岛和长崎被夷为平地，造成 45 万多人死亡、7 万多幢建筑物大部分受到损坏，并造成两个城市的居民患有多种隐患性疾病。投掷到日本的原子弹加速了第二次世界大战结束的进程，与此同时，核武器产生的巨大威力、多种杀伤破坏因素引起了世界的震惊。随后，世界上几个大国加速研制核武器，展开了一场持续几十年的核军备竞赛。1949 年 8 月 29 日，苏联在哈萨克斯坦东北部塞米巴拉金斯克（Semipalatinsk）试验场进行了首次地面核试验，当量为 22 kt。1952 年 10 月 3 日，英国在澳大利亚蒙特贝罗群岛的 Tri-mouille 岛外的海洋表面驳船上进行了代号为"飓风"的首次核试验，当量为 25 kt。

随着美国第一颗原子弹试验成功到原子弹在日本爆炸产生的破坏后果，使人们对原子弹的认识由好奇心理很快变为震惊，乃至恐惧。随着核试验的不断进行，人们开始反对核武器。1954 年，时任印度总理尼赫鲁（Nehru）致信联合国秘书长，呼吁达成停止核试验协议。1954—1956 年，苏联也先后 4 次提出了禁止核试验的建议。在 1955 年 5 月，当苏联再次提出终止核武器试验的建议时，由美国、英国、加拿大、法国以及苏联 5 个国家组成的委员会开始了一系列谈判，试图制定一个国际公约以终止核试验。但在谈判初期，美国认为不应该通过任何谈判控制和废除核武器，因此，谈判进程非常缓

图1-1 第一颗原子弹准备试爆

慢。1956年，美国才表示愿意有条件地同苏联进行禁止核试验谈判。1957年，全面禁止核试验成为联合国大会的一个单独议题。1958年10月，美国、苏联和英国3个有核国家在国际社会的压力下就禁止核试验问题开始谈判。但从总体上来看，虽然当时反对核试验的呼声很高，但由于美、苏两国在核竞赛中生产和改进核武器的任务没有完成，因此也就无法在禁核试问题上达成协议。但是，1958年11月至1960年9月，美苏两国由于试验计划告一段落而暂停了核试验。在这期间，1960年2月13日，法国在位于非洲撒哈拉沙漠的雷根（Reggane）试验场进行了代号为"蓝色跳鼠"当量为60~70 kt的首次核试验。1961年秋，苏美先后恢复了核试验。但从1963年6月开始，美国希望制定一个禁止核试验的国际公约，并于当年7月15日，美国、苏联、英国开始了实质性谈判。1963年8月5日，美国、苏联、英国签订了《部分禁止核试验条约》，该条约禁止在大气层、外空和水下进行核试验，从此，三方将核试验转为地下。该条约于当年10月10日生效，截止到1990年11月，共有117个国家签署了该条约。

在PTBT签订后，美国、苏联、英国开始进行地下核试验。到20世纪70年代，美国和苏联的核试验技术已有很大提高，一方面是因为他们已经实施了很多次地下核试验，另一方面，两国的导弹技术当时已进入多弹头分导时代，且命中精度大为提高，因此，每个核弹头不需要很大。在这种情况下，为了限制两国间的核军备竞赛，继续进行核裁军，同时缓和国际社会要求他们停止核试验的压力，1974年，美国和苏联开始了进一步限制核试验的谈判，经过激烈谈判，1974年7月，美国和苏联达成了限制地下核试验条约，并签署了《（美苏）限制地下核武器试验条约》。在条约签署后，美国以核查不充分为由，拒不批准该条约，但两国都遵守了条约的规定。为使该条约生效，美国和苏联于1987年开始了新一轮谈判，以便制定新的核查议定书。1989年，美国和苏联就使用现场流体动力学方法和地震台站测定爆炸当量达成了一致协议。该协议导致美苏双方于1990年签署了新的核查议定书，并使该条约于1990年12月11日生效。该条约有效期为5年，到期后可按5年一次往后顺延。

美国和苏联虽然于1974年签署了《（美苏）限制地下核武器试验条约》，但该条约对用于核武器研制试验与和平目的的核试验没有进行区分。为弥补该缺陷，1974年10月，美国和苏联双方开始了用于和平目的的核试验的谈判，经过6个阶段、18个月的谈判，两国于1976年5月28日签署了《（美苏）和平利用地下核爆炸条约》，但该条约同样没有得到美国批准，直到1990年6月1日美苏达成该条约新的核查议定书后，该条约才得以批准，并于1990年与《（美苏）限制地下核武器试验条约》一起正式生效。

自1960年以来，美国和苏联双方虽然在停止核试验问题上达成了一些协议，但自20世纪70年代到80年代末，两国在全面禁止核试验问题上尖锐对立。苏联为谋求核均衡地位频频发起以全面禁止核试验为内容的核裁军攻势，以期限制美国核武器技术发展。美国则坚决反对全面禁止核试验，并于1981年和1983年先后提出全面加强和更新核力量的"战略核武器计划"和"战略防御计划"。与此同时，广大无核国家，包括一些西方国家也强烈要求缔结全面禁止核试验条约。20世纪80年代末，美国核武器性能已接近极限，并且基于它已实施的上千次核试验，可以凭借技术优势开展核爆炸模拟技术以代替核试验。与此同时，苏联解体后，俄罗斯在核武器上难有大的发展。因此，美国没有必要去改进其花费巨大的核武库。此外，英国、法国、中国都还想改进核武器，并且还有一系列国家力图在核武器方面追赶上来。在这种形势下，如果美国停止核武器发展，而让其他一些国家继续发展核武器，美国核优势就会逐渐降低。为保持其核优势，美国就全面禁止核试验开展了一系列谈判。从1992年至1994年9月，美国率先提出暂停核试验，而且在1993年10月中国进行一次核试验后，美国为促成全面禁止核试验的达成，没有恢复核试验，并于1994年3月宣布延长暂停期。此后，英国和法国虽然还想开展核试验，但迫于国内外压力只好暂停，中国政府虽然赞成全面禁止核试验，但明确只有在全面禁止核试验条约签订后才会停止。从1993年开始，联合国裁军会议就开始集中讨论《全面禁止核试验》的草案，但由于每个国家有自己的立场，很难取得一致意见。1995年8月11日，美国时任总统克林顿宣布，美国将在全面禁止核试验谈判中提出把核试验的当量降低到零，这一提议消除了日内瓦裁军会议的大部分争议。因此，在国际社会经过40余年的不懈努力下，联合国第50届会议1996年9月10日以158票赞成、3票反对、5票弃权的情况下通过了《全面禁止核试验条约》，并于当年9月24日开放供所有国家签约。在全面禁止核试验条约框架下，为促进条约生效和监测全球核试验，1997年成立了全面禁止核试验条约组织筹委会，建立了相应执行机构——临时技术秘书处（Provisional Technical Secretariat，PTS），总部位于奥地利首都维也纳。截止到2015年8月，全世界已有183个国家签订了条约，164个国家完成了批约，最近批约国是安哥拉（Angola）。但由于条约生效所必需的附件2中所列的42个成员国中，目前仅有36个成员国完成了批约，因此，《全面禁止核试验条约》目前并没有生效。但为满足条约生效时所需的监测能力，PTS就条约规定的国际监测系统（International Monitoring System，IMS）展开了建设，目前在条约规定的321个监测台站中，已有281个台站完成核证；与此同时，相应的核试验监测技术也得到了系统深入的研究。

参 考 文 献

［1］王仲春. 核武器·核国家·核战略 ［M］. 北京：时事出版社, 2007.

［2］Robert S N, Adrew S B, Richard W F. Nuclear Weapons databook, Vol. V：British, French and Chinese nuclear Weapons ［M］. Sage CA：Westview Press, 1998：114 – 115.

［3］Gupta V. Locating nuclear explosions at the Chinese test site near lop Nor ［J］. Science 8L Global Security：The Technical Basis for Arms Control, Disarmament, and Nonproliferation Initiatives, 1995, 5（2）：204 – 244.

［4］喻名德, 杨春才. 核试验场及其治理 ［M］. 北京：国防工业出版社, 2007.

［5］张仲山, 李传应. 核爆炸探测 ［M］. 北京：国防工业出版社, 2006.

［6］EDO Corporation. Nuclear Detection System ［EB/OL］.
http：//www. edocorp. com/Nuclear Detection system. htm.

［7］Global Security. NDS ［EB/OL］. http：//www. globesecurity. Org/space/nds. htm.

［8］Federation of American Scientists. Nuclear Data Section ［EB/OL］. www. fas. org/military/program/masint/nds. htm.

［9］吴继强, 李莉. 外军核监测设备发展趋势. ［C］//全国第六届核监测学术研讨会论文集. 银川：中国核学会, 2005：463 – 467.

［10］毛用泽. 卫星核爆炸探测技术 ［J］. 世界科技研究与发展, 1998, 20（3）：50 – 66.

［11］张仲山, 张恩山, 高春霞, 等. 云对在卫星上探测近地面核爆光信号的影响 ［J］. 核电子学与探测技术, 2002, 22（5）：465 – 473.

［12］张仲山. 超级闪电现象及对卫星探测近地核爆的影响 ［J］. 核电子学与探测技术, 2001, 21（6）：495 – 500.

［13］李新康. 核爆电磁脉冲远区探测概述 ［C］. 核爆远区探测. 北京：解放军出版社, 1986：253 ~ 255.

［14］李鹏. 核爆电磁脉冲与背景电磁干扰的识别方法研究 ［C］//全国电磁兼容研讨会文集. 南京：中国电子学会, 2005：156 – 159.

［15］谢彦召, 孙蓓云, 周辉, 等. 地面附近的高空核爆电磁脉冲环境 ［J］. 强激光与粒子束, 2003, 15（7）：680 – 684.

［16］张仲山, 张恩山. 小波分析在核爆与闪电识别中的应用 ［J］. 电波科学学报, 2000, 15（4）：388 – 393.

［17］杨宏, 贾维敏. 基于神经网络的综合评判在核爆模式识别中的应用 ［J］. 核电子学与探测技术, 2000, 20（4）：279 – 283.

［18］张斌, 李夕海, 苏娟, 等. 基于支持向量机的核爆炸地震自动识别 ［J］. 核电子学与探测技术, 2005, 25（1）：44 – 47.

［19］李夕海, 刘刚, 刘代志, 等. 基于最近邻支撑向量特征线融合算法的核爆地震模式识别 ［J］. 地球物理学报, 2009, 52（7）：1816 – 1824.

［20］祁树锋, 李夕海, 韩绍卿, 等. 基于时频图像分析的核爆与雷电电磁脉冲识别. 强激光与离子束 ［J］. 2013（1）：522 – 526.

［21］王泰春, 贺云汉, 王玉芝. 电磁脉冲导论 ［M］. 北京：国防工业出版社, 2011.

［22］刘代志, 李夕海. 核爆地震模式识别 ［M］. 北京：国防工业出版社, 2010.

第二章 核爆炸及其物理效应

我们知道，所谓爆炸就是在有限空间内急剧释放出大量能量的过程。根据产生能量的方式不同，爆炸可分为常规爆炸和核爆炸。在常规爆炸中（如炸药爆炸），能量产生于爆炸物中原子之间的重新排列，而在核爆炸中，能量产生于原子核中质子与中子的重新分配或重新结合。因此，从能量产生的角度严格说来，把核武器称为原子武器更合适、更本质一些。由于原子核中的质子和中子之间的作用力，比作为整体时的原子之间的作用力要大得多，所以，相同质量的核爆炸要比普通炸药爆炸厉害得多。

虽然原子核中质子与中子的重新分配或结合能够产生能量，然而，要使核能释放得在数量上足以称之为爆炸，需要满足两个条件，一是在核反应过程中必须有质量的净减少，二是反应发生之后能自行反复再现，形成所谓的链式反应。什么样类型的核反应能够满足这些条件呢？这就是"裂变"和"聚变"反应，前者发生于某些重原子核的分裂中，后者发生于某些（并不是所有）最轻的原子核的重新结合中。因此，利用"裂变"反应，也就是说利用重元素的原子核的分裂，在瞬间释放出巨大能量的原理制成的杀伤破坏作用很大的爆炸性核武器称为原子弹（又称裂变弹）；而利用"聚变"反应，即利用氢元素原子核的聚合反应在瞬间释放出巨大能量的原理制成的爆炸性核武器称为氢弹（又称聚变弹）。

2.1 核裂变和聚变反应

2.1.1 裂变反应和原子弹爆炸

可用作裂变的物质有铀和钚元素中的某些同位素，它们都是放射性物质。最常用的是铀–235 和钚–239。裂变过程为：当一个自由中子（可来源于自然界中，也可用某些方法产生）进入可裂变的原子核中，它可使原子核分裂为两块较小的部分（即裂变碎片），与此同时释放出大量的能量，并伴随着发射出至少两个中子（因为它们是放射性物质，因此必将在同时伴随有另外的放射性辐射发生），可用下式表示：

中子 + 铀 –235（或钚 –239）→裂变碎片 +（2 ~ 3）个中子 + 其他放射性衰变 + 能量

裂变过程中发射出来的中子按此方式又可以引起另外的铀（或钚）核裂变，每一过程的结束又发射出一些中子和一部分能量，这些中子又可以进一步引起裂变，如此循环，直到释放出的大量能量产生的高温使可裂变物质迅速膨胀，冲破壳体而爆炸。

如果我们把上述链式裂变比作中子的"世代轮回"，每一次裂变过程比作一代，那么，可以清楚地看出，由于最初参加裂变的中子数很少（第一代可能只有一个中子），而且每一个裂变原子核放出的 2 ~ 3 个中子并不是全部都可以用来引起进一步的裂变，有些中子完全漏失，其他一些可能在非裂变反应中消失，所以大量能量的产生不是在前面几代，而是在后面。例如，对于铀－235来讲，如果裂变链仅由一个中子开始，那么产生 100 kt 裂变爆炸大约需经过 58 代，而 99.9% 的能量是在最后 7 代中释放出来的。另外，由于裂变发射出来的中子大部分能量均很高，很容易地参加下一代裂变，所以每一代中子的寿命很短，约为 0.01 μs，因此链式反应从开始到引起爆炸所需的时间是很短的。例如，对于一个 100 kt 级的爆炸来说，从裂变反应开始到爆炸仅需 0.6 μs。爆炸后，由于中子的大量漏失，自持链式反应很快终止。虽然还留下大量的可裂变物质，并且这些物质仍能俘获一定数量的中子，使反应持续一些时间，但这时释放的能量是比较小的。

综上所述，当中子进入可裂变物质时，就可以进行裂变反应。裂变时，除了释放能量外，还释放出若干中子，而且这些中子的一部分可再参加下一代裂变。因此，从原则上讲，一个中子就可造出一种自持的链式反应，并同时迅速地释放出大量的能量，那么 1 kg 的可裂变物质就可以在远远小于 1 s 的时间内释放出相当于 17 kt TNT 的爆炸能量，这就是所谓核裂变的全过程，也就是核裂变武器（原子弹）爆炸的基本原理。因此，利用重核裂变反应瞬间释放出巨大能量起杀伤破坏作用的武器叫做原子弹。

然而，裂变的产生是有条件的，一是反应过程中必须有质量的净减少，二是一旦发生裂变能引起链式反应。产生这两个条件的主要因素就是裂变物质的质量。只有当质量超过某一数量时裂变才可能发生，这个数量值称为临界质量，它与物质的形状、成份以及所含的杂质有关。如果裂变物质的质量达不到临界质量值，裂变就不可能发生。按照核材料达到临界方式的不同，原子弹又可分为枪式原子弹、内爆式原子弹和助爆式原子弹等。

2.1.2 聚变反应和氢弹爆炸

所谓聚变就是两个较轻的原子核聚合成一个较重的原子核，同时释放出巨大能量的反应过程。太阳和星体中的能量就是通过这种聚合反应产生的。那么，什么样的物质可以用作聚变材料呢？它们是氢元素、锂元素的同位素或者它们的化合物。与裂变反应不同的是聚变反应必须首先给聚变物质的原子核提供很高的能量，在其作用下，这些轻原子核才能聚合成某些较重的原子核，同时放出巨大能量。提供这些原子核高能的一种方法是利用带电粒子加速器（如回旋加速器）；另一种方法是提高聚合物质的温度，在这种情况下产生的聚合过程又叫做"热核反应"。主要的热核反应有下列几种：

$$H^1 + H^1 \rightarrow H^2 + e^4 + \nu + 1.4 \text{Mev}$$
$$H^2 + H^2 \rightarrow H^3 + H^1 + 4.03 \text{Mev}$$
$$H^2 + H^2 \rightarrow He^3 + n + 3.29 \text{Mev}$$
$$H^3 + H^2 \rightarrow He^4 + n + 17.75 \text{Mev}$$
$$H^3 + H^3 \rightarrow He^4 + 2n + 11.3 \text{Mev}$$
$$Li^6 + H^1 \rightarrow He^4 + He^3 + 3.95 \text{Mev}$$
$$Li^6 + H^2 \rightarrow He^4 + He^4 + 22.20 \text{Mev}$$
$$Li^6 + H^2 \rightarrow Li^7 + H^1 + 5.02 \text{Mev}$$

式中：H 为氢元素；He 为氦元素；Li 为锂元素，右上角的数字表示不同的同位素；n 为中子；ν 为中微子；e 为电子，最右边的数字表示释放的能量。

如果按照质量单位来比较，第 2、3、4 三个反应的结果所释放的能量相当于裂变结果所释放出能量的 3 倍。在同样的温度条件下，其中第四个反应，即 $H^3 + H^2$ 的反应速度最快，所以它经常被应用在核武器中。因此，利用轻核聚变反应瞬间释放出巨大能量起杀伤破坏作用的武器叫做氢弹。

现在的问题是如何提高聚变物的温度，这个温度通常要提高到几百万度的数量级。在地球上唯一的办法就是利用核裂变的方法。通过一些聚变物质和裂变物质装置连在一起就有可能点燃上述一种或多种的热聚变反应。另外可以看到，聚变反应也能产生中子，所以它们又能引起裂变物质的裂变。因此，如果把普通的铀做成一个环套把聚变物包围起来，这样聚变所产生的高能中子就能更有效地被铀吸收，使铀发生裂变，进一步增加爆炸能量。氢弹就是按照这种方式爆炸的，即铀的裂变→锂、氢的聚变→铀的裂变，所以氢弹爆炸又称热核爆炸，它比原子弹爆炸具有更大的威力。通常来说，在核武器中使核反应分为上述三步进行的核装料，称为三级装料、三相装料或复合装料。

2.2　核武器的种类及等级划分

2.2.1　核武器的种类

核武器的种类很多，从不同的角度划分，核武器主要可分为以下几类[1]：

按照核装置的原理结构，可分为原子弹、氢弹和特殊性能核弹。后者包括中子弹（又称增强辐射弹，是以高能中子为主要杀伤因素，相对减弱冲击波和光辐射效应的一种特殊性能的小型氢弹）、减小剩余放射性弹（又称冲击波弹，是降低剩余辐射效应，以冲击波为主要杀伤破坏因素的一种特殊性能氢弹）、感生放射性弹、核爆激励 X 射线激光器、核爆激励 γ 射线激光器、核爆激励高功率微波武器等。

按照投掷放射系统划分，可分为核导弹、核炸弹、核炮弹、核深水炸弹、核鱼雷、核地雷等。

按照作战使用划分，可分为用于袭击对方战略目标和防御己方战略要地的战略核武器，以及用于支援陆、海、空战场作战，打击对方战术目标的战术核武器。

按照威力大小划分，可分为高威力核武器、中等威力核武器和低威力核武器，但其界线划分并不是很严格。

2.2.2　核武器的威力及等级划分

核武器的威力是指核装置爆炸释放的总能量。核爆炸释放的能量通常应用与之相当的 TNT 炸药的重量来表示（即 TNT 当量，简称当量），并约定每 kg TNT 炸药释放的能量为 4.2×10^3 kJ。TNT 当量是指核爆炸时释放出的能量相当于多少质量的 TNT 炸药爆炸时释放出的能量。例如，一颗当量为 20 kt 的原子弹，是指这颗原子弹爆炸时释放的能量相当于 2 万 t TNT 炸药爆炸时释放的能量。

核武器的威力可小至千吨以下，大至几千万吨。在战斗使用上常将核武器按威力大量分为若干等级。苏联将核爆炸按其当量的大小分为 4 级[2]：15 kt 当量以下的为小型；15 ～ 100 kt 当量的为中型；100 ～ 500 kt 当量的为大型；500 kt 以上为特大型；我国按照当量大小可分为 6 级：百吨级、千吨级、万吨级、十万吨级、百万吨级和千万吨级。

2.3 核武器爆炸的过程

2.3.1 核武器爆炸物理过程

目前，核武器爆炸主要指原子弹爆炸和氢弹爆炸。因此，这里对原子弹和氢弹爆炸的物理过程进行简要介绍。

1. 原子弹爆炸物理过程

从结构原理上区分，原子弹主要分为枪式原子弹和内爆式原子弹两类。两类原子弹的结构原理不同，其爆炸过程也不同。

1）枪式原子弹爆炸物理过程

典型的枪式原子弹结构如图 2-1 所示[1]。枪式原子弹的核材料是由两个半球形或者分立的几块组成，这些核材料分开一定的距离放置。由于各块核材料都未达到临界质量（其质量和一定大于临界质量），若各块之间相隔距离足够远，则相对安全。其爆炸过程非常简单：当达到预定起爆高度时，弹上引控系统适时给出引爆信号，引爆雷管，雷管爆炸又引起炸药的爆炸，炸药爆炸驱动分离的各块核材料向一起聚拢；通过聚拢，使原本处于次临界状态放置的几块核材料聚在一起，加上炸药爆炸对核材料进行了一定程度的压缩，因此，核武器系统达到超临界状态；与此同时，炸药爆炸的压力作用于核武器系统内侧的中子源，使得中子源释放出点火中子，满足了链式反应的两个基本条件（超临界状态；有点火中子），因此引发链式反应，形成核爆炸。

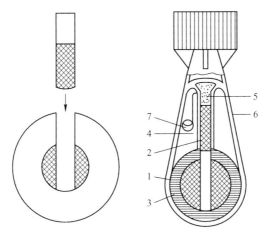

图 2-1 枪式原子弹结构示意图

1—铀靶；2—"炮弹"铀块；3—中子反射层；

4—导向层；5—炸药；6—原子弹外壳；7—雷管。

枪式原子弹的结构简单，工艺要求也相对较低，缺点为所需核材料质量多，且核材料利用率低，一般不会超过 10%。

2）内爆式原子弹爆炸物理过程

内爆式原子弹的典型结构如图 2-2 所示[1]，其利用高能炸药的爆炸强烈压缩核材料，使其密度升高从而达到超临界状态。

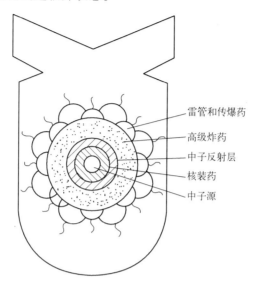

图 2-2　内爆式原子弹结构示意图

内爆式原子弹中的核材料一般都做成球形空壳，这样表面积相对较大，中子不容易漏失掉。此外，内爆式原子弹中的核材料一般也较少，这样保证核武器系统平时处于深次临界状态，增加了武器的安全性。

相对于枪式原子弹的爆炸，内爆式原子弹的爆炸过程要复杂得多。当达到预定起爆高度时，弹上引爆控制系统适时给出引爆信号引爆雷管，雷管的爆炸又引起炸药的爆炸。在内爆式原子弹中，炸药爆炸的能量聚心压缩处于装置中心的核材料，使其密度提高，从而达到超临界状态。同时，为使中子源释放点火中子，也需将炸药爆炸的能量集中到一个非常小的区域，产生远远高于炸药正常爆轰所能达到的温度和压力，且该高能区域需落在受压缩后的中子源内部才行。因此，对于内爆式原子弹而言，如何能够对称、有效地压缩核材料和中子源就成为爆炸成功的关键。为形成高度对称的球面受聚爆轰波，首先必须保证炸药球的外表面能够"同时"起爆，这就对引爆信号的同时性、雷管爆炸的同时性以及炸药部件的几何对称性和密度均匀性等都提出了非常高、甚至是非常苛刻的要求。

2. 氢弹爆炸物理过程

前面已经介绍，氘和氚是最容易发生聚变反应的核素，因此，一般的氢弹都选用氘和氚作为核材料。按照核武器中，氘和氚物理状态的不同，在氢弹发展过程中先后出现了"湿式"氢弹和"干式"氢弹两种结构类型。

1）湿式氢弹

湿式氢弹弹壳里装有液态的氘和氚（湿式氢弹由此得名），这是聚变核材料；此外，还有 3 块相互分离的铀块或钚块，这是原子弹的核装药；另外还有高能炸药和引爆装置。其原理结构图如图 2-3 所示[1]。

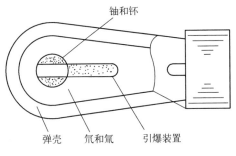

铀和钚

弹壳　氘和氚　引爆装置

图 2-3　湿式氢弹结构示意图

湿式氢弹爆炸过程为：当雷管爆炸引起高能炸药爆炸时，就将分离的铀块（或者钚块）推到一起，达到临界质量，产生原子弹爆炸；原子弹爆炸产生的高温和高压环境又为轻核的聚变创造了前提条件。由于高温和高压，氘和氚的核外电子都离开原子核跑掉，成为一团由原子核和自由电子所组成的气体（等离子体），此时氘和氚以高速相互碰撞，产生聚变反应，释放出大量能量，形成氢弹爆炸。

但湿式氢弹具有难以克服的两条不足：一是使用的热核材料氘和氚在常温和常压下均为气态，密度很小，只有在低温或者高压条件下才能形成液体，因此，必须放置在笨重的冷藏容器中，这使得氢弹体积非常大，失去了使用价值；二是氚的成本非常高，半衰期则比较短，致使武器价格昂贵，且无法长久储存。为解决湿式氢弹的不足，人们开始致力于寻找能够代替液态氘和氚的热核材料。

2）干式氢弹

经分析发现，^{6}LiD 是一种理想的热核材料。其中的^{6}Li 可以在中子作用下发生造氚反应，即

$$n + {}^6Li \rightarrow T + {}^4He + 4.78Mev$$

反应生成的氚又可以和氘进行聚变反应，

$$D + T \rightarrow n + {}^4He + 17.6Mev$$

两种反应都释放出了相当可观的能量。

由于^{6}LiD 是一种稳定的固体化合物，无需冷藏；此外，氘非常容易获得，因此选用^{6}LiD 作为热核材料后，核武器中不再使用液体，大大减少了氢弹的体积和重量，因此称之为干式氢弹。

干式氢弹的结构示意图如图 2-4 所示[1]，其爆炸过程为：在引爆信号作用下，高能炸药首先爆炸，炸药爆炸压缩处于装置中心部位的裂变材料，使其达到超临界状态，形成链式反应；链式反应释放出大量能量，压缩位于其外部的聚变材料^{6}LiD。由于相当于在^{6}LiD 材料内部爆炸了一颗原子弹，爆心处产生了上百亿个大气压和数千万度的高温，从而使^{6}LiD 的密度大大提高，进而发生上述的两个轻核反应，形成氢弹爆炸。

上述的两种结构类型的氢弹，其爆炸过程都只包含裂变和聚变两个阶段，因此，一般称之为"两相弹"。

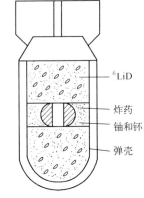

^{6}LiD

炸药

铀和钚

弹壳

图 2-4　干式氢弹结构示意图

为进一步提高爆炸产生的能量，在两相弹的基础上，可加入大量的可裂变材料^{238}U，即形成所谓的"三相弹"。其爆炸过程为：在引爆信号作用下，原子弹首先发生裂变反应，释放出大量能量；原子弹爆炸形成的高温高压环境引起^{6}LiD的反应，放出大量的高能中子，高能中子引起了^{238}U的裂变放能反应。三种反应相互促进，从而释放出巨大的能量，实现了氢弹的爆炸。1954年，美国在比基尼岛上爆炸的氢弹就是三相弹，其爆炸当量为1500万t，这也是美国历史上爆炸威力最大的核武器。

2.3.2 核爆炸发展过程

核爆炸的发展过程可以用时间来大致区分，现以当量为20 kt的空中核试验为例来说明其发展过程[3]。

（1）当$t \approx 10^{-7}$ s，核反应过程，向外发射瞬发γ辐射和中子。

（2）当$t \approx 10^{-6}$ s，弹体燃烧到约10^6 K，形成X射线火球，继续发射γ辐射和中子。

（3）当$t \approx (1 \sim 2) \times 10^{-2}$ s，强烈闪光出现，电磁脉冲基本结束，继续发射γ辐射和中子，同时发射光辐射，冲击波脱离火球。

（4）当$t \approx 0.2$ s，火球直径达到最大，瞬发中子结束，继续发射γ辐射和光辐射，冲击波传播到0.25 km。

（5）当$t \approx 2$ s，火球熄灭，光辐射结束，γ辐射比较弱，冲击波传播到约1.2 km。

（6）当$t \approx (10 \sim 15)$ s，早期核辐射结束，10 s时冲击波传到4 km，强度已很弱，接近声波，破坏作用消失。

（7）当$t \approx (7 \sim 8)$min，烟云达到稳定高度。这个时间以后，烟云在高空风作用下向下风方向漂移。

其中，核反应过程中，前两个过程与核爆炸当量关系不大，后几个过程与当量大小相关。

2.4 核爆炸方式与外观景象

2.4.1 核爆炸方式

核爆炸方式是指在空中不同高度或在地下（水下）不同深度实施核爆炸的形式。鉴于爆炸环境对核武器爆炸后的各种效果有直接的影响，通常把核爆炸分为4种类型：空中核爆炸、高空核爆炸、地面（水面）核爆炸以及地下（水下）核爆炸。

空中核爆炸（简称空爆），指爆炸高度低于30 km，但火球未与地面接触（即能看到完整的火球）的爆炸。例如一枚100万t核武器爆炸时，火球直径在最大亮度时可增长到1.7 km，这就意味着，在这种情况下，只有当爆炸点在地面上空1.7~2 km以上时，才叫做空中爆炸。空中爆炸时，可观察到冲击波、可见光、红外线、紫外线、X射线、γ射线、无线电波、中子流和大量的放射性尘埃。在远处可观测到无线电波、声波、次声波、地震波。

高空核爆炸，通常指发生在30 km高度以上的核爆炸。此时空气密度极低，因此武器能量与周围介质相互作用的性质与低空情况就有了显著的差别，火球特性也变了。高空爆炸主要产生 X 射线、γ 射线。

地下（水下）核爆炸，如果爆炸的中心位于地面（水面）以下，就分别叫做地下核爆炸或水下核爆炸。由于这两种类型有某些相似的效应，所以往往在研究时放在一起统称为表面以下的爆炸。水下爆炸会产生强烈的水声波和地震波；地下爆炸主要产生地震波。

地面（水面）爆炸（简称地爆），是发生在地面（水面）上的，或略高于地面（水面）上的爆炸，即爆炸时产生的火球与地面（水面）接触，它们统称为表面爆炸。此时的爆炸火球只能看到一部分。表面爆炸能观察到的现象同空中爆炸相似。

虽然把爆炸分为 4 类，但它们之间并没有截然的分界线。显然随着高度的下降，高空核爆炸就变成空中核爆炸，空中核爆炸又将变为表面爆炸，而当火球一部分突破地面或水面时，表面核爆炸又将变成浅度表面以下核爆炸。

除按照以上分类方式外，还有一些国家或者组织将空中核爆炸和地面（水面）核爆炸统一在一起，称为大气层内核爆炸。因此，将爆炸方式分为 3 类，即高空核爆炸、大气层内核爆炸以及地下（水下）核爆炸。

另外，还可以按照爆炸高度（或埋设深度）和当量立方根的比例关系，即比高（或比深）来分类。其中，比高定义为

$$h' = \frac{h}{Q^{1/3}} (\mathrm{m}/(\mathrm{kt})^{1/3})$$

式中：h 为爆炸高度（或者埋设深度，单位为 m）；Q 为当量（单位为 kt）。

核爆炸方式如何按照比高来区分，美国、苏联的区分方法也不完全一样，乔登江[3]推荐的区分方法如表 2-1 所示。

表 2-1 爆炸方式区分

爆炸方式	比高范围/(m/(kt)$^{1/3}$)	细致区分	备 注
地面爆炸	$h' = 0$ $0 < h' < 30$ $30 \leq h' \leq 50 \sim 60$	触地 成坑 无坑	火球呈半球形 当火球半径最大时，与地面 接触，但没有弹坑
空中爆炸	$50 \sim 60 \leq h' \leq 120$ $120 < h' \leq 200$	低空 中空	当量大时用 60，小时用 50
地下爆炸	$-120 < h' < 0$ $h' < -120$	浅埋成坑 封闭式	
高空爆炸	$h' > 200$	高空	根据环境对爆炸景象影响的特点，又以实际爆高 80 km 为分界线，将爆炸高度分为 80 km 以上和以下两种方式

2.4.2 核爆炸的外观景象[3]

核爆炸的外观景象与爆炸方式有关，爆炸方式不同，其外观景象也略有差异。空爆和地爆外观景象的共同特点是依次出现闪光、火球、蘑菇状烟云和在不同距离上先后听到爆炸响声。

对于空爆，爆炸瞬间首先看到极强烈的闪光，它的持续时间比较短，不超过 1 s，

18

在距爆心数百千米的范围内都能观察到。闪光过后，随即出现一个圆而明亮的火球，如图 2-5 所示。火球体积不断增大并缓慢上升。在冲击波经地面反射后，反射冲击波经过火球使得火球变形，呈上圆下平的馒头状，底部明显向内部凹陷。在火球的发展过程中，其直径不断增长，同时向外发出光辐射，其发光时间和最大直径仅与当量有关。不同当量的有关参数见表 2-2 和表 2-3。

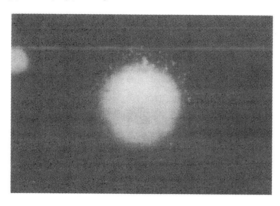

图 2-5 核爆炸火球

表 2-2 不同当量核爆炸火球最大直径和发光时间

当量/kt	1	5	10	20	50	100	200	500	1000
最大直径/km	0.15	0.26	0.34	0.44	0.61	1.0	1.4	1.78	0.8
发光时间/s	0.69	1.4	1.8	2.4	3.6	4.8	6.4	9.4	13

表 2-3 不同当量的核爆炸烟云的稳定顶高、稳定直径、稳定厚度及开始稳定时间

当量/kt	1	5	10	20	50	100	200	500	1000
开始稳定时间/s	650	540	490	460	410	380	350	300	290
稳定顶高/km	7.4	9.1	9.9	10.9	12.3	13.4	14.8	17.0	18.7
稳定直径/km	2.2	3.6	4.4	5.4	7.1	9.0	11.0	14.5	17.9
稳定厚度/km	3.0	2.7	3.5	3.5	4.0	5.7	6.0	6.0	6.6

火球熄灭后，冷却成为灰白色或棕褐色（视爆高而定）的烟云，继续以一定的速度膨胀和上升。在烟云上升的同时，由于地面反射冲击波的作用，在地面爆心投影点区域内掀起的尘柱也迅速上升，经过一段时间后追及烟云，形成典型的蘑菇状烟云，如图 2-6 所示。对于当量为 10 万 t 以下的核爆炸，烟云上升到大气对流层顶附近不再上升，其几何尺寸也相对呈稳定状态；对于百万吨以上大当量爆炸，烟云将穿过对流层顶，在一定高度上也出现暂时的稳定状态。稳定时烟云的高度和几何尺寸与当量有关，数据也列在表 2-3 中。因为烟云的稳定高度和几何尺寸受大气条件的影

图 2-6 原子弹爆炸蘑菇状烟云

19

响比较大，表2-3中的数据仅是略数。

尘柱与烟云相衔接的情况取决于比高。地爆时烟云和尘柱一开始就衔接在一起，比高小于 150 m/(kt)$^{1/3}$ 的空爆，尘柱一般都可能追及烟云并相衔接，比高大于 150 m/(kt)$^{1/3}$ 时，一般并不衔接。

当冲击波传到不同距离处时有爆炸响声，由于核爆炸冲击波的特点，往往可以连续听到好几次响声。

地爆的外观景象与空爆的差异是：火球与地面接触，近似成半球形，烟云颜色深暗，尘柱粗大，连接在一起上升。对于有坑地爆，有大量的土石抛出并形成弹坑。

水面核爆炸时，首先出现闪光，接着出现半球形火球，大量水被汽化并卷入放射性烟云。火球上升时将大量的水掀起形成水柱和水雾。水柱回落时激起巨大海浪和放射性云雾，迅速向四周扩散。放射性云雾升高至高空时，可能冷凝成水滴形成放射雨。

一定水深的核爆炸也会形成火球，但规模比空爆小，发光时间也短得多。火球熄灭后在水中形成猛烈膨胀的气球（主要成分为水蒸气），引起水中冲击波。气球上升到水面时抛射出大量蒸汽，同时有大量水涌入，形成巨大空心水柱。上方继续向外喷射出放射性物质，形成菜花一样的云顶。空心水柱可达几千米。水柱往下沉时，形成由水滴组成的云雾称为基浪。1946 年 7 月 25 日，美国比基尼珊瑚岛核试验（当量为 20 kt，爆深为 60 m，类型为钚弹），其空心水柱高达 1800 m，最大直径约为 600 m，水柱厚约 90 m。爆炸云离开水柱顶部发出爆炸声。在海底松软沉积岩和淤泥上形成直径约 900 m，深约 98 m 的弹坑。

深层水下核爆炸（如美国1958年核试验，爆深为 150 m，当量为 20 kt），火球更不明显，由于水深，仅有少量热辐射逸出，破水而出的喷射基浪云团上升到水面一二百米即"后继乏力"。

综上所述，通过外观景象的观察能够粗略地判断爆炸方式和当量。

2.5　核爆炸的杀伤破坏作用

2.5.1　核爆炸的杀伤破坏因素

核武器的杀伤破坏因素主要有光辐射、冲击波、早期核辐射、放射性沾染（亦称剩余核辐射）以及核电磁脉冲。前3种因素和核电磁脉冲的作用时间在爆后几十秒钟以内，因此，又称为瞬时杀伤破坏因素。放射性沾染的作用时间较长，一般可以持续几天，甚至更长的时间。核武器爆炸后，光辐射、早期核辐射和核电磁脉冲先到，接着冲击波到，放射性沾染要更晚一些时间才到来。

1. 光辐射

核爆炸时，在爆炸反应区内可产生几千万度的高温，并发出耀眼的闪光，紧接着形成一个炽热而明亮的火球，火球最初的温度在 30 万℃以上，即使在整个发光过程中，火球表面的温度也在数千度以上，这近似于太阳表面的温度。因此，闪光和火球能像太阳辐射出阳光一样，向四周辐射出大量的光和热，这就是光辐射。

光辐射释放出来的热量是很大的。例如，一枚 100 万 t 当量的核武器爆炸时，以光辐射形式释放出来的热量约 70 亿千卡①，这份热量可将 7 万 t 水从摄氏零度加热到沸腾。

光辐射和普通光线一样，在大气中以 3×10^5 km/s 的速度沿直线传播，且能被不透明的物体遮挡住。光辐射能在较大的范围内杀伤暴露人员和烧毁物资器材。光辐射的强弱用光冲量表示，单位是卡/cm²。

2. 冲击波

冲击波是构成火球的高温高压气体，以超音速向四周传播的气浪。在传播过程中，冲击波猛烈地压挤周围空气。冲击波到来时，空气压力突然升高，超过正常大气压的那部分压力，称为冲击波超压，同时还伴随有高速运动的气流，它的冲击力，称为冲击波动压。超压和动压的大小，用每平方厘米面积上受到多少千克压力来表示，单位为 kg/cm²。在核武器的几种杀伤破坏因素中，冲击波是主要因素，它可对暴露或隐蔽人员、武器装备、工程建筑、道路桥梁和地下设施等造成不同程度的杀伤破坏。

3. 早期核辐射

早期核辐射，又称贯穿辐射，是核爆炸最初十几秒钟放出的 γ 射线和中子流，主要来源于核装料的裂变反应和聚变反应。另外，空气中氮气的原子核吸收中子后，也放出 γ 射线。早期核辐射是核武器特有的杀伤因素，它的性质与医院透视用的 X 射线类似，是一种看不见的射线，但其穿透能力比 X 射线强得多，特别是中子弹爆炸，放射出大量的高能中子，可以穿透约 1 英尺（30.48 cm）厚的钢板，毫不费力地穿透坦克装甲、掩体和砖墙等物，杀伤其中人员。但是，早期核辐射对大多数物体没有破坏作用，且杀伤范围小，其最大杀伤半径一般不超过 4 km。早期核辐射常用的剂量单位是"伦琴"和"拉德"。

4. 放射性沾染

核爆炸时，在爆区和烟云运动的沿途，都有放射性物质落下，使地面和地面空气遭到污染。此外，在空中还将形成一条逐渐加宽的狭长"烟道"，使空域遭受污染。放射性沾染的来源有 3 个：

（1）核裂变碎片。这是核装料铀-235 或钚-239 进行裂变反应时，其原子核分裂成的放射性同位素。它的成分很复杂，由近 200 种同位素组成，大部分是金属元素（如铝、钡、锶等），还有一些非金属元素（如碘、碲等）和放射性气体（如氪、氙等）。这些放射性同位素能够放射出 γ 射线和 β 粒子，是造成放射性沾染的主要因素。

（2）感生放射性物质。这是指土壤或物体中的铝、锰、钠、铁等元素，受早期核辐射中的中子流作用而形成的放射性同位素。它们能够放出 γ 射线和 β 粒子，但半衰期较短。如同位素锰的半衰期为 2.6 h，钠的半衰期为 14.9 h，铝的半衰期仅 2.31 min。

（3）未反应的核装料，这是指还没有来得及进行裂变反应就被炸散了的那部分核装料（铀-235 或钚-239），它们能够放出 α 射线和 γ 射线，半衰期很长，都在几万年以上。

放射性沾染也是核武器特有的杀伤破坏因素。地面爆炸时，能造成爆心附近几至十几平方千米的严重沾染，叫爆区沾染。在高空风的作用下，将使下风方向上的地面造成

---

① 1卡 = 4.187 焦耳（J）

带状或椭圆状的沾染区，叫云迹区。云迹区的沾染范围，一般可达几百至几千平方千米，长度约几十至几百千米，宽度约几至几十千米。地面爆炸时放射性沾染的特点是沾染严重，范围大，作用时间长，对军队行动有较大的影响。

核武器空中爆炸时，爆区地面沾染的主要来源是感生放射性，云迹区的地面沾染和地爆一样，也是由放射性落下的灰尘形成的。核试验表明：比高大于 120 的空中核爆炸，一般不会形成剂量率高于 1 C/h 的云迹区；比高大于 150 的中当量以上的核弹空爆，爆心投影点附近爆后 1 h 的剂量率一般不会超过 10 C/h；比高大于 200 时，下风方向的地面基本无沾染。在通常情况下，空爆爆区的沾染程度要比地爆小几百倍至几千倍，沾染区半径不过几百米。因此，空爆时地面沾染的特点是沾染轻，范围小，作用时间短，对军队行动影响小，甚至没有影响。但是，当比高小于 120 时，爆区沾染将加重，云迹区的地面剂量率将增高，沾染范围将增大。如果趋近于地爆，则其沾染情况与地爆时相似。

必须指出的是：不论核武器空中或地面爆炸，都将产生一个较为严重的沾染空域，并对飞行产生不同程度的影响。例如，1954 年 2 月 28 日，美国在比基尼岛上进行的热核爆炸试验，爆炸后在南太平洋 7000 mile²[①] 地区的上空，笼罩着致命的放射性烟云，由于未采取防护措施，放射性灰尘沉降后，致使 236 名马绍尔群岛人、31 名美国人、23 名日本渔民受到放射性伤害。

5. 核电磁脉冲

1962 年 7 月 9 日，夏威夷瓦胡岛上的照明变压器突然被烧毁，致使岛上不同地点的 30 盏路灯断电，与此同时，在美国的檀香山，数百个防盗报警器瞬间都莫名其妙地响了起来，电力线上的断路器，一个个像爆玉米花似地烧断、跳开，弄得人们不知所措。事后查明，原来是美国当局在太平洋约翰斯顿岛上进行的一次高空核爆炸引起的。类似的试验，不但给地面电力设施造成了很大损失，而且使几颗人造卫星的太阳能电池和电子设备受损，提前停止工作。又如 1961 年 10 月 30 日，苏联在北方新地岛上空进行的一次 5800 万 t 当量的高空核爆炸，造成了阿拉斯加和格陵兰的预警雷达以及 4000 km 范围内的远程通信系统失灵达 24 h 之久。此外，世界各国的历次核试验中，也经常发生动力电缆熔断丝被烧断，仪器被破坏，信号被干扰的事件。

上述事件都说明，核爆炸除了产生大家所熟知的光辐射、冲击波、早期核辐射和放射性沾染 4 种杀伤破坏因素之外，还有一种人们所不熟悉的破坏因素，这就是核电磁脉冲。既然如此，那么核电磁脉冲是怎样产生的呢？它又有什么特点呢？

原来核爆炸时，从弹体内释放出 γ 射线、X 射线和高能中子，它们以极高的速度离开弹体，引起空气的电离，从而在空间形成一个非球形对称的短暂的电流和电荷分布，并随时间而变化和辐射出电磁脉冲。此外，核爆炸瞬间形成的高温等离子体火球在地磁场中迅速膨胀，引起磁场的扰动，也会产生核电磁脉冲。

核电磁脉冲具有场强高、频谱宽、作用范围大、瞬时性等特点，它对常规武器或尖端武器的电子设备以及对高空飞行的导弹、卫星、飞机等都有一定的干扰和破坏作用。

---

① 1 平方英里（mile²）= 2.59 km²

2.5.2 核爆炸的杀伤破坏特点

核爆炸的杀伤破坏一般情况下是多种因素综合作用的结果：对于人员来说，以复合伤为主；对于物体，主要是冲击波和光辐射的综合作用。但是不同爆炸方式和不同当量条件下，各个因素所造成的杀伤破坏范围也不同，因此相应的杀伤破坏特点也不相同。文献［3］针对区分当量大于和小于万吨，不同爆炸方式下的杀伤破坏特点进行了总结。

1. 大当量空爆

在大当量空爆情况下，光辐射强，杀伤破坏范围最大。冲击波在爆心投影点附近区域为中等强度，但杀伤破坏范围最大。早期核辐射的杀伤范围小于光辐射和冲击波。剩余核辐射的杀伤作用可以忽略。因此这种方式的爆炸主要用于大面积破坏地面以上目标，杀伤开阔地面人员，但不能破坏地下坚固目标。第二次世界大战期间，美国袭击日本广岛和长崎的核爆炸就采用该种爆炸方式。

2. 小当量空爆

在小当量空爆情况下，光辐射较弱，杀伤破坏范围小，冲击波的杀伤破坏范围也较小。早期核辐射的杀伤范围比光辐射和冲击波大，尤其在当量为千吨级时更为明显。放射性沾染可以忽略。这种爆炸方式可用于杀伤小范围开阔地面和坦克内人员。

3. 大当量地爆

在大当量地爆情况下，光辐射比空爆弱，杀伤破坏范围比空爆小。在爆心附近区域，冲击波很强，但杀伤破坏范围也比空爆小，可能形成弹坑，可以破坏地下坚固目标，如地下导弹发射井、地下指挥所等。早期核辐射和空爆相近，爆炸将造成下风向数百千米狭长范围内的严重放射性沾染。这种爆炸方式可用于摧毁敌战略后方硬目标并在较大地区造成人员放射性杀伤。

4. 小当量地爆

在小当量地爆情况下，光辐射很弱，杀伤破坏范围小。冲击波在爆心附近很强，但随距离很快衰减，杀伤破坏范围也比空爆小，可能形成弹坑，可以破坏小范围内的地下坚固目标。该种爆炸方式将造成下风向数百千米狭长范围内的严重放射性沾染。在命中精度高的条件下，是摧毁个别地下坚固目标的一种方式。

5. 浅层地下爆炸

浅层地下爆炸形成的弹坑尺度最大，会造成严重放射性沾染，可用于摧毁弹坑下方及其附近的地下坚固目标，如指挥所等。

2.6 核爆炸效率和能量分配

在核爆炸时，参加反应的物质只占核装料的很小一部分，因而它的效率远远达不到100%。另外，就参加反应的这些物质，它的能量也并非都在爆炸时释放出来，有一部分在爆炸后不久的剩余核辐射中（包括碎片的放射性辐射）释放出来的，这就是上一节所述的放射性沾染。在纯裂变武器（原子弹）中，这部分能量约占10%，在热核装置（氢弹）中，约占5%。

23

要想精确地在核爆炸中进行能量的分配是不可能的，因为它决定于武器的性质，尤其与爆炸的环境有关，但做一个大概的估计还是可能的，通常对于高度不超过 30 km 的纯裂变武器的核爆炸来说，其中热能约占 35%，有 50% 的能量用来产生冲击波，早期核辐射（主要是 γ 射线，中子流，另外还有 X 射线、β 射线）约占 5%，剩余核辐射（主要放射性沾染）约占 10%。能量分配见图 2-7，热核装置爆炸时，剩余核辐射约占 5%。

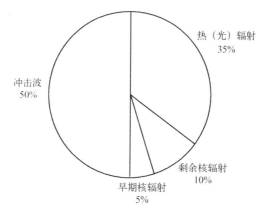

图 2-7　30 km 以下裂变型武器空爆时的能量分配图

2.7　核爆炸侦察方式

核爆炸侦察是指在核爆炸以后，通过对核爆炸直接或间接产生的烟云、冲击波、光辐射、电磁脉冲、地震波等信号的监测、接收、分析和处理，确定核爆炸源参数的一门技术。

2.7.1　核爆炸侦察方式的分类

核爆炸侦察可按照不同方式进行分类，如按照侦察任务、探测距离、侦察信号等。按照探测距离，核爆炸侦察方式可分为地基近程侦察、地基中远程侦察和天基侦察。按照侦察任务，核爆炸侦察方式可分为国土防御核爆炸侦察、核反击效果侦察、国外核试验侦察等。按照侦察信号，可分为核爆炸冲击波侦察、核爆炸光辐射侦察、核爆炸电磁脉冲侦察、核爆炸次声侦察、核爆炸地震波侦察、核爆炸 X 射线侦察等。本章首先基于侦察距离进行分类简述，在后续章节中，重点在中远程探测距离上，详细介绍 3 种基于侦察信号分类的侦察技术。

2.7.2　地基近程核爆炸侦察

地基近程核爆炸侦察的探测距离一般为距离爆心 100 km 以内，主要侦察本级作战地域的核爆炸。其主要侦察内容包括[4]：（1）核爆炸信号的获取和处理，即可靠获取核爆炸信号并进行相应处理，这是侦察的前提；（2）核爆炸事件的识别，即将核爆炸事件与其他干扰事件正确、可靠区分，这是侦察的关键内容；（3）核爆炸基本参数确定，即确定核爆炸的时间、地点、方式、威力和弹型等基本参数，这是侦察的目标和核心。

目前地基近程核爆炸侦察主要侦察大气层内核爆炸，其基本方法主要有外观景象探测、冲击波与声波探测和光电探测等方法。

外观景象法是利用光学测角、测距仪器对核爆炸闪光、火球、尘柱和烟云等外观景象信号进行探测的技术手段，是地基近程核爆炸侦察的基本途径。

冲击波与声波探测是通过检测核爆炸冲击波与声波信号。进而确定核爆炸参数的技术手段，它是地基近程核爆炸侦察的主要途径之一。

光电探测是利用光电传感器检测核爆炸光电信号经过光电复合等处理进而确定核爆炸参数的技术手段，是地基近程核爆炸侦察的核心途径。

2.7.3 地基中远程核爆炸侦察[4]

地基中远程核爆炸侦察的探测距离一般距离爆心 100 km 以外，其中，中程探测距离一般为 100~1000 km，远程探测距离为 1000 km 以外。中远程核爆炸侦察的内容与近程核爆炸侦察的内容一致，主要的区别是在侦察信号上。目前，中远程核爆炸侦察方法为地震波侦察、次声波侦察、电磁脉冲波侦察、水声波侦察以及放射性核素侦察等。本书重点针对地震波、次声波和电磁脉冲 3 种侦察方式进行介绍。

1. 核爆炸地震波侦察

核爆炸所产生的地震波是由核爆炸所产生的地下冲击波演变而来。核爆炸发生后，随着离开炸点距离的增加，地下冲击波的强度开始下降，更远处，由于波的反射、离散、衰减，它就蜕变成了一群与地震波十分相似的应力波了，这种波同样可以传播到很远的距离之外，并可用敏感的地震仪侦察出来，这就是利用地震波侦察核爆炸的基本原理。

2. 核爆炸次声波侦察

次声波侦察是通过测量其低频声波信号来侦察核爆炸。大气层核武器爆炸产生很强的大气冲击波，在初始几秒内以超声速从膨胀火球向外传播，冲击波阵面的超压是火球内部高压的 2~3 倍。随着传播距离的增加，冲击波慢慢衰减成声波后，会发生频散现象，低频成分传播速度快而衰减慢，高频成分传播速度慢而衰减快，由于几何扩散和高频成分被大气吸收而慢慢演变成次声波信号，这种次声波信号可以通过灵敏的微气压计测量出来，这就是利用次声波侦察核爆炸的基本原理。

3. 核爆炸电磁脉冲侦察

核爆炸电磁脉冲探测就是利用对核爆炸产生的电磁脉冲信号的接收，来判断核爆炸的时间、地点、方位等信息的探测方法。核爆炸电磁脉冲是在核爆炸一瞬间由爆心对附近的源区产生一种向外传播的电磁辐射，这是一种人为的"无线电闪烁"信号，是一个短持续时间的宽频带信号，它的频率范围从甚低频（VLF）到甚高频（VHF），几乎包括了现代所有无线电射频频段。随着传播距离的增加，其频率逐渐变低，在中远程距离上，电磁脉冲其主能量分布在 3~60 kHz 的甚低频频带上，因此可以通过灵敏的电场和磁场天线进行测量。

4. 核爆炸水声探测

除了空中核试验，美国在早期核计划中还进行了水下核试验。声波在水中的传播效率很高，特别是海水中由于温度及含盐量的细微差别而形成所谓的声学定位测距声道（SOFAR），并将声波能量束缚在其中时，传播效率就更高。在水下 600~1200 m 之间的

SOFAR 声道附近放置水听器,当量仅为数千克的水下爆炸也会无所遁形。

5. 放射性核素监测

核爆炸会产生稳定的放射性同位素,在进行空中核爆炸试验时,它们会被气流吹到高空。当它们冷却时,一些元素(例如放射性氙)就会以气态存在于大气中,另一些元素会同灰尘结合,形成放射性尘埃,随风在全球漂流。通过对这些元素的测定及大气输运反演可以揭示曾经发生过的核试验。

2.7.4 天基核爆炸侦察

所谓天基核爆炸侦察就是以卫星为平台所进行的核爆炸侦察,即利用卫星平台对核爆炸信号进行侦察,进而获取核爆炸的性质、时间、地点、威力和方式等信息。目前可使用的方法有可见光和红外信号侦察,核电磁脉冲侦察,瞬发辐射探测等。

美国在 20 世纪 60 年代就制定了"维拉"(VELA)核爆炸侦察计划,用于在天基开展核爆炸侦察。为此,美国从 1963—1970 年先后发射了 6 对维拉卫星。卫星上带有核爆炸探测设备,专门用于探测空间及大气层核爆炸,卫星上的核爆炸侦察设备一般有 X 射线、γ 射线及中子探测器。1971 年后,美国由名为"防御支撑计划(编号 647)"导弹预警卫星实施核爆炸探测任务,主要装有中子计数器和 X 射线探测器;1983 年后,美国发射第一颗全球定位卫星,核爆炸探测设备采用"搭班车"的办法布置在导航卫星上,卫星上有光学探测器、X 射线探测器,可在全球范围内探测、定位并实时记录所发生的任何核爆炸。后期发射的卫星上还装有能探测近地面大气层甚至地下核爆炸的红外和电磁脉冲传感器。

此外,利用侦察卫星及遥感技术对核爆炸前后的试验场地进行侦察是几十年来美国、俄罗斯及西方发展的一种主要监测手段。由于卫星遥感侦察不需要得到它国的允许,可以不受限制地进行侦察和监测,因此几十年来一直将卫星遥感对地观察视为重要的核试验侦察辅助手段。图 2-8 为美国 KH-7 卫星侦察获得的 1966 年我国在实施第二次塔爆前的试验场影像。

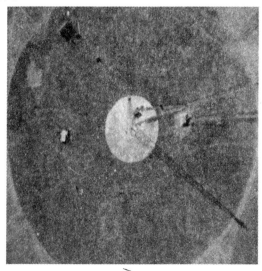

图 2-8 美国侦察的我国实施第二次塔爆前的试验场影像

2.7.5　其他核爆炸侦察技术

除上述侦察技术外，国内外一些专家学者还利用其他技术对侦察核爆炸进行了探讨。刘新中[5]、张景秀[6]、赵正予[7]利用监测到的高空核爆炸产生的地磁脉动进行了高空核爆炸探测研究。詹志佳等[8]利用距离地下核试验爆心3.8～140 km范围内的17个地磁测点对地下核爆炸前后的地磁场进行了观测分析，发现各个测点地磁总强度的差值变化在地下核爆炸前后存在异常，最大异常约为1.9 nT，且该异常与各测点到爆心的距离具有一定的关系，为通过地磁侦察地下核试验的研究奠定了一定的基础；钱建复、沈春霞等[9-11]探讨了地下核爆炸产生磁异常的机理，并对磁法探测地下核爆炸的可行性进行了研究。此外，还有研究学者利用地下爆炸引起的电离层扰动进行核爆炸侦察——等离子层无线电探测法[12]，即通过探测爆炸区域上空微弱爆炸扰动对等离子层的影响对核爆炸进行探测与识别，所有这些技术的研究为核爆侦察提供了新的探索思路。

参 考 文 献

[1] 王少龙，罗相杰. 核武器原理与发展 [M]. 北京：兵器工业出版社，2005.

[2] 董同耀. 核武器及核试验 [R]. 北京：国防科工委指挥技术学院，1991.

[3] 乔登江. 核爆炸物理概论 [M]. 北京：国防工业出版社，2003.

[4] 张仲山，李传应. 核爆炸探测 [M]. 北京：国防工业出版社，2006.

[5] 刘新中，张昭忠，罗裕书. 核爆电磁脉冲与地磁脉冲的探测研究 [C]. 核爆远区探测. 北京：解放军出版社，1985.

[6] 张景秀. 利用地磁脉冲进行核爆监测的前景分析 [C]. 核爆远区探测. 北京：解放军出版社，1985.

[7] 赵正予，田茂，关大传，等. 高空核爆时地磁脉冲效应的理论研究 [J]. 电波科学学报，1994，9 (4)：64-68.

[8] 詹志佳，高金田，胡荣盛，等. 地下核爆炸前后的地磁观测及其结果 [J]. 地震学报，1992，14 (3)：351-355.

[9] 钱建复，郑永春，沈春霞. 磁法探测地下核爆炸初探 [J]. 地球物理学进展，2006，21 (4)：1323-1327.

[10] 郑永春，沈春霞. 地下核爆炸磁异常基本特征研究 [J]. 核电子学与探测技术. 2007，27 (6)：1220-1222.

[11] 沈春霞，沈庭云，郑永春. 地下核爆炸磁异常 [J]. 地球物理学进展，2009，24 (6)：2298-2301.

[12] Krasnov V M. Remote monitoring of nuclear explosions during radio sounding of IEEE Proceedings of 16th Nationl Radio Science Conference. Cario, Egypt：IEEE CPS, 1999, INV2/1 - INV2/7. ionosphere over explosion place [C].

第三章 核爆炸次声波侦察技术

3.1 次声波基础

众所周知，自然界中充满了人耳可以听到的各种各样的声音，例如，动人的音乐声、朗朗的读书声、狂风的呼啸声、还有嘈杂的工业噪声等。实际上，除人耳能听到的可听声外，在我们周围还存在着一种人耳听不见的频率更低的声音，称之为次声。通常定义次声为振动频率范围低于 20 Hz 的声音。

历史上曾有过多次产生很强次声波的事件，如 1883 年 8 月 27 日，印尼的喀拉喀托火山突然大爆发，产生了强大的次声波，其绕地球转了好几圈，传播了十几万千米，这是有史以来罕见的强大次声源。1908 年，落到西伯利亚原始大森林中的一颗特大陨石发生了大爆炸，当时也产生了很强的次声波，在几万千米远处，用气压计还记录到了它的波列，如图 3-1 所示。

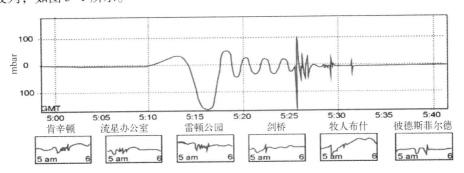

图 3-1　英国于 1908 年 6 月 30 日上午 5：00 记录的
西伯利亚 Tunguska 陨石坠落产生的次声波

虽然早在 100 多年前就首次记录到了次声波，可人们对次声的认识却没多大进展，直到 20 世纪 20~30 年代，在对爆炸声的反常传播进行大量试验的过程中，Gowan 于 1929 年注意到了一些当时尚不认识的频率非常低的声波，即现在所谓的"次声波"。从 1938 年开始，Gatenkerg 才对这种次声波的来源和传播进行了较为深入研究。

20 世纪 40 年代末 50 年代初，核武器的出现为次声波研究提供了强大的次声源，才使得人们对次声现象及次声传播规律的认识有了较大的提高，对次声波的研究也逐渐受到重视。为了监测和确定大气层核试验的位置，许多国家建立了次声台站，作为次声波研究的数据获取基础。这些监测台站大多设计用于监测当量不低于 10 kt 的远距离大气层核爆炸所产生的长周期次声波[1]。然而，在 1963 年美国、苏联、英国三国签订了部分禁止核试验条约后，人们对次声波监测的研究兴趣逐渐下降，尤其在 1980 年 10 月 16 日进行了世界上最后一次大气层核试验后，次声波监测几乎失去了其用武之地。因此，到1995年底，全世界只有少数几个次声台站仍在运行。如澳大利亚的 Warramunga 次声台站仍坚持进行大气次声波性质的基础研究工作。1996年9月24日，全面禁止核试验条约开放签署后，为满足条约的核查需要，国际监测系统计划在全球筹建60个次声台站，构成全球次声波监测网，自此，次声波研究又受到了重视。截止到2014年，国际监测系统规定的60个全球次声波监测台站中（图3-2），已经完成47个次声台站。与此同时，许多研究结构又开始建立新的次声台站，开展次声的火山监测、地震监测以及海啸监测等自然灾害预警研究等。2013年2月15日，在俄罗斯发生了陨石坠落事件，全球许多次声台站（如图3-3）就监测到了此次事件产生的次声信号（如图3-4），并进行了事件定位。

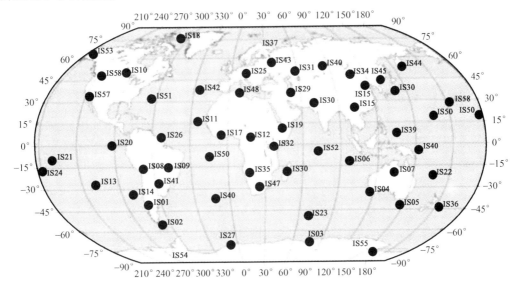

图3-2　IMS次声监测网

图3-3　2013年2月15日俄罗斯陨石坠落次声监测台网分布

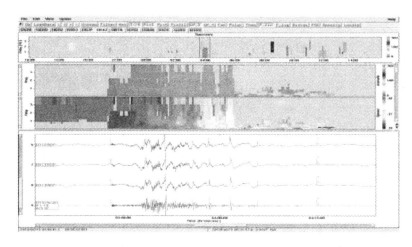

图 3-4　2013 年 2 月 15 日俄罗斯发生的陨石坠落产生次声信号

3.1.1　声学基本概念

由于次声属于声学的范畴，次声波的产生、传播、接收等都与声波相同。因此，要开展次声侦察研究，首先需要了解声学的基本概念。

1. 声压

声振动过程出现的压力增量称为声压。在声音传播过程中，压缩区声压是正的，稀疏区是负的。表示声压的物理量过去用微巴表示，即

$$1 \text{ 微巴}(\mu bar) = 1 \text{ 达因/厘米}^2 (dyn/cm^2)$$

自 1971 年开始，国际标准化组织决定，压力的单位改用帕斯卡，用 Pa 表示，即

$$1 \text{ Pa} = 1 \text{ N/m}^2 = 10 \mu bar$$

以后声压的单位也统一改用 Pa。

声压是随时间变化的，为明确起见，声场中某一瞬时的声压值叫做瞬时声压。在一定时间间隔内，最大的瞬时声压称为峰值声压；瞬时声压对时间取均方根值称为有效声压。它们之间的关系为

$$P_{rms} = \left(\frac{1}{t_2 - t_1} \int_{t_1}^{t_2} p^2(t) \, dt \right)^{\frac{1}{2}}$$

式中：P_{rms} 为有效声压；$P(t)$ 为瞬时声压；$P(t)$ 的最大值（峰值声压）用 P_{max} 表示。

在次声波的测量中，对声压瞬时值 $P(t)$ 最为关心，微气压计随时间测量的值就是瞬时值，瞬时值随时间变化的曲线构成次声波形图。次声波形图是识别、分析核爆次声信号的基础。

人耳对声的反应，即声音的响应是和声压的对数成比例，所以，在声学中常以声压级表示声压的大小。声压的符号是 SPL，单位分贝（dB），其定义为

$$SPL = 20 \log \frac{P}{pref}$$

式中：P 为声压，常取有效值；pref 是一个参考声压，通常取闻阈 $2 \times 10^{-5} \text{Pa}$。

2. 频率和频谱

从做简谐振动的无限大平板发出的声音中可以看到声压的瞬时值是简谐的，即

$$P(t) = P_{max}\sin(\omega t + \varphi)$$

式中：ω 为角频率；φ 为初相角。声压随时间的变化如图 3-5 所示，可以看出，声压从某一值开始从小变大，达到峰值后又减小，经过零变成负值，到负的峰值后第二次上升，当声压上升到和起始值相同时所经过的时间称为周期（T）。周期的单位是 s。对于简谐振荡，每秒中振荡的周期数叫频率（f），频率的单位是 Hz。频率是声音的重要物理量，不同频率的声音给人以不同音调的感觉，而且不同频率的闻阈也不同。

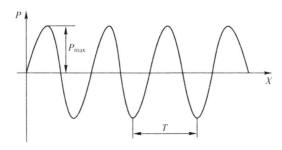

图 3-5　声压随时间的变化图

频率和周期互为倒数，表示同一个物理性质。由于在讨论次声问题时，频率的数值往往小于 1，用小数表示总不方便，不如用周期表示，因为周期可以从波形图中直接读出，不需要换算，这是以后讨论中经常碰到的一个物理量。

上面讨论的简谐振动并不常见，实际上碰到的波形并不都是正弦的。如机器的噪声是无规则的，产生语言的声带振动是一些三角波，乐器的声音多半是一些不规则波形的周期振荡。对于这些复杂波形，可以通过频谱分析的方法将它们分解成正弦波，也就是说这些复杂的波形可以由若干个幅度、相位和频率都不同的正弦波合成。

3. 波长和波数

以上讨论的是空间某一点的声压随时间的变化，同样对于某一时刻，声压随空间位置的变化也可作相应的讨论，为简化起见，设声音只在 X 方向传播，并且声波是单频率的正弦波，此时声压随距离的变化可以写为

$$P(X) = P_{max}(KX + \varphi)$$

此时，将声波在空间变化一周所跨越的距离称为波长（λ），在单位距离中有多少波长叫波数（K），如图 3-6 所示。

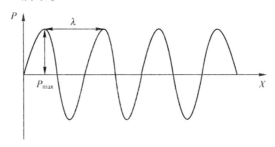

图 3-6　某一瞬时声压分布

频率（f），角频率（ω），周期（T），波数（K），波长（λ），声速（C）之间的关系可综合如下：

$$f = \frac{1}{T}$$

$$\omega = 2\pi f = 2\pi \frac{1}{T}$$

$$\lambda = \frac{C}{f}$$

$$K = 2\pi \frac{1}{\lambda} = \frac{2\pi f}{C} = \frac{\omega}{C}$$

4. 波阵面与声线

设声波由声源 A 沿 r 的方向传播。可以设想一系列的表面（如图3-7），这些表面通过处于同一振动相位的各点，每个表面称波阵面。波阵面垂直于声波传播的方向，也就是说垂直于声线。介质的质点运动是沿着声线方向的。波阵面的形状和面积在离声源不同的距离处可能是不同的。在许多很重要而又是比较简单的情况下，可以事先预测所得到的波，即能指出不同相位的各个表面（波阵面）的形状及传播的方向。

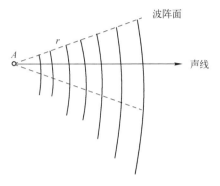

图3-7　波阵面与声线图

3.1.2　次声源

自然界能够产生次声波的事件很多，但总结起来大致可分为3类：第一类是自然次声源，如地震产生次声波、海啸产生次声波等；第二类是气象次声源，如飓风产生次声波、雷暴产生次声波；第三类是人工次声源，如核爆炸、火箭发射产生的次声波等。图3-8显示了能够产生次声波的各类天然和人工次声源。

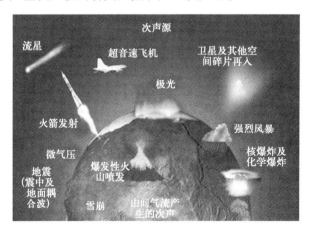

图3-8　各类次声波源示意图

了解各类次声源信号的特点对于开展核爆炸次声侦察有着重要的意义。通过对各类次声信号的研究，有助于我们对核爆炸信号进行监测，并对各类次声信号进行识别。下面简要介绍自然、人工和气象次声源产生次声信号的机理与特性。

1. 自然次声源

自然界中存在着许多能够产生次声波的现象，下面介绍地震和火山喷发两种自然次声源产生次声信号的特点。

1）地震次声波

地震的震源深度比核爆炸要深，其深度有时可达数百千米。地震与地下核爆炸的本质区别是震源性质不同，地震是断层滑动的结果，而地下核爆炸的震源则可看作点源。当地震发生后，产生的次声波主要有本地次声波、震中次声波和衍射次声波。一般可观测到两组明显区别的次声波抵达，第一组为本地次声波，地震波在地球介质中向外传播，当传播至次声观测台站时，会引起次声观测台站周围的地面运动，而这些地面运动与大气的耦合作用会在次声观测台站周围产生本地次声波，而核爆炸发生时，除了爆炸源区产生的次声波外，地下爆破产生的冲击波转化成的地震波也会产生本地次声波。因此，天然地震与地下爆破在远区观测台站产生的本地次声波的机理是一致的，均是由于传播至当地的地震面波引起的地面运动产生的。第二组为震中次声波，这两组次声波的振幅一般在 0.01 Pa 到几 Pa 之间，频带宽度一般为 0.005 ~ 10 Hz[2]。

2）火山喷发产生的次声波

火山喷发前监测到的一般是地震波，喷发开始时才出现次声波。火山喷发刚开始时，气体释放非常快，这个过程中出现尖锐的脉冲信号，之后则是一系列相对较低强度和频率的脉冲串，火山喷发产生的次声信号的形态变化很大[3]。

2. 人工次声源

目前已知的人工次声源大多是爆炸过程，如化学爆炸、矿爆和大型火箭发射等人工事件有时就能够产生次声波。

1）化学爆炸产生的次声波

化学爆炸一般都发生在震源深度较浅的地表，其爆炸过程中物质的化学成分发生了变化，使用化学和物理性质不同的炸药，其爆炸的威力和反应速度就会存在一定的差异，化学爆炸释放能量一般需要较长的时间和较大的空间体积，所以化学爆炸产生的压力（约 20 GPa）和温度（约 3000 k）与核爆炸相比较低。但是，核爆炸产生的高温使爆室周围的岩石介质气化，会对核爆炸能量的释放产生一定的阻碍[4]，化爆与核爆相比可较快地释放能量。研究发现，核爆次声与大型化爆激发的次声有较大程度的相似。

2）飞机火箭产生的次声波

飞机飞过的地方，空气压力形成字母"N"形状的波形，这种压力波伴随着飞机向波前法线方向传播，如果飞机很大，又飞得很高，则传到地面的轰声就很低，其中就包含了次声波。距离地面几千米高的飞机产生的次声波声压可达到几微巴数量级，这种次声波传播速度比声速大，有时会超过 6 m/s。

火箭飞行时，产生次声信号的机理与飞机相似，但是，它产生的空气动力波比飞机强很多，火箭产生的次声波的声压幅值可达 20 μbar 数量级，信号会持续几分钟，甚至10 分钟左右。

3. 气象次声源

各种气象会产生不同的次声波，通过对天气现象辐射次声波研究可以预报灾害，为防灾减灾服务。目前，如台风、晴空湍流和雷暴等都会产生次声波。下面简要介绍一些恶劣天气产生次声波的特性。

1）台风产生的次声波

台风中心的台风眼产生的次声波可以传播得很远，通常在一二千米远的地方仍可接收到这种次声波，其周期为 4～8 s 左右，且在一二千米远处的声压一般在几微巴数量级。此外，台风还产生另外几种次声波：一种是由台风气旋运动中湍流运动辐射出次声波，这种次声波声压较小，频谱较宽，在远距离不易收到；另外一种是在台风外围，强风与大浪的波峰冲击形成湍流涡旋辐射出的次声波，这种次声波的频率在 10 Hz 左右。

2）晴空湍流产生的次声波

晴空湍流是在大气对流层的雷暴附近、积雨云及积云塔中存在的剧烈气流运动形成的涡旋。湍流产生次声波的机制与一般喷气流辐射次声波的原理相似，都是由于空气受到扰动产生的，它产生的次声波在地面上接收到的频率大致在零点几赫兹到几赫兹之间。

3.1.3 次声波的应用

虽然早在第二次世界大战前，次声波已应用于探测大炮的位置，可是直到近几十年来，它的应用问题才开始被人们所注意。总体来说，次声波的应用前景很广阔，大致可分为以下几个方面：

（1）通过研究自然现象（如极光、火山）产生的次声波特性及机制，更深入地认识这些自然现象的特性及运动规律。如人们利用极光产生的次声波的特性来研究极光活动的规律；通过测量火山辐射次声波的频谱来区分火山的活动类型；通过测量火山产生次声波大小来计算火山喷发的能量等。

（2）利用接收到的被测声源所辐射出的次声波，探测这些声源的位置、大小及其他特性。如通过接收核爆炸、火箭发射或台风所产生的次声波去探测这些次声源的有关特性和参数。

（3）预测自然灾害性事件。许多灾害性现象如火山喷发或地震前均辐射出次声波，可以利用这些前兆现象预测自然灾害性事件的发生，以便做好防范，减少损失。

（4）次声波在大气传播时，易受到大气介质的影响，它同大气中的风和温度分布有密切的联系。因此，通过测定自然或人工产生的次声波在大气中的传播特性，探测某些大规模气象运动的性质和规律[5]。这种方法最显著的优点是可以对大范围大气进行连续不断地探测和监测。

（5）通过测定次声波受大气其他波动的影响结果，探测这些波动的活动特性。例如，次声波通过电离层时会引起电离层的扰动，这时电磁波在电离层中传播就会受到干扰。通过测定次声波的特性，可以计算出干扰的有关参数。同样可以通过测定次声波与重力波或其他波的相互作用，研究这些波的活动规律。

（6）人和生物不仅能够对次声产生某种反应，而且他（它）们的某些器官也会发出微弱的次声。因此，可以通过测定特定器官辐射出的次声波特性来了解人体或生物相应器官的活动情况。

（7）利用与人体器官固有频率相近的次声波可与人体器官发生共振的特性来研制次声波武器，通过次声波武器使人体某些特定器官发生变形、移位、甚至破裂，以达到杀伤目的。

3.2　核爆炸声波和次声波的形成

大气层核武器爆炸会产生很强的大气冲击波，在初始几秒内以超声速从膨胀火球向外传播，冲击波阵面的超压是火球内部高压的 2～3 倍。随着传播距离的增加，冲击波慢慢衰减成声波后，会发生频散现象，低频成分传播速度快而衰减慢，高频成分传播速度慢而衰减快，由于几何扩散和高频成分被大气吸收而慢慢演变成次声信号。

冲击波在传播过程中随着传播距离的增加，波阵面上超压逐渐降低，运动速度也降低，正周期增加，于是波形也随之拉长。由于大气的反射、折射和频散作用，这时的波形已不再是简单的脉冲波形，而是一个比较复杂的波形。随着传播距离的继续增加，波形越来越复杂。除冲击波在远距离直接蜕变成次声波外，在冲击波传播过程中，它与空气、地面、水面的摩擦也会产生声波，碎片的运动也会产生声波，虽然这些波的能量较小，但都进一步增加了波形的复杂性。总体上，从远距离来看大气层核爆炸，核爆炸就好像是一个巨大的球面脉冲声源，它向外辐射声波并向四周传播。地下和水下核爆炸时，也会有少量的能量进入大气形成次声波。一次距离爆心西北 450 km 的空中核爆炸次声波形见图 3-9[1]。

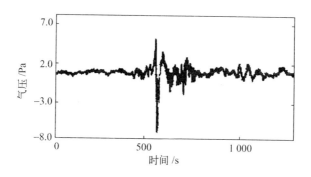

图 3-9　一次当量为几千吨的核爆炸产生的次声波形

3.3　次声波的传播

在均匀媒质中，声波同光线一样，都是沿着直线传播的。如果媒质不均匀，那么声波在传播时就会出现弯曲。如果忽略风的影响，将无风的干燥空气看成理想气体，声波的传播速度 c 与大气温度 T（绝对温度）的平方根成正比[6]，即

$$c = \sqrt{\gamma_g R T}$$

式中：γ_g 为特定热比值；R 为空气中气体常数；其乘积为 $\gamma_g R = 402.8 \ \mathrm{m^2 \cdot s^{-2} \cdot K^{-1}}$。将其进一步简化，可得到如下公式，即

$$c(T) = 20.07\sqrt{T}$$

由上式可知，在20℃时，次声波的理想传播速度约为344 m/s。由于大气层温度随高度有较大的变化，因此，次声波的传播速度变化范围很大。

次声波的传播除受到大气温度的影响外，还受到当地风的影响，因此，大气中声音的传播受有效声速 c_{eff} 控制。有效声速等于当地的声速 $c(T)$ 加上在声波传播方向上风速的分量，即

$$c_{eff} = c(T) + \boldsymbol{n} \cdot \boldsymbol{u}$$

式中：$\boldsymbol{n}$ 为在声波的传播方向上的一个单位矢量；$\boldsymbol{u}$ 为风速矢量。

从有效声速的计算公式可以看出，声波在大气中传播时，主要的影响因素是风和温度。由于风和温度是大气环境的重要组成部分，因此要详细了解次声波的传播，首先要了解次声波的传播介质，即大气环境。

3.3.1　次声波的传播介质[1]

大气是由78%的氮气、21%的氧气以及1%的水蒸气、二氧化碳及臭氧等物质组成，当大气温度升高或大气中含有较多的轻的分子时，都会使声速增加。大气中的声速是高度的函数，对次声波的传播性质有着强烈的影响，这种变化不仅依赖于大气温度的变化，还依赖于在波的传播方向上风的水平分量。大气的热学性质和平均风之间存在着规律性的变化，即依赖于季节和半球位置。因此，在充足的温度和大气风速数据基础上，进行次声波传播模型研究，可以提供非常有价值的信息，从而用来鉴别次声事件和进行事件的定位。

1. 大气热结构

大气层的温度分布是高度的函数，并依赖于具体的纬度和季节。全球各地大气层温度分布曲线的形状基本相同，如图3-10所示。在同一季节，南、北半球大气层温度分布有明显的差别，但并不很大。

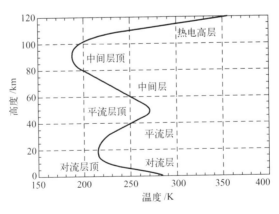

图3-10　大气层温度随高度的变化

在对流层，集中了空气质量的80%和几乎所有的暴风雨活动。从地球表面直至对流层顶的整个对流层，大气温度通常随着高度的增加而下降。在17 km高度附近有一宽的极小值区（约215 K）。而在对流层顶以上直至高度约为50 km的平流层顶的整个平流

层，大气温度随着高度增加而逐渐增加。平流层的大气相对稳定，很少有垂直方向的大气混合。从平流层顶直至高度约为 90 km 的中间层顶，大气层温度又随高度增加而下降。中间层大气不如平流层稳定，有一些垂直混合发生。在 90 km 高度附近又有一宽的极小值区（约 185 K）。最后，在中间层顶以上的热电离层，由于太阳辐射加热的作用，大气温度随高度增加而稳定地增加，并在热电离层顶达到极限值，其具体温度强烈依赖于太阳活动。次声波在全球的传播情况主要取决于高度在 200 km 以下的大气温度。

2. 上层大气风

与温度相比，大气风的变化具有更强的季节性，并且每日有变化。由于风速是声速的重要组成部分，故大气风对次声波的传播有特别重要的影响。图 3-11 显示了典型的平均地带大气环流风速的变化情况，说明无论北半球还是南半球，大气环流风速均是高度的函数。图 3-12 显示了至日（冬至和夏至）时南半球和北半球平均环流风速的变化情况，从高度－纬度的截面图可以看出南北半球风速场的相似性和差异性。

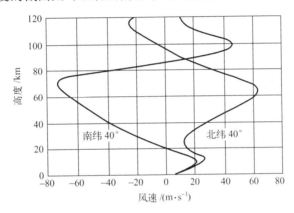

图 3-11　南纬 40°和北纬 40°一月的平均环流风速

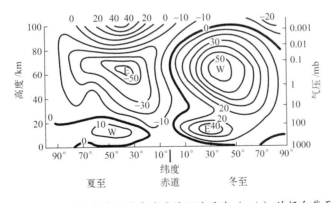

图 3-12　至日时南半球和北半球平均环流风速（m/s）的经向截面图

上层大气风最明显的特征是环流风向在大气层高度 30～80 km 间的季节反向。南、北半球大气风速的分布无论是形状还是变化情况均有显著的差别。当上层大气风主要是环流风时，平均风向会发生变化，它主要取决于纬度。经向风也对声速产生影响，导致声波的水平折射。与大气温度不同，大气风强烈地受日和半日定时涨落的大气潮流风影响。具有典型振幅的大气潮流风分量是声速的重要部分，因此它们对次声波的传播性质也有重要影响。其他扰动，如与长周期漂浮波有关的风成分等，也对次声波的传播性质产生影响。

3. 大气中的有效声道

大气中的声道（或波导）是声速较低的一层大气层，它以声速较高的一层大气层和地球表面分别作为其上界和下界。声能通过折射或反射而截留在声道中并传至远处。图 3-13 显示了在无风的情况下不同季节的典型声速。该图表明，次声波的远程传播明显具有上、下两个声道：下声道的中轴在高度 18 km 附近；而上声道的中轴在高度大约 90 km 处。

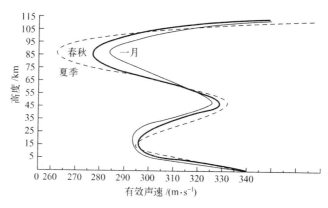

图 3-13 北纬 45° 处无风情况下平均有效声速随高度的变化

当考虑存在着上层大气风时，图 3-13 的有效声速将会发生显著变化。根据次声波传播方向与上层大气风的风向相同与否，环流风可以增强或削弱次声波的传播速度。图 3-14 给出了在南北半球，次声波顺风和逆风传播时平均环流有效声速分布曲线。曲线表明，大气风存在时，有效声速曲线发生了显著变化。在南纬 40° 逆风向传播时，在高度约 50 km 处的有效声速大于地球表面的有效声速；与此相反，在南半球顺风向传播时，中轴在 18 km 附近处的下声道完全消失。

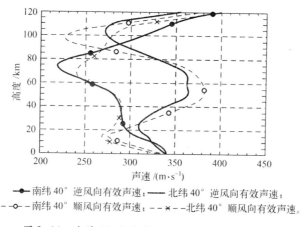

—●— 南纬 40° 逆风向有效声速；———— 北纬 40° 逆风向有效声速；
– –○– – 南纬 40° 顺风向有效声速；– –×– – 北纬 40° 顺风向有效声速。

图 3-14 南纬 40° 和北纬 40° 一月的平均有效声速

3.3.2 次声波的传播

1. 次声波的特征传播路径

声音要从地球表面的声源远距离传播至地球表面的其他地方，必须有声道。由大气结构可知，大气层通常有两个次声通道，如图3-15所示。在无风条件下，声波通过下层热电离层大气和地面的连续反射，声波能量能传播到很远距离。

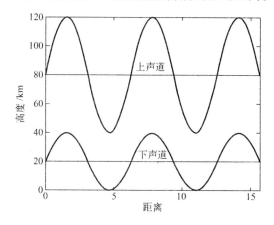

图3-15　大气层中的声道示意图

然而，当存在上层大气风时，次声传播路径变得更为复杂。多数情况下，地球表面声源的次声信号沿平流层风向传播时，将受到平流层上层大气和热电离层下层大气的反射。而沿与平流层风向相反方向传播的次声信号，只受到热电离层下层大气的反射。这样，沿平流层风向传播的次声波得以加强，与此相反，逆平流层风向传播的次声波受到严重消弱。

声音要从地球表面的声源远程传播至地球表面的其他地方，其必要条件是在地球表面以上的空中存在着一个或多个有效声速超过地表声速的大气层，从而能将声音反射回地面。值得指出的是，在无风的情况下，在高约50 km平流层顶处，最大声速 c 不超过地面声速 c_s。这表明地面爆炸产生的次声波向上传播时，只有经过 $c > c_s$ 的上层热电离层的反射才能回到地面。在这种情况下，通过下层热电离层大气和地面的连续反射，声波能量被传播到很远的距离，此时声波的传播性质几乎与波的传播方向无关。

2. 上层大气的影响——反常传播

上层大气风的存在，使次声波传播变得更为复杂。多数情况下，地球表面声源的次声信号沿平流层风向传播时，将受到平流层上层大气和热电离层下层大气的反射。而沿与平流层风向相反方向传播的次声信号，则只受到热电离层下层大气的反射。这种作用对次声波的传播产生强烈影响。沿平流层风向传播的次声波得以加强，与此相反，逆平流层风向传播的次声波受到严重削弱。图3-16为在简单的大气风模型下，用射线追踪方法计算的次声波声线的非对称传播过程[6]。

复杂多变的实际大气剖面造成相应复杂的声线分布，有时就会出现所谓"反常传播"现象。这里"反常"指的是离声源较近的地方听不到声音而较远的地方反而能听

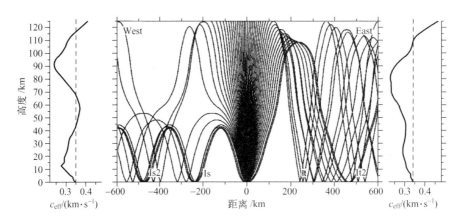

图 3-16　非对称声线示意图（中图），声源的位置和高度均为 0 km。

左图与右图为夏季（2006 年 7 月 1 日 12 点（世界时））在 52°N，5°E 的有效声速随高度剖面图

到声音这种"违反常规"的现象，也称"阴影区"。关于"阴影区"，Alfred Wegener 于 1925 年给出了 4 种可能的影响因素，即温度、风场、大气组成以及大气压强[6]。

3. 次声波的频散

次声波在大气中传播时，在不同地点记录到的波列不相同，这是由于频散的结果。大气是一种不均匀媒质，如前所述，不同高度具有不同的温度，其相应的声速都不同。当声波的波长有异时，它在大气中传播的平均速度就不一样。声波由一点传到另一点的路径差别很大。这些原因总起来就造成了声波在大气中传播时的频散。

为了更进一步说明频散现象，先介绍两个声学术语：相速和群速。

相速是波中相位固定的一点沿传播方向的速度。按相速定义，显然相速与波传播所在的当地媒质特性有关。可以认为它是声传播的局部速度。相速也有频散现象，它产生的原因就是因为不同频率声波长不一样，媒质影响的范围不同所致。

群速是波列中能量主要部分的传播速度。在频散媒质中，速度随频率而变化，而且波列在传播中会改变形状，因此个别波峰的传播速度（相速）就和近似地包括在波列包络中的主要能量的传播速度不同。这一包络的速度就是群速。

在均匀媒质中，声传播没有频散，相速和群速相同。在不均匀媒质中，相速与群速有差别，并将这种媒质称为频散媒质。实际上，前边所谈的频散现象是指群速的频散现象。

3.4　核爆炸次声波的测量与接收

利用微气压计来记录核爆炸所产生的次声信号也可以达到对核爆炸的侦察。由于次声波的产生主要来源于冲击波，因此这种侦察手段主要适用于地表面以上的爆炸。

由于冲击波受爆炸方式、爆炸当量影响很大，所以声波、次声波也必定受到这些因素的影响。通常爆炸当量越大，产生的次声波声压也越大，传播距离也越远，波形持续的时间也越长，长周期信号也越丰富。爆点越高时，波形越正规；当爆炸接近地面时，波形会变得很零碎。除此之外，次声波受到气象条件、热辐射、介质、

地形等的影响，顺风方向传的远，逆风方向传的近。例如，对于一个爆炸高度不超过 30 km 的 1000 t 大气核爆炸，能可靠地侦察到爆炸次声波信号的最大距离，在顺风方向约为 2000 ~ 2500 km，逆风方向约为 500 km 左右。但在春秋季节，由于高空风的平均速度较小，并且常常是无规则的，所以在这种情况下，无论在哪一方向，可收到信号的距离是差不多的。

由于声波的传播速度为 300 m/s 之上，所以这种侦察手段的一个致命弱点就是呈报探测结果慢，但它的可靠性却较高，所以次声波侦察核爆炸是一种非常重要的核爆炸侦察手段。如果我们能把核爆炸产生的次声波记录下来，就可以据此来估算核爆炸当量、地点、时间、方式等参数，为作战指挥部提供可靠的反击效果情报。如何接收次声波，这是本节所要讨论的内容。下面就次声波接收器、次声波接收阵分别加以讨论。

3.4.1 次声波接收器

1. 工作原理及其简单分类

次声在大气中传输时会引起空气的压力和密度的改变，以及空气质点的微小位移。因此，所谓的次声接收器就是测量空气中的这些参量变化的仪器。次声波接收器的种类很多，最常用的是微气压计，它是利用次声引起空气压力变化的原理制得的（如图 3–17），也就是说，它是通过测定次声所引起的气压的变化达到接收次声波的目的一种仪器。

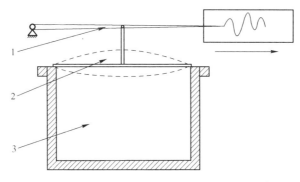

图 3–17　微气压工作原理图
1—杠杆机构；2—灵敏度膜片；3—空气腔。

当外界压力变化时，腔体内外的气压就产生了不平衡，膜片就要变形，以达到新的平衡，于是通过杠杆带动墨水指针在纸面上画出相应的压力变化曲线。应指出，图 3–17 所示的接收器只是使用了简单机构放大，所以它的灵敏度很低，最好的也只能记录到几十毫巴数量级的气压信号，这种仪器在气象领域应用还是可以的，然而用来记录次声波所引起的气压（声压）变化，就显得太迟钝了，因为次声波的声压（气压）通常在几十微巴的数量级。因此，必须使用机电转换的方法，把在声波作用下膜片的微小位移转换成电信号，然后用灵敏度很高的检流计或放大器进行放大后再记录下来。但是不管其放大方法如何，基本原理是一样的。

微气压计（泛指次声接收器，也称传声器）按其换能方式不同分为动圈式、动铁式、变电感式、电阻式、热线式、电化学式等。虽然种类很多，但万变不离其宗，它们都遵循一共同的换能原则，即声压→机械位移→电信号。

2. 电容式次声波传声器

电容式次声波传声器具有灵敏度高、体积小、输出信号较强的优点，所以它是目前国内使用较为普遍的一种次声波传声器。电容式次声波传声器的结构除了声学部分外还有电学部分，如图3-18所示。

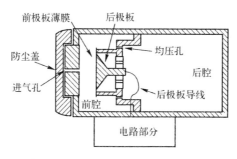

图3-18　电容式次声传声器

电容式次声传声器声学部分的结构由前腔声阻（进气孔）、前腔膜片、均压管、后电极板、后腔管等组成。前腔声阻和前腔构成低通滤波器，用来决定传声器的高频截止频率。但通常由于声阻挑选比较复杂，且声阻选得太大会大大降低传声器的灵敏度，所以前腔声阻通常选得很小。因此实际上，前腔声阻与前腔所构成的低通滤波器已不复存在了。前腔声阻、前腔仅起到一个进气口的作用，以及在校准时用于与活塞发生器连接。而其低通滤波器作用改在电路中加以实现。敏感元件膜片用 $3 \sim 5 \, \mu m$ 的镍片制成，绷在支撑环上，它的第一共振频率调在 1 kHz 左右。后极板通过绝缘板固定在底盘上，它与膜片构成一平板电容器，间距约 $50 \, \mu m$。为减小膜片起伏时的阻尼，极板上开有小孔。为保证在温度变化时灵敏度的变化很小，支撑环和极板均用热膨胀系数与镍相近的不锈钢制成。

当声波作用于膜片上时，膜片随声压变化而产生位移，引起平板电容器电容量的变化，于是就得到了随声压变化的变化电容。把这个变化的电容作为电路元件连接到电路中，就可得到随声压变化的电流或电压，完成声能到电能的转换。把变化的电容变成可变电信号的过程是由传声器的电学部分来实现的，称为电容换能器。电容换能器的形式很多，如电容调幅式、电容调频式和静电式等。为了进一步改善输出特性和提高灵敏度，现在的电容传声器在其输出端又加接了一直流放大器和一滤波单元。

电容式次声传声器虽然具有许多优点，但是它的稳定性不够好，其典型的温度稳定性约为 $0.3 \, \mu b/℃$，所以使用时应具有良好的保温装置。

除电容式次声传感器外，法国以及美国等国家为了满足国际禁核试核查的需要，分别研制了相应的次声传感器。法国研制的次声传感器为 MB 系列，其中 MB2005 广泛应用于 IMS 中的次声监测台站中，其敏感部分是由气压无液波纹管构成，在大气压力改变时可产生形变；且该形变可由 LVDT 传感器来测量。该气压计具有高性能和易于实现的特点，在 $1 \sim 10$ Hz 范围内，其电子噪声水平有效值为 2 mPa。滤波输出带宽为 0.01 ~ 27 Hz，且该带宽可以修改。LDG 实验室使用的带宽为 0.001 ~ 40 Hz。目前，为进一步提高其可靠性及可调校性，法国已在开发 MB3 系列次声传感器。美国研制的次声传感器为 Model 系列，其研制目的也是为国际核军控核查所用，目前有 Mode125、Mode150 等系列。

3.4.2 次声波接收阵

次声波接收器实质上是一个微气压计，它随周围微气压的变化而变化，所以没有方向性，不管来自哪一个方向的信号均被接收。另外，单个接收器所记录下来的信号，因为没有比较，故不能判别是近处气压的扰动，还是从远处传来的次声信号。因此，单个接收器显然不能完成侦察任务，必须通过布阵，多点接收综合处理才行。那么布多少个点合适？布成什么形状最好，点与点之间的距离最佳值应为多少？这些问题是很重要的，涉及到侦察的效果、质量、精度、可靠性等各个方面，其中更重要的还是侦察定位精度问题。

1. 最佳阵元数

单点不能完成次声定位，那么两点阵行不行？从理论上讲是可以的，如图 3-19 所示，A、B 为相距一定距离的两个接收点，每个点上设一接收器，假设信号来自左上方，它与 AB 法线成 α 角，AE 平行于信号来向。如果探测点离爆心比较远，AB 的尺寸相比之下很小，于是，我们可以认为通过 A、B 两测点的次声波

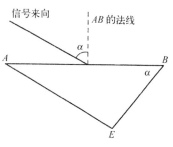

图 3-19　两点阵示意图

为平面波，各点处相速度相等，这样 AE 显然就为信号从 A 走到 B 所经实际距离。设信号从 A 传到 B 的时差为 τ_{AB}，在此方向上的相速为 V_x，则

$$\sin\alpha = \frac{AE}{AB} = \frac{\tau_{AB}V_x}{AB} \tag{3-1}$$

式（3-1）中 AB，τ_{AB} 为已知的，但 V_x 是不确定的，它与声道参数、声源位置、气象条件等有密切联系，尽管大概的数据可以估计，但误差很大，所以两点阵可大概估计方位，然而误差却很大。如果被测信号来自数千千米以外，那定位精度简直是不可信的。所以，两点阵尽管可以为分析信号是否来自远处提供一定的依据，但从探测精度上看是不合适的。

一点阵不行，两点阵不合适，那么三点阵行不行？答案是肯定的，因为它把不确定的 V 消掉了。为了便于说明问题，这里我们推导一下一般三角形阵的方位角计算公式。

图 3-20 中，O、A、B 为布成任意三角形的三点阵上的 3 个探测点，每个探测点上布一接收器，信号来自左上方，与 AO 的法线方向夹角为 φ，OE、OF 分别为信号从 O 走到 A 和 B 所经实际距离，它们的时差分别

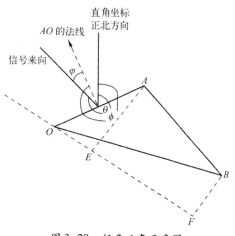

图 3-20　任意三角示意图

为 τ_{OA}、τ_{OB}，当阵的尺度不很大时，各探测点的相速 V_x 都相等，于是

$$\sin\varphi = \frac{OE}{OF} = \frac{\tau_{OA}V_x}{OA} \tag{3-2}$$

$$\cos\angle BOF = \cos(90° - \varphi - \angle AOB) = \sin(\varphi + \angle AOB) = \frac{OF}{OB} = \frac{\tau_{OB}V_x}{OB} \tag{3-3}$$

将式（3-2）和式（3-3）相除得

$$\sin\angle AOB \times \cot\varphi + \cos\angle AOB = \frac{\tau_{OB}}{\tau_{OA}} \times \frac{OA}{OB}$$

$$\varphi = \text{arccot}\left[\frac{\tau_{OB}}{\tau_{OA}} \times \frac{OA}{OB} \times \frac{1}{\sin\angle AOB} - \cot\angle AOB\right] \tag{3-4}$$

对于一个探测阵来说，OA、OB、$\angle AOB$ 都是已知的，所以上式可以写为

$$\varphi = \text{arccot}\left(\frac{\tau_{OB}}{\tau_{OA}} \times u - v\right) \tag{3-5}$$

式中：$u = \frac{OA}{OB} \times \frac{1}{\sin\angle AOB}$；$v = \cot\angle AOB$。如果 AO 的法线的方位角为 ϕ，则被测信号的源的方位角 θ' 就为

$$\theta' = \phi - \varphi \tag{3-6}$$

考虑到该探测阵的直角坐标正北方向与真正的子午线之间还存在着一个夹角 r（称子午线收敛角），所以真正的方位角 θ 为

$$\theta = \phi - \varphi + r \tag{3-7}$$

从以上分析可知，三点阵是既能判别远距离次声信号，又能较准确定位的最简单布阵。然而，三点阵并非最佳，在一定程度上它还是不可靠的，这是因为：

（1）从数据处理的角度考虑，它缺乏选择性，没有选择最佳三角形进行计算的余地。

（2）三点阵只有三个阵元，比起多元阵来说，其信噪比较低，因此相对地影响了探测精度。

（3）它缺少备份阵元，以至于有某一阵元出现意外故障的情况下，就不能完成侦察任务。

所以，从上面的观点来讲，阵元数越多越好。然而阵元太多，必然给工程施工、设备配置等带来许多麻烦。实际上也是不必要的，因为就可靠性和选择性而言，增加一二个阵元数也就够了，至于为提高探测精度考虑，单一地增加阵元数也是无济于事的。目前世界各国的阵元数，通常在 4～16 范围内，视探测目的不同而不同。

2. 阵的尺度和形状

我们知道，当某一探测站被确定后，式（3-5）中的 u、v 也就确定了，方位角的探测实际上就变成了时差测量。显然，时差测得越精确，所求得的方位角精度也越高。求时差有好几种方法，但是不管何种方法，从误差理论可知，时差越大，时差测量的相对误差一定越小。所以从这意义上讲，阵的尺度越大越好，但尺寸越大时，又带来新的问题，一是给通信工程增加了负担，给数据传输也带来困难，二是在进行信号相关处理时，也会因波形的一致性差，给处理带来一定的影响。再者，因探测点相距太远，各点的来波方向和相速离散也大，这就会与上述推导方位角公式的基础矛盾，即不能满足通

44

过阵上各点的波为平面波，其相速相等这个条件。

综上所述，通常三角形阵的最大尺度不超过一个波长。如果是多点阵，且用频率波数谱计算方位时，阵中两探测点的最大尺度还要小一些，否则会造成折叠效应，此时一般不要超过半个波长。至于阵的形状，主要从探测精度角度来考虑，目前有三角形阵（四阵元三点阵）、八阵元接收阵和七阵元接收阵等，如图 3-21 和图 3-22 所示。

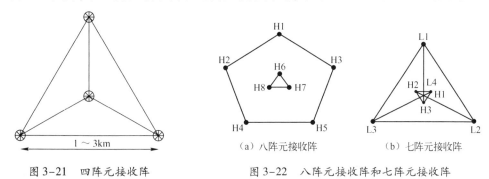

图 3-21　四阵元接收阵

（a）八阵元接收阵　（b）七阵元接收阵

图 3-22　八阵元接收阵和七阵元接收阵

3.5　核爆炸次声波降噪系统及性能评估

对于核爆次声侦察而言，次声波具有衰减小以及传播范围广的特点[6]，使之成为非常有效的核查技术之一。然而在次声波监测技术的研究过程中遇到了不少困难，如风噪的干扰，它使研究受到了极大的限制和约束。为了减少风噪对次声波监测的影响，需要对降噪技术不断发展，以提高次声波监测能力，所以降风噪成为了次声波研究工作的重要组成部分[7]，然而，直到最近 15 年，次声波降噪系统才取得进展[8]。由于次声波监测的对象是微弱信号，环境风是影响次声波监测的主要因素，与风有关的湍流涡流引起的微压波动是次声台站最严重的背景噪声，通常采用降噪管阵列来降低由湍流涡流引起的微压扰动，因此，次声波降噪系统（有时也称为次声波滤波系统）是其重要组成部分。目前，国际上常用的次声波降噪阵列有丹尼尔斯降噪滤波器、玫瑰型管道滤波器、多微孔软管滤波器、多孔介质过滤器以及风障等。

3.5.1　丹尼尔斯降噪滤波器

20 世纪 50 年代，Fred Daniels[9]根据风噪不相关原理设计出了丹尼尔斯（Daniels）降噪滤波器。如图 3-23 所示，该滤波器由一系列的异径管组成，沿着整个管身有均匀分布的小孔径入口，管道最粗的一端与传声器相连，该结构有利于一致信号的加强和非一致信号的减弱。

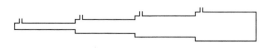

图 3-23　丹尼尔斯降噪滤波器

早期的滤波器长约 600 m，有 100 个等间距分布的入口。从管道末端到传声器，管道内径由 8 ~ 40 mm 变化。丹尼尔斯滤波器是一种有效的线性滤波器，当风速为 12 m/s

时，风降噪可达 20 dB。当信号波长超过滤波器管长 4 倍时，该降噪管对次声信号具有全方位响应的能力（其中管长 600 m，$f < 0.14$ Hz 频段）。对于波长较短的信号而言，随着入射信号方向与管道之间夹角的不同，其响应也有所不同。1971 年，Burridge R[10] 提出了许多与 Daniels 结构相类似的滤波器。由于 Daniels 滤波器无法以阵列的形式有效地减少局部噪声，所以在实际应用中受到了极大的限制。

3.5.2 玫瑰型管道滤波器

20 世纪 90 年代后期，Alcoverro[11] 基于丹尼尔斯滤波器设计出了玫瑰型管道滤波器。它由若干根管道以阵列的形式构成，其阵列中心的合成孔与传声器相连。玫瑰型管道滤波器可以提供全方位的次声响应，其中对风噪频带的衰减取决于滤波器阵列的直径。阵列各入口与中心传声器的距离相等且几何对称，因此，相干的次声信号得以增强，而不相干的风噪信号则得到一定的抑制。如图 3-24 所示，Alcoverro 型滤波器由 32 个入口组成，直径为 16 m。该滤波器最大的信噪比增益可达 15 dB[11]。如果滤波器直径越大，那么滤波器各入口的分离程度就越大，这样使得噪声信号在更低的频段内不相关。

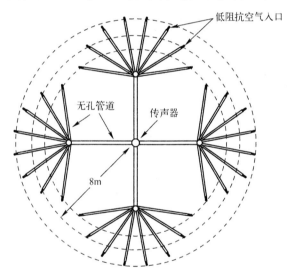

图 3-24　玫瑰型管道滤波器结构

·近来，IMS 次声台站大多采用直径为 18 ~ 70 m 的玫瑰型滤波器，其入口数量最多可达 144 个。该滤波器在 0.1 ~ 10 Hz 范围内噪声衰减通常可达 15 dB。2003 年，Hedlin MAH 等[12] 实验发现，当风速为 5.5 m/s 时，18 m 直径的滤波器在 0.2 ~ 10 Hz 内噪声衰减可达 20 dB，对频率低于 10 Hz 的次声信号基本没有衰减；70 m 直径的滤波器在 0.02 ~ 0.7 Hz 内噪声衰减也能达到 20 dB，对频率低于 2 Hz 的次声信号基本没有衰减。玫瑰型滤波器最大的限制是对风噪的衰减大约只有 20 dB，且滤波器的尺寸不能继续增长，否则在次声低频段就不存在平坦的幅频响应。通常滤波器的降噪范围在 0.02 ~ 10 Hz 之间，对风噪的衰减大约为 20 dB[11]。标准的阵列处理技术——波形聚束技术，可提供额外的信噪比增益。但是，这种技术只适用于阵列台站，且各台站需使用同样类型的玫瑰型管道滤波器等[13]。

频率共振是玫瑰型滤波器的固有特性，其共振基频随管道长度的变化而变化，但与风速、空气温度无关。如图 3-25 所示，对于直径为 18 m、96 个入口且管身无孔的风降噪阵列，其共振频率约为 11 Hz，这给降噪带来极大影响。文献［14］和文献［15］提出，在入口处插入阻抗匹配的毛细管，这样频率共振便得以消除。

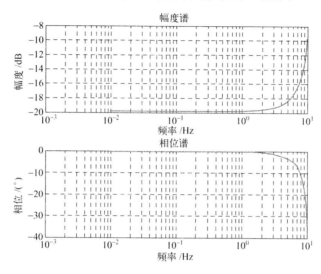

图 3-25　18 m 直径与 15 mm 内径具有 96 个进气口的单进气口频率响应

3.5.3　多微孔软管滤波器

微孔软管是二级玫瑰型管道滤波器的扩展。微孔软管的布设形状较多，常见的有直线形、螺旋形等。若布设成直线形，那么它的频率响应和丹尼尔斯类似。布设成螺旋形，对所有方向的次声信号和噪声响应都是等效的，这样就简化了阵列处理。

1991 年，在内华达州的某一试验场的一次地下核试验研究中，Noel 和 Whitaker 等[16]通过多微孔软管的多种形状布设，发现对于风噪小且感兴趣的频带降噪效果好。1996 年，Haak 与 Wilde 等[17]发现在 0.1～10 Hz 频率范围内多孔软管滤波器具有很好的降噪性能。

多孔软管滤波器通常在一些短期的实验台站中使用，它具有记录时间短、费用低以及便于快速部署的特点。该滤波器不适用于长期探测，其原因有以下两点：第一，无法分析微孔软管理论的频率响应；第二，两根长度和直径都相同的微孔软管，其频率响应也有极大不同。这可能是由于使用期限或生产厂家不同所致。此外，当多孔软管滤波器多次暴露于紫外线、沾染灰尘或淋雨，又是否影响频率响应，人们不得而知。

3.5.4　光纤次声波传声器

上述滤波器皆为求和式滤波器，为了进一步提高降噪性能，Mark A 等[18]基于压力与电信号的转化提出了光纤次声波传声器。如图 3-26 所示，将光纤螺旋缠绕在直径为 2.5 cm 的密封软管上，从而可直接测量由气压变化引起的圆柱管直径的变化。图 3-27 为光纤次声波传声器实物图，最外层是直径为 10 cm 的绝缘引流管，管道内部填充的是绝缘纤维。

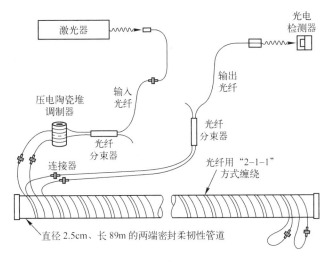
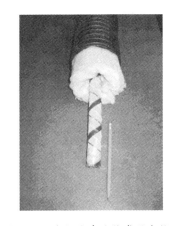

图 3-26　光纤次声波传声器结构图　　　图 3-27　光纤次声波传感器实物图

　　光纤次声波传声器与玫瑰型管道滤波器不同，它无法直接测量管内的声波振动。该传声器位于管道表面，其灵敏度通常与温度有关。为了减小温度变化对传声器的影响，将传声器埋于 15 cm 深的沙石沟内，降噪效果将会得到提高。Zumberge MA 等[19] 提出，将一根 90 m 的光纤传声器埋在 15 cm 的砾石下，与直径为 70 m 的二级玫瑰型阵列相比，获取了更加稳定、可靠的数据。当风速为 1.4 m/s 时，光纤传声器在 1 Hz 以下噪声衰减与其他滤波器的噪声衰减相同。1 Hz 以上，光纤传声器的噪声衰减约为 10 ~ 20 dB，优于二级玫瑰型和多孔软管噪声衰减。当风速为 3.4 m/s 时，光纤传声器与微孔软管降噪效果类似，两者的降噪效果均低于二级玫瑰型降噪管。

　　近期实验表明，二级玫瑰型阵列降噪性能较光纤次声传声器差，是因为传声器自激噪声的影响。因此，一旦二级玫瑰型管道配备更好的传声器，它的性能将进一步得到提升。多根光纤次声传声器径向布设有可能提升降噪性能并代替玫瑰型。玫瑰型管道与光纤次声波传声器之间的另一区别不仅仅是对平流风噪的衰减不同，而且风噪传入降噪阵列方向的不同其降噪效果也会不同。最新设计的光纤次声传声器采用偏振光纤，通过传声器以及已开发的软件可以直接计算后向方位角和相速。

　　当前，光纤次声传声器的研究工作主要集中在两个方面：（1）通过掩埋光纤次声传声器，研究其提供的风降噪水平，尤其是光纤次声传声器的长度、埋深、砾石直径以及风向等因素的影响；（2）研究光纤次声传声器的压力变化的灵敏度为何直接与温度有关。

3.5.5　多孔介质过滤器

　　根据滤波器的类型，多孔介质过滤器可以说是一种完全不同的降噪方法。它将多孔介质（如沙子或砂砾）作为过滤器，其中软管的一端埋于多孔介质中，另外一端与传声器相连，可作为有效的风噪过滤器。2001 年，Herrin E 等[20] 提出了关于多孔介质风降噪理论，并通过实验检验了该理论。通过地面观测，信噪比随深度的变化而变化。对于那些具有适当声阻抗的多孔介质而言，信噪比随频率和掩埋深度的增大而增大。

如图 3-28 所示，将微气压计与软管相连，然后将软管一端放入 2.4 m×2.4 m×0.6 m 的砂框中央，距表面 0.36 m。同时在距表面 0.05 m 的位置放入参考软管，布设另外一套相同的传声器，以便对两套传声器采集的数据对比分析。结果发现，在 6 m/s 和 12 m/s 风速下，风降噪恰似一条指数衰减曲线。但是，在这项试验中没有检测到次声信号。随后进行了第二次试验，其规模相当第一次的两倍，测试入口的埋藏深度为 0.84 m，参考入口埋深为 0.1 m，得出的结论是在 1 Hz 处平均的风噪声衰减为 40 dB。

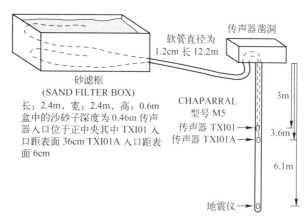

图 3-28　多孔介质空间滤波器现场获取次声数据的采集系统结构

多孔介质过滤器具有布设简单、费用较低且对感兴趣的次声频段的降噪效果相对较好，但是在这方面有很多的工作需要做，如选择更加适合的声阻抗填充介质，软管埋藏深度的选择等。

3.5.6　风障

风障与多孔介质过滤器非常类似，都是寻求将传声器与风隔离。这将大大减少湍流与湍流、湍流与平均剪切之间的相互作用而带来的噪声[11]。

在过去的 20 年中，已经设计出了一些风障。2003 年，Hedlin 等[21]对风障、玫瑰型阵列相结合与单独使用玫瑰型阵列以及没有采用降噪系统三者风噪信号进行了对比分析。结果发现：在风速较低时，该风障在 1~5 Hz 频段内风降噪可达 20~25 dB；在风速较大时，风障在 1~2 Hz 频段内降噪性能较阵列降噪差，在低于 1 Hz 频段，只能提供 0~5 dB 的降噪。2007 年，Christie 设计的风障在很大程度上提高了监测频段的降噪性能，该降噪方法有望应用到所有的 IMS 次声台站中，它可以有效地增强现有阵列的降噪性能，甚至无需降噪阵列，单管就能达到很好降噪效果[22]。

3.5.7　降噪方法的对比分析

通过对比分析，可以得出如下结论[23]：

（1）丹尼尔斯滤波器是一种有效的线性滤波器，但不能以阵列的形式有效地减少局部噪声，所以在实际应用中受到了极大限制。

（2）玫瑰型管道滤波器适用于固定式的监测台站，铝塑管或不锈钢管是 IMS 中广为采用的一种降噪阵列，且该管道使用寿命长。但存在如下问题：①所需费用高，如滤波器管道的材质，阵列布设选址，乃至日常保养费都十分昂贵；②占地面积大，对于设立在岛上的台站而言，其占地面积非常珍贵；③较高频率的次声信号受到衰减和扭曲，以及产生额外的共振，无法精确地找到系统的传递函数。因此，虽然玫瑰型管道滤波器在很大程度上提高了降噪性能，但属于固定式管道滤波器，不便于携带和布设，所以在机动式次声台站建设中玫瑰型管道滤波器小型化结构将成为新的发展方向。

（3）多微孔软管滤波器所需费用较低且方便携带，便于快速布设，但存在如下问题：①不适用于长期布设，且极易破碎；②在软管末端附近即接近传声器的地方，如果出现针眼大小的入孔，这将导致高强度的噪声；③软管容易打结且损坏后无法修复，这也可能导致共振或各向异性的频率响应。

（4）与相同尺寸玫瑰型管道阵列相比，光纤次声波传声器的激光器以及其他电子设备可与传感器相距数百米远，从降噪效果来说，不仅对 1 Hz 左右频率的信号达 10 dB，消除了频率共振，而且集成了宽动态范围的数字化系统，消除了对高分辨率数据记录器的依赖。此外，传感器完全埋于地面下，地面上没有多余的设备，且传感器的完全密封降低了雨水侵入的可能，具有连续不断地数据采集能力。光纤次声传感器的不足之处是密封体积的气压受环境温度变化的影响。

（5）多孔介质过滤器具有布设简单、费用较低且对感兴趣的次声频段的降噪效果相对较好，但是在这方面有很多的工作需要做，如选择更加适合的声阻抗填充介质，软管埋藏深度的选择等。

（6）风障是在降噪阵列基础上，更进一步提高了降噪性能，但是无法改变它占地面积大的特点。

3.5.8 典型降噪方法的降噪性能评估[24]

玫瑰型降噪系统是目前使用最为广泛的次声波降噪系统，但存在占地面积大、质量较大、布设耗时等特点。基于快速方便布设的目的，我们参考 IMS 中的两类多微孔软管滤波器设计制作了放射型多微孔软管滤波器次声降噪系统和螺旋型多微孔软管滤波器次声波降噪系统。同时，根据文献［24］得出的最佳玫瑰型阵列结构参数，设计制作了 96 进气口的玫瑰型次声降噪系统。通过收集不同气象条件下和不同次声降噪系统的风噪声数据，综合对比分析了各次声降噪系统的降噪性能，为次声降噪系统的小型化提供参考依据。

为对比分析 3 类次声波降噪系统各自的降噪性能特性，以电容式次声波传感器为测量传感器，首先进行两个次声波探头性能的一致性试验，随后对 3 类次声波降噪系统进行了对比实验，分别获取了 3 类次声波降噪系统下的风噪声数据以及未采用次声波降噪系统参考阵元的风噪声数据。

实验中气象站和次声波探测阵元处于同一位置（34.31°N，109.12°E），两台次声波探测阵元同时工作。其中次声波微气压数据采集系统的采样率为 10 Hz，因此，收集的次声波数据最高频率可达 5 Hz，气象站距地面 1.5 m，获取的气象数据有 10 min 均值、时均值、时最大值和时最小值等。次声波数据通过有线传输方式传送到中心站处理机。次声波数据以 1 h 为一个数据段的形式记录，数据长度为 36000 点。为使次声波数据和气象数据的时间长度保持一致，将 1 h 的次声波微气压数据以 10 min 为一段分割成 6 段，按照如下 7 种对比方式进行了实验。

（1）阵元 1、2 均未接次声波降噪系统。

（2）阵元 1 接玫瑰型降噪系统；阵元 2 为参考阵元，未接次声波降噪系统。

（3）阵元 1 接放射型降噪系统；阵元 2 为参考阵元，未接次声波降噪系统。

（4）阵元 1 接螺旋型降噪系统；阵元 2 为参考阵元，未接次声波降噪系统。

（5）阵元 1 接螺旋型降噪系统；阵元 2 接玫瑰型降噪系统。

（6）阵元 1 接螺旋型降噪系统；阵元 2 接放射型降噪系统。

（7）阵元 1 接玫瑰型降噪系统；阵元 2 接放射型降噪系统。

获取的次声波微气压数据和对应的风速数据见表 3-1。为了便于分析三类次声波降噪系统各自的风降噪性能，将表 3-1 中所获取的序号 2~7 情况下的次声数据按照在不同风速下各次声波降噪系统以及参考阵元所获取的次声波数据进行分类，分类结果见表 3-2。

表 3-1　对比实验下获取的次声波风噪数据和风速数据

	序号	1	2	3	4	5	6	7
	风速/(m·s⁻¹)	阵元 1/2	阵元 1/2	阵元 1/2	阵元 1/2	阵元 1/2	阵元 1/2	阵元 1/2
次声数据/条	0	8	13	229	97	95	87	325
	0.56	11	30	179	224	165	102	239
	0.83	20	31	55	66	67	19	28
	1.39	17	53	5	8	11	无	20
	1.67	9	48	4	1	2	无	19

表 3-2　不同风速条件下各次声降噪系统所获取的次声风噪数据

	风速/(m·s⁻¹)	0	0.56	0.83	1.39	1.67
次声数据/条	参考阵元	339	433	152	66	53
	玫瑰型	433	434	126	84	69
	放射型	641	520	102	25	23
	螺旋型	279	491	152	19	3

图 3-29 给出了 3 类次声降噪系统在 0 m/s 风速条件下所记录的一段风噪声数据时间序列。

众所周知，在不同的风速条件下，分析不同次声降噪系统的风降噪性能时，通常是分析次声微气压数据的功率谱密度[25-27]。在忽略次声传声器的自激噪声的情况下，该噪声谱实际上是次声降噪系统的微气压、次声降噪系统的响应以及传声器响应之间的卷积。人们普遍认为，根据统计理论，在相同风速和风向条件下，地表大气湍流的风噪声谱相同，这里采用时间平均的方式[28-30]。在进行对比分析时，我们也做出同样的假设，即在相同的风速条件下，多个时间段的平均具有类似的风噪声谱。因为记录较长时间的相同风速和风向条件下的次声波数据是比较困难的，所以我们将记录的每段长 1 h 的次声波数据进行不重叠分割成 10 min 一段的数据。风速和风向两个因素中影响风噪声强弱的主要是风速，因此，在分析时忽略风向因素，只对不同风速条件下不同次声

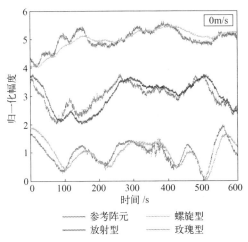

图 3-29　0 m/s 风速条件下的风噪声数据

降噪系统与参考阵元记录的次声数据进行对比分析。实验中收集了 0 m/s、0.56 m/s、0.83 m/s、1.38 m/s 和 1.67 m/s 风速条件下的次声波数据，分别求解了不同风速条件下的单条数据的噪声功率谱以及如表 3-2 所示统计的各条数据的噪声功率谱平均，如图 3-30 和图 3-31 所示。

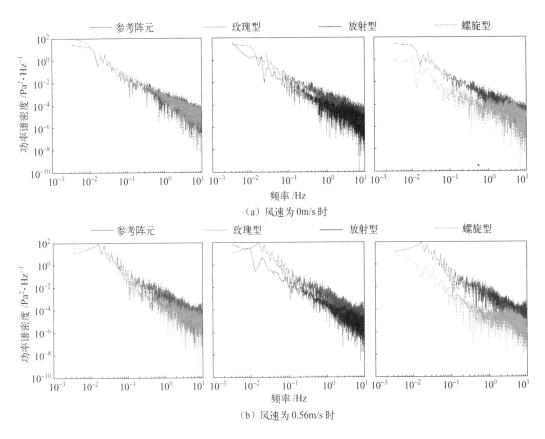

图 3-30　不同风速条件下三类降噪系统及参考阵元的单条数据功率谱密度

52

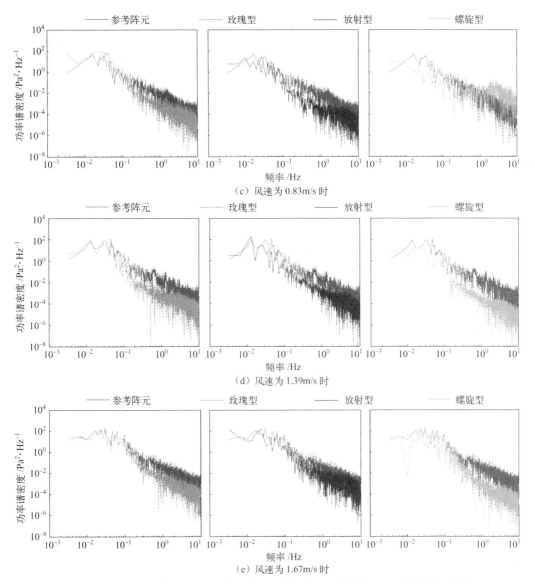

图 3-30 不同风速条件下三类降噪系统及参考阵元的单条数据功率谱密度（续）

由图 3-29 ～图 3-31 分析可得出以下几点结论：

（1）在所有风速条件下，3 类次声降噪系统在 0.1 Hz 以下频段几乎没有降噪效果，在 0.1 Hz 以上频段具有明显的降噪效果，在低频部分几乎无降噪效果。

（2）无风情况下，除放射型次声降噪系统外，玫瑰型、螺旋型的次声噪声功率谱密度曲线与参考阵元的次声噪声功率谱密度曲线基本重合，然而放射型次声降噪系统在 0.4 ～10 Hz 频段，不但没有降噪反而引起强烈的频率振荡。

（3）随着风速的增大，放射型次声降噪系统的频率振荡有所减小，但相比玫瑰型、螺旋型次声降噪系统，放射型次声降噪系统的降噪性能最差。

（4）在有风条件下，螺旋型次声降噪系统较玫瑰型次声降噪系统而言具有更强的风降噪能力，但螺旋型次声降噪系统在 1 ～10 Hz 频段内具有明显的频率振荡，这对人们感兴趣的次声信号监测不利，较大地扭曲了次声信号。

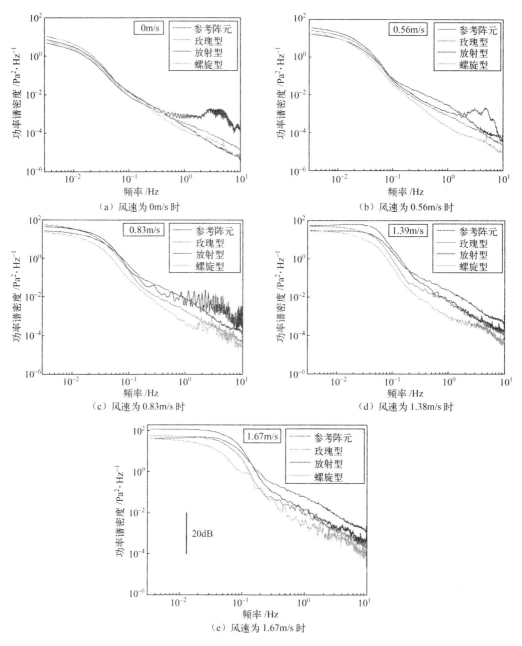

图3-31 不同风速条件下3类降噪系统及参考阵元的平均功率谱密度

3.6 核爆炸次声波信号的综合处理

我们知道，次声波信号的接收与记录只是为核爆炸侦察提供了原始资料，要想得到核爆炸的有关信息和数据，还需对所记录下来的波形进行分析、处理。目前，利用次声波数据主要完成次声事件的检测、事件定位以及识别等。此外，还可进一步得到爆炸当量、爆炸高度和爆炸时间等信息。

3.6.1 核爆炸次声波的检测

次声波信号作为一种低频声信号，极易受到背景风和其他大气噪声的影响。大气中存在着许许多多自然次声源，虽然对某些自然次声源的研究具有一定的意义，某些次声源甚至可被人们加以利用。但从核爆炸侦察这一角度讲，它们都属于噪声之列。除了自然次声源外，还有如火箭、飞机、汽车、火车等人工次声源，以及开山放炮、冲撞等机械振动也对次声接收产生不同程度的干扰。由于上述这些随时都有可能发生的次声干扰和机械振动干扰，给核爆次声波侦察带来了很大的麻烦。大气中最难办的干扰还是由风引起的，尤其是侦察站附近本地风的扰动，在探测阵元距离核爆炸源区较远时，次声信号比较弱，这时干扰往往会把信号淹没。因此，信号的检测在核爆炸次声波侦察中是个十分重要的问题。

在实际应用过程中，研究者获得了一些经典的检测方法，如 Melton 和 Bailey[30] 提出了基于 F - 统计的 Fisher 检测算法；Smart 和 Flinn[31] 给出了一种改进的 Fisher 检测方法，并将 F - 统计的原理引入频域；Cansi[32] 从阵列信号处理的角度将互相关算法引入次声检测；国际数据中心[33] 根据短时平均和长时平均比研究出了 Libinfra 软件。除此之外，David[34] 结合次声传播特性提出了基于后向方位角的 Hough 变换用于次声信号检测。下面，首先对常用的 Fisher 检测和 PMCC 检测作简要介绍，然后介绍一种我们提出的基于小波包分解和 Fisher 属性的次声信号联合检测方法[35]。

1. Fisher 检测

信号检测的主要任务是从传感器记录的数据中检测出各种可能的信号，当台站记录的时间序列的幅值、形状或频率成分相对于背景噪声有明显变化时，就认为出现了信号。即当有信号出现时，时间序列的方差将会增加，因此从统计意义上可以认为：第一，各个子台的观测结果不是噪声就是信号与噪声之和；第二，不同子台上观测的信号比随机噪声更具相关性。假设子台记录的时间序列是 0 均值、方差为 σ^2 高斯分布随机过程的一次独立测量结果，可通过计算一个时间窗内时间序列的功率对子台记录进行验证。例如，假设某一子台的记录是噪声，计算一个时间窗内其记录的功率，当功率值超过一个给定的阈值时，则认为假设错误，即台站记录此时既包含噪声又包含信号。但实际中，不能精确地给出检测阈值，即使假设台站记录只包含背景噪声，此阈值也可能随着时间发生变化。

次声传感器记录了各种可能数据，当时间序列的幅值、形状或频率成分相对于背景噪声有明显变化时，就认为出现了信号。从统计学的角度分析，信号变化越明显，方差越大。因此，局部变化与总体变化构成的比值（Fisher 值）变化也就越明显，从而达到检测的目的。

若 N 个子台站的阵列记录为

$$\boldsymbol{X} = [x_1(t), x_2(t), x_3(t), \cdots, x_N(t)]^{\mathrm{T}} \tag{3-8}$$

子台阵列样本的总体均值为

$$\bar{x} = \frac{1}{MN} \sum_{i=1}^{M} \sum_{j=1}^{N} x_{ij} \tag{3-9}$$

t 时刻，N 个子台的样本均值为

$$\bar{x}_i = \frac{1}{N} \sum_{j=1}^{N} x_{ij} \tag{3-10}$$

假设噪声在时间和空间上是平稳的且不相关的，方差为 σ^2，则 T 时间窗内有 M 个采样点的样本方差和表示为

$$V = \sum_{i=1}^{M} \sum_{j=1}^{N} (x_{ij} - \bar{x})^2 \tag{3-11}$$

经过计算可以将 V 分解如下：

$$\begin{aligned}
V &= \sum_{i=1}^{M} \sum_{j=1}^{N} (x_{ij} - \bar{x}_i)^2 + N \sum_{i=1}^{M} (\bar{x}_i - \bar{x})^2 + 2 \sum_{i=1}^{M} \sum_{j=1}^{N} (x_{ij} - \bar{x}_i)(\bar{x}_i - \bar{x}) = \\
&\quad \sum_{i=1}^{M} \sum_{j=1}^{N} (x_{ij} - \bar{x}_i)^2 + N \sum_{i=1}^{M} (\bar{x}_i - \bar{x})^2 + 2 \sum_{i=1}^{M} (\bar{x}_i - \bar{x}) \left(\sum_{j=1}^{N} x_{ij} - N \cdot \bar{x}_i \right) = \\
&\quad \sum_{i=1}^{M} \sum_{j=1}^{N} (x_{ij} - \bar{x}_i)^2 + N \sum_{i=1}^{M} (\bar{x}_i - \bar{x})^2
\end{aligned} \tag{3-12}$$

设 $V = V_w + V_B$，其中：$V_w = \sum_{i=1}^{M} \sum_{j=1}^{N} (x_{ij} - \bar{x}_i)^2$，$V_B = N \sum_{i=1}^{M} (\bar{x}_i - \bar{x})^2$。

由上式可知，第一部分 V_w 代表信号和噪声的总体能量，第二部分 V_B 代表信号能量，根据统计理论可得

$$E[V_w] = M(N-1)\sigma^2 \tag{3-13}$$

$$E[V_B] = (M-1)\sigma^2 + N \sum_{i=1}^{M} (\bar{x}_i - \bar{x})^2 \tag{3-14}$$

当没有信号时，各子台站的平均变化量与总体变化量保持一致，当变化比较明显时，时间窗内的平均变化量将显著增加。综上所述，可以构造 F 统计量检测信号，即

$$F = \frac{V_B/(M-1)}{V_w/M(N-1)} \tag{3-15}$$

2. PMCC 检测

PMCC 检测法是目前国际采用的主流信号检测方法。该方法是一种阵列探测时域处理技术。它是基于远程信号空间相关性高的原理，检测掠过监测次声阵的相关次声能量。

它的基本原理是检测单元组合创建子网络，计算每个子网络中两两传感器所记录信号的相关性、一致性、方位角与慢度、当前子网络中心与其余检测单元的间距。

具体步骤如下：

1）时延对齐

由于各个子台的传感器存在时间延时，进行多通道互相关计算时，通常需要对各子台位置进行时延校准，以确保检测信号的一致性。算法如下：

$$\tau_{\text{peak}} = \underset{\tau}{\arg\max} \{ \text{corrcoef}(x_1[t], x_n[t+\tau]) \} \quad \begin{cases} 0 \leq \tau \leq t \\ n = 2 \cdots N \end{cases} \tag{3-16}$$

式中：x_n 为第 n 个有信号的传感器；τ 为接收信号的时延；τ_{peak} 为测试台站与标准台站相关系数达到最大时的时延尺度。

2）检测方法

使用一个滑动时间重叠窗口，对多道连续次声数据分频段进行扫描，计算窗口内不同频段数据的相关性、相容性（闭环时差）和诸如入射角、波速、均方根等其他属性。处理中的每步计算结果被称为一个像素（pixel）保存，计算结果形成一组时间—频率平面上的属性矩阵。在时间和频率上相邻的满足相关、相容性条件又具有近似属性值的像素将被归入相同的像素簇（family）。当一个像素簇具有足够的成员时，就会被升级为一个探测信号（detection）。如图 3-32 所示，表示有信号到达了探测阵，并可以对该像素簇进行一系列的属性均值计算，如开始时间、持续时间、带宽、主频率、扰动幅度、波速和入射角等，作为到达信号的属性。计算工作最开始是从探测阵孔径最小的 3 个阵元开始，然后逐次将更远的阵元加入运算，从而获得更精确的运算结果。算法的实验框图如图 3-33 所示。

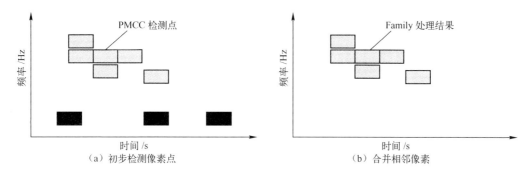

图 3-32　聚类前后检测信号变化情况

3. 基于小波包分解和 Fisher 属性的联合检测

由上节分析可知，基于 Fisher 的次声检测方法的优势是能够对台站记录中的变化实施有效检测，其不足是对噪声较为敏感，出现虚警率高等，而且 Fisher 检测方法在强噪声条件下，通常检测不到信号。如果将信号中的噪声进行滤波处理，然后再采用 Fisher 检测的方法进行信号事件检测，且考虑相关噪声的影响，以一定的时间尺度作为衡量信号的标准，其检测效果就能有所改善。与此同时，由于次声波记录中的噪声不仅包含高频随机噪声，同时还有低频扰动，所以，不可能用一个简单的滤波器就能起到去噪的效果。由此，我们想到了使用小波包分解的方法，将信号分解之后，在不同频段内进行重构，然后对每个频段内的重构信号进行 Fisher 检测，并且对多台站同一时窗内的每个 Fisher 值作为一个属性保存，计算结果形成一组时间 – 频率平面上的属性矩阵，且考虑信号检测的相关时间尺度。在噪声成分占很大比重的频段内，Fisher 方法将检测不到事件信号，在事件信号占较大比重的频段内，Fisher 方法则会发挥出该事件检测的有效性能。基于此，提出了基于小波包分解和 Fisher 属性的自动检测方法。具体算法和步骤如下：

（1）对待检测的信号 $s(t)$ 进行 3 层小波包分解，分解结构如图 3-34 所示，以 (i,j) 表示第 i 层小波包分解的第 j 个结点，每个结点都代表一定的信号特征。其中，$(0,0)$ 结点代表原始信号 S，$(1,0)$ 代表小波包分解的第 1 层低频系数 X_{10}，$(1,1)$ 为小波包分解第 1 层的高频系数 X_{11}，$(3,0)$ 表示第 3 层第 0 个结点的系数，其他依此类推。

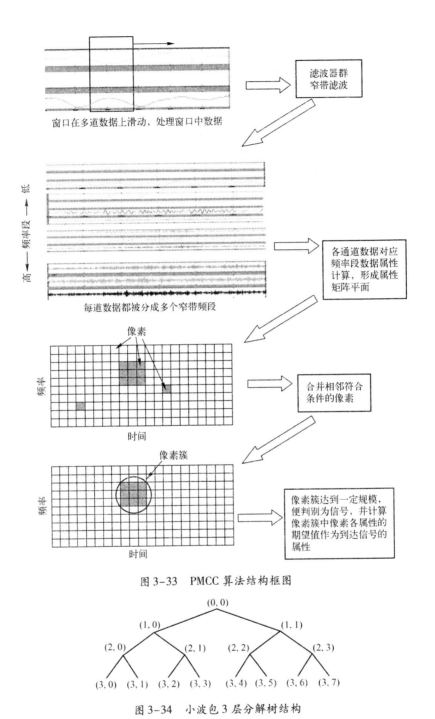

图 3-33　PMCC 算法结构框图

图 3-34　小波包 3 层分解树结构

（2）对分解后的 8 个小波包分解系数实施信号重构，提取第 3 层各频带范围的重构信号。以 S_{30} 表示 X_{30} 的重构信号，S_{31} 表示 X_{31} 的重构信号，其他依此类推。总信号可以表示为

$$S = S_{30} + S_{31} + S_{32} + S_{33} + S_{34} + S_{35} + S_{36} + S_{37}$$

（3）将相同频段的不同子台进行归类，并以一滑动窗对信号进行分割，计算各个窗内信号的 Fisher 值，并以时间 – 频率构成二维 Fisher 属性分布图，其中每一个 Fisher

值作为一个像素点。

（4）合并二维分布图中相邻的像素点，使之成为像素簇。并设定一像素簇连续长度标准，当相邻像素簇达到该尺度标准时，就判断其接收信号为事件信号。

3.6.2 爆心方位角的计算

爆炸当量、高度、时间的分析计算均依赖于爆心位置，而爆心位置的计算又必需依赖于爆心方位，所以方位角的计算是其他所有计算的基础。

目前，常用计算方位角的方法主要有两种：一种是三角形阵计算法，另一种是最大似然估计法。前者比较简单、直观，但精度较低。后者因考虑了噪声的影响，且在处理方法上作了改进，故处理精度较高，但计算量大，通常借助计算机来实施。

1. 时间差的提取

在计算爆心方位角时，不管用何种方法，都必须涉及到阵上各探测点之间信号到达的时间差的计算。由于该计算是数据处理中的重要环节，它对方位角的计算精度影响很大，所以这里把它单独作为一个问题先给以介绍。

计算时间差的方法有多种，通常使用的有直读法、波形重叠法、相关函数法等3种。

直读法，是直接从波形图上读出声波到每个探测点的时间，再求其差值；也可以读出相似波形的到达时间，求其差值；或者读出几个相似波峰的到达时间的差值，再求其平均值。

波形重叠法，是将要求时差的两组波形重叠起来，从时标上读出时差。

相关函数法，是把需求时差的两组波形进行相关处理，求出其相关系数最大时的时间延迟量，此延迟量即为两波形的时差。

在噪声很小时，因信号特别明显，很易识别，利用前两种方法还是比较方便的。但当噪声较大时，就显得无能为力了。除此之外，它们的测量精度较低。相关函数法虽不存在上述问题，计算精度也高，但计算量较大。所以前两种方法适用于手算，后一种适用于计算机计算。

2. 三角形阵计算爆心方位角

基于三角形接收阵进行爆心方位角的计算方法如下：

（1）根据核爆炸次声波的特点以及远距离次声波在阵上的相关特性，判断是否是远距离传来的核爆炸次声波信号。

（2）根据阵上各探测点收到信号的先后画出信号大致来向，选择最佳三角形阵。把信号最先到达的点定为 O 点，余下的任意定为 A 和 B 点。

（3）在 OA（或 OB）上任一点处作 OA（或 OB）的法线，画出信号大致来向与法线间的夹角 φ。标出坐标轴正北方向。

（4）求时差 τ_{OA}、τ_{OB}。

（5）把求得的时差 τ_{OA}、τ_{OB}，以及 OA、OB、$\angle AOB$ 代入式（3-4），求出 φ 角的大小，注意法线在 OA 上作出时，OA 在分子；法线在 OB 上作出时，OB 在分子，即

$$\varphi = \text{arccot}\left[\frac{\tau_{OB}}{\tau_{OA}} \times \frac{OA}{OB} \times \frac{1}{\sin \angle AOB} - \cot \angle AOB\right] \qquad (3-17)$$

（6）将 φ 值和测地时测得的 ϕ（法向方位角），r（子午线收敛角）代入式（3-17），

求方位角 θ 的值。注意当 φ 包括在 ϕ 中时，公式中 φ 前用" – "号，当 φ 不包括在 ϕ 中时，公式中 φ 前用" + "号，即

$$\theta = \phi - \varphi + r \quad (\text{当} \varphi \text{包括在} \phi \text{中时,如图 3-35(a)所示}) \qquad (3-18)$$

$$\theta = \phi + \varphi + r \quad (\text{当} \varphi \text{不包括在} \phi \text{中时,如图 3-35(b)所示}) \qquad (3-19)$$

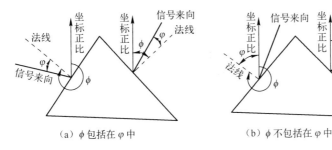

（a）ϕ 包括在 φ 中 　　　　　（b）ϕ 不包括在 φ 中

图 3-35 爆心方位角

上述方位角的计算，也可多选几个三角形阵，算出几个方位角，然后取平均值，以提高精度。

除上述方法外，还有用最大似然法以及 F – K 分析等方法计算爆心方位角，具体原理请参考相关文献[36]。

3.6.3 核爆炸次声波的识别

如前所述，大气中存在着次声信号大致分为以下 3 类：第一类是自然次声源，包括极光、地震、火山喷发、大海咆哮等一系列显著的自然现象；第二类是人工次声源，包括飞机飞行、火箭发射、高空爆炸、大气核试验等；第三类是气象次声源，这实际上也是一种自然现象，只是它的主要影响因素是全球的大气环流，包括台风、龙卷风、雷电等。

次声源的分类判别是核爆炸侦察中的关键技术，采用合适的信号分析与处理手段来提取有效的识别特征，是次声信号特征提取的核心问题。次声信号的分类识别技术主要包括特征提取方法和模式识别算法两个方面的内容。次声信号特征参数提取直接关系到系统的识别性能，其主要任务就是研究和选取能够表现次声信号类别的、有效而且稳定可靠的特征矢量，即能够用于区分各类次声源的有用信息，这就要在对次声信号产生机理进行充分分析的基础上，将经过预处理的代表次声源本质的特征参数提取出来。因此，提取的特征参数需满足[37]：反映不同次声源的本质特征，具有良好的类别区分性；各分量之间有良好的独立性；计算方便。

传统的特征提取方法主要包括两种：时域分析和频域分析。时域分析是最简单的、直接利用时域信号进行分析的方法；频域分析是借助傅里叶变换将时域信号转换到频域中，然后根据信号的频率变化趋势和分布特征进行分析的一种常用的信号分析方法。本节根据核爆炸次声波信号与其他各种次声源信号的特点，从现代信号处理与分析、倒谱分析、智能模式识别和声学技术相结合的角度对次声信号进行特征提取，并对比分析和确定有效的特征提取和选择方法。本节主要介绍 3 类特征[35,38]：第 1 类是基于次声信号形态的特征提取方法，即根据不同类型次声信号的形态不同的特点，提取其波形质

心、波形离散度、偏斜度、峭度及短时过零率等特征；第2类是基于次声信号的频域分析开展特征提取，即根据不同次声信号在频域的表现形式不同，提取其频谱滚降度、频谱通量等特征；第3类是基于次声波信号的倒谱域分析开展相应的特征提取，即根据不同类型次声信号在倒谱域的表现形式不同，提取其倒谱特征。

1. 次声信号特征提取方法

1）质心（Centroid）

质心描述的是信号波形或者曲线的"质量中心"。在统计学中，它表示的是一种"平均"的概念，其定义的公式为

$$\text{Centroid}(x) = \frac{\sum n \cdot x[n]}{\sum x[n]} = \mu \tag{3-20}$$

2）离散度（Spread）

当计算质心时，使用相同的类比法可以得到信号的离散度，其离散度与信号的方差类似，其公式为

$$\text{Spread}(x) = \frac{\sum (n - \mu)^2 \cdot x[n]}{\sum x[n]} - \sigma^2 \tag{3-21}$$

3）偏斜度（Skewness）

偏斜度常常用于测量波形方向上的最大值。通过分析最大值的位置，能够得到波形分布的方向，其公式为

$$\text{Skewness}(x) = \frac{\sum (n - \mu)^3 \cdot x[n]}{\sigma^3} \tag{3-22}$$

4）峭度（Kurtosis）

峭度常常被用于指示波形的弯曲程度，其公式定义如下：

$$\text{Kurtosis}(x) = \frac{\sum (n - \mu)^4 \cdot x[n]}{\sigma^4} - 3 \tag{3-23}$$

5）短时过零率

信号的过零率记录了信号整体通过零点的数量。它可以从侧面反应能量和频率的相关信息，公式如下：

$$\text{ZCR}(x) = \frac{1}{2} \sum_{t=1}^{T} (\mid \text{sign}(x[t]) - \text{sign}(x[t-1]) \mid) \tag{3-24}$$

6）频谱滚降（Spectral roll off）

滚降度是频谱"亮度"的一种简单测量方法，其目的是寻找出占据频谱85%能量的频率值，其公式如下：

$$0.85E(x) = \sum_{f=f_{\min}}^{\text{Roll-off}} E(x[f]) \tag{3-25}$$

7）频谱通量（Spectral flux）

谱通量描述了在谱图中能量的总体变化，其公式如下：

$$\text{Flux}_i = \sum_{f=f_{\min}}^{f_{\max}} ((X_{i,f} - X_{i-1,f})^2) \tag{3-26}$$

8) 倒谱域特征

在处理声信号的过程中，人们常常使用伪频倒谱系数，它提供了倒谱值的紧致性度量。其计算过程如下：

首先，进行美尔尺度（Mel Scale）变换：

$$F_{\text{mel}}(f_{\text{Hz}}) = 1127 \log_e\left(\frac{f_{\text{Hz}}}{700} + 1\right) \tag{3-27}$$

通常情况下使用三角窗对信号频谱进行分段截取，如图 3-36 所示。

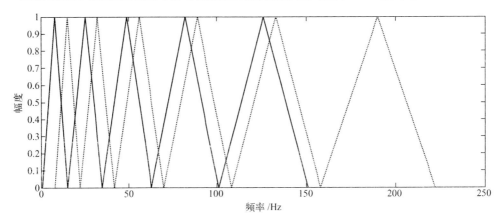

图 3-36　三角窗的滤波器组（11 组滤波器）

三角窗函数如下：

$$w_{\text{Bartlett}}(x) = \max\left(0, \frac{2}{N} \cdot \left(\frac{N}{2} - \left|x - \frac{N}{2}\right|\right)\right) \tag{3-28}$$

然后，根据频谱的分布，设置成由一系列三角窗构成的滤波器组，并对整个频谱能量信号进行截取。

为了得到伪频倒谱系数，我们需要求出总体谱能量信号，并对其求对数，即

$$L_m = \text{Ln}\left(\sum_{f=f_{\min}}^{f_{\max}} X[f]^2 w_m[f]\right) \tag{3-29}$$

最后，将得到的矢量进行离散余弦变换（DCT），公式如下：

$$\text{MFCC}_k = \sum_{m=0}^{M-1} L_m \cos\left[\frac{\pi}{M}\left(m + \frac{1}{2}\right)k\right] \tag{3-30}$$

除以上特征提取方法外，根据次声信号是非线性非平稳信号的特点，文献[38]根据信号的时频域特性进行了特征提取研究，提取了次声信号的小波包特征熵、小波包分量比特征、固有模态分量复杂度特征等，并分析了其有效性。

2. 次声信号分类判别方法

在提取了核爆炸次声信号与其他干扰源次声信号的特征后，就要对次声事件的性质进行准确判别，以实现次声信号的性质鉴别。对于提取的一维特征而言，可以通过二分法将各种次声信号的特征在特征空间中刻画出来，进而通过人工的方式实施判别。然而，对于核爆炸识别这个复杂的分类问题而言，人工方式设计分类器往往是低效的，特别是当特征数量很多，特征空间的维数很高时，很难通过人的直观感觉设计出一个合适

的分类器，这就需要利用模式识别的理论来构造分类器。模式识别理论中分类器的设计方法很多，既有经典的线性分类器设计方法，如 Fisher 分类器、感知器算法等，也有非线性分类器设计方法，如多层感知器网络、支持向量机等。关于分类器设计的具体理论，本书不做具体介绍，可参考文献 [39]。

3.7 IMS 次声台站及数据处理技术

为了有效地监测全球所有地方所有方式的核试验，根据全面禁止核试验条约规定，建立了 IMS，该系统利用次声与地震、水声、放射性核素 4 种核查手段监测、识别和定位核爆事件，因此次声波监测技术又重新得到了世界各国的重视。随着 CTBT 的开放签署，IMS 也取得重大进展，全面禁核试验条约组织（CTBTO）的次声核查能力不断增强。目前，在它设计规划的 60 个次声台站中（如图 3-2），有 47 个已经建设完成，4 个在建（IS03、IS15、IS16 和 IS40），9 个处于筹备计划阶段（IS01、IS12、IS20、IS25、IS28、IS29、IS38、IS54 和 IS60）。其中，已建成并通过认证的台站持续不断地向奥地利维也纳的国际数据中心（International Data Center，IDC）传输数据。根据规划，IMS 在我国设有北京（IS15）和昆明（IS16）两个次声监测台站，它们均由 1 个中央记录设施和 8 个阵元组成，相互之间通过通信和供电线路相连接。

在已经建成的 47 个次声台站中，每个监测台站的主要设备包括次声降噪系统、次声传感器以及中心处理设施，此外，还有自动气象站、GPS 授时系统、卫星通信传输系统等。其中，IMS 次声监测台站中的次声降噪系统总体可分为 6 类：第 1 类为玫瑰型管道滤波器，第 2 类为星型（Star）管道滤波器，第 3 类为放射型（radial）微渗管滤波器，第 4 类为螺旋型微渗管滤波器，第 5 类为雪花型管道滤波器，第 6 类为圆环型管道滤波器。这 6 类降噪系统的结构如图 3-37 所示，它们都属于空间滤波器，通常是由不锈钢管、铝塑管或微渗管构成，阵列中心与次声传感器相连。次声传感器目前采用最多的是法国的 MB2005 传感器，此外，美国的 Model50 传感器也应用较多。

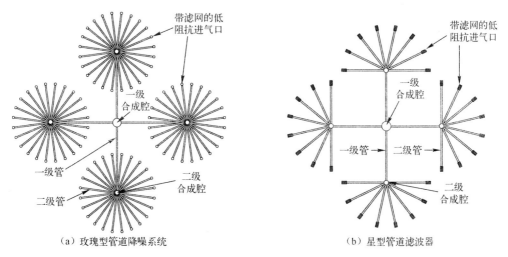

（a）玫瑰型管道降噪系统　　　　　　　　（b）星型管道滤波器

图 3-37　6 类次声降噪系统的结构示意图

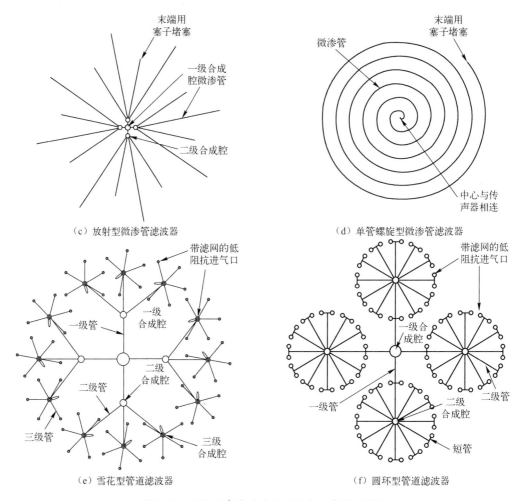

（c）放射型微渗管滤波器　　　　　　（d）单管螺旋型微渗管滤波器

（e）雪花型管道滤波器　　　　　　　（f）圆环型管道滤波器

图 3-37　6 类次声降噪系统的结构示意图（续）

对于单个次声台站获得的次声数据，IDC 主要进行以下处理：（1）数据质量检验；（2）空间相关性周期确定；（3）信号检测；（4）到达时间估计；（5）方位角和慢度估计；（6）最大空间相关路径生成；（7）分类识别。具体分析处理技术，可参考文献［38］。

参 考 文 献

［1］张利兴．禁核试核查技术导论［M］．北京：国防工业出版社，2005.

［2］青建华，程先友，庞新良．核爆次声背景噪声信号特征分析［J］．核电子学与探测技术，2013，33（5）：594－597.

［3］Arendt S．，Fritts D．C．Acoustic radiation by ocean surface wave［J］．Journal of Fluid Mechanics，2000，415（25）：1－21.

［4］吴忠良，陈运泰，牟其铎．核爆炸地震学概要［M］．北京：地震出版社，1994.

［5］ 杨训仁，陈宇. 大气声学（第二版）［M］. 北京：科学出版社，2007.

［6］ Evers L G, Haak H W. The Characteristics of Infrasound, its Propagation and Some Early History［M］. Alexis Le Pichon, Elisabeth Blanc and Alain Hauchecorne Editors. Infrasound Monitoring for Atmospheric Studies. New York：Springer, 2010：3 – 27.

［7］ Ichihara M, Takeo M, Yokoo A, et al. Monitoring volcanic activity using correlation patternsbetween infrasound and ground motion［J］. Geophys. Res. Lett. , 2012, 39, L04304.

［8］ Christie D, Kennett B L N, Tarlowski C. Advances in infrasound technology with application to nuclear explosion monitoring［C］//. Proceeding of the 29th Monitoring Research Review：Ground – Based Nuclear Explosion Monitoring Technologies. Los Alamos：Los Alamos National Laboratory, 2007：825 – 835.

［9］ Daniels F B. Noise – reducing line microphone for frequencies below 1 c/s［J］. J. Acoust. Soc. Am. , 1959, 31：529 – 531.

［10］ Burridge R . The acoustics of pipe arrays［J］. Geophys J R astr Soc. , 1971, 26：53 – 69.

［11］ Walker K T, Hedlin M A H. A review of wind – noise reduction methodologies［C］. Infrasound Monitoring for Atmospheric Studies. New York：Springer, 2010：141 – 182.

［12］ Hedlin M A H, Alcoverro B, D' Spain G. Evaluation of rosette infrasonic noise – reducing spatial filters［J］. J. Acoust. Soc. Am. 2003, 114：1807 – 1820.

［13］ Walker K T, Zumberge M A, Hedlin M A H, Shearer P. Methods for determining infrasoundphase velocity direction with an array of line sensors［J］. J. Acoust. Soc. Am. , 2008, 124：2090 – 2099.

［14］ Alcoverro B, Le Pichon A. Design and optimization of a noise reduction system for infrasonic measurements using elements with low acoustic impedance［J］. J. Acoust. Soc. Am, 2005, 117：1717 – 1727.

［15］ Hedlin M A H, Alcoverro B. The use of impedance matching capillaries for reducing resonance in rosette infrasonic spatial filters［J］. J. Acoust. Soc. Am. , 2005, 117：1880 – 1888.

［16］ Noel S D, Whitaker R W. Comparison of noise reduction systems［R］. Los Alamos：National Lab report, LA – 12003 – MS, 1991.

［17］ Haak H W, Wilde G J. Microbarograph systems for the infrasonic detection of nuclear explosions［R］. De Bilt：Royal Netherlands Meteorological Institute, 1996.

［18］ Mark A, Zumberge J B, Hedlin M A H, et al. An optical fiber infrasound sensor：A new lower limit on atmospheric pressure noise between 1 and 10Hz［J］. J. Acoust. Soc. Am. , 2003, 113 (5)：2474 – 2479.

［19］ Zumberge M A, Berger J, Hedlin M A H, et al. An optical fiber infrasound sensor：a new lower limit on atmospheric pressure noise between 1 and 10 Hz. J. Acoust. Soc. Am. , 2003 (113)：2474 – 2479.

［20］ Herrin E, Sorrells G G, Negraru P, et al. Comparative evaluation of selected infrasound noise reduction methods［C］//. Proceedings of the 23rd Seismic Research Review. Los Alamos：Los Alamos National Laboratory, 2001：131 – 139.

［21］ Hedlin M A H, Raspet R. Infrasonic wind noise reduction by barriers and spatial filters［J］. J Acoust. Soc. Am , 2003, 114：1379 – 1386.

［22］ Christie D, Kennett B L N, Taslowski C. Advances inf infrasound technology with application to nuclear explosion monitoring［C］//. Proceeding of 29th monitoring research review. Los Alamos：Los Alamos National Lab, 2007：825 – 835.

［23］ 张勇，李夕海，陈蛟. 次声信号降噪技术现状［C］. 国家安全地球物理丛书（8）：遥感地球物理与国家安全，西安：西安地图出版社，2012：359 – 366.

［24］ 张勇. 玫瑰型管道滤波器次声降噪系统仿真与评估［D］. 西安：第二炮兵工程大学，2013.

［25］ Zuckerwar A J, Shams Q A, Knight H K. Proceedings of meetings on acoustics［C］. 164th Meeting of the Acoustical Society of America, Kansas City, Missouri, 2012：22 – 26.

［26］ Bowman J R, Baker G E, Bahavar M. Ambient infrasound noise［J］. geophysical research letters, 2005, 32：Log803.

［27］ Brown D, Ceranna L, Prior M, et al. The IDC Seismic, Hydroacoustic and Infrasound Global Low and High Noise Models［J］. Pure and Applied Geophysics, 2014, 171 (3 – 5)：361 – 375.

［28］ Taylor G I. The spectrum of turbulence ［J］. Proc. R. Soc. London Ser. A, 1938, 164: 476 – 490.

［29］ Kolmogorov A N. Local structure of turbulence in an incompressible viscous fluid at very high Reynolds numbers ［J］. Dokl. Akad. Nauk SSSR, 1941, 30: 299 – 303.

［30］ Melton B S, Bailey L F. Multiple signal correlators ［J］. Geophysics, 1957, 22: 565.

［31］ Smart E, Flinn A E. Fast frequency – wavenumber analysis and Fisher signal detection in real – time infrasonic array data processing ［J］. Geophys. J. R. Astron. Soc. , 1971, 26: 279 – 284.

［32］ Cansi Y. An automatic seismic event processing for detection and location: the PMCCmethod ［J］. Geophy Res Lett, 1995, 22: 1021 – 1024.

［33］ Greg W B, David J B, Jerry A C. IDC processing of seismic, hydroacoustic, and infrasound data ［R］. Vienna: Science Applications International Corporation, 2001.

［34］ David J B, Rodey w, Brian L N, et al. Automatic infrasonic signal detection using the Hough transform ［J］. Journal Of Geophysical Research, 2008, 113: D17105.

［35］ 陈蛟. 次声信号自动检测与识别技术研究 ［D］. 西安: 第二炮兵工程大学, 2012. 12.

［36］ IDC Processing of Seismic, Hydroacoustic, and Infrasonic Data, 2002, ICD – 5. 2. 1 Rev1.

［37］ 李敏通. 柴油机振动信号特征提取与故障诊断方法研究 ［D］. 西安: 西北农林科技大学, 2012.

［38］ 姜楠. 禁核试次声信号特征提取方法研究 ［D］. 西安: 第二炮兵工程大学, 2014.

［39］ 刘家锋, 赵巍, 朱海龙, 等. 模式识别 ［M］. 哈尔滨: 哈尔滨工业大学出版社, 2014.

第四章 核爆炸地震波侦察技术

4.1 地震波基础

迄今为止，利用地震波侦察地下核试验，需要开展三项工作，即地震波信号的检测、定位与识别[1]。而要开展地震波侦察，首先需要了解有关地震波的一些基础知识。

4.1.1 地震学中常用的基本概念[2]

1. 有关空间的概念

（1）震源：地球内部发生地震而破裂的地方称为震源（或称震源区）。这里指的是天然地震的震源，对于人工爆炸源来说，震源就是产生地震波的爆炸源，它可以在地下很浅的地方（如离地面 200～400 m 深处的爆炸室中），也可以在近地表的空中。在地震勘探中，把陆地上产生地震波的源叫做陆上震源，在海洋中产生地震波的源叫做海洋震源。所以，广义来说，震源就是地震波的源。理论上通常把震源看成一个点（如图 4-1），实际上天然地震的震源是一个区。

（2）震源深度：将震源看作一个点，此点到地面的垂直距离称为震源深度，用 h 表示（如图 4-1）。

（3）震中：震源在地面上的投影点称为震中（或称震中区），见图 4-1。与震中相对的地球直径的另一端称为对震中，或称为震中的对蹠点。

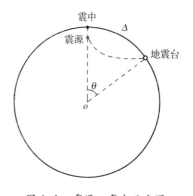

图 4-1 震源、震中示意图

（4）震中距离：在地面上，从震中到任一点沿大圆弧测量的距离称为震中距离，通常指震中到某一地震台站的距离。用希腊字母 Δ 表示，也可用此距离对地心所张的角距离 θ 表示（见图 4-1）。

（5）发震时刻：发生地震的时刻。用英文字母 O 或 T_0 表示，在核爆炸产生地震中，发震时刻就是爆炸零时。

（6）地震波：发生于震源（包括近地面的爆炸源）并在地球介质中传播的弹性波称为地震波。

（7）地震射线：地震波波阵面的法线方向的连线称为地震射线。地震射线也可以形象地当成光线一样，用几何光学的方法来描述其反射、折射等传播方式。

2. 有关强度的概念

（1）地震烈度及烈度表：地震烈度是地震对建筑物和地球表面形态的作用所产生的影响和破坏程度的一种量度，它是根据野外调查所确定的，因此，它是相对的和经验的。通常用大写英文字母 I 表示，将烈度值按大小排列成表，叫做烈度表。我国使用 12 度烈度表，与其他国家的地震烈度表还有一些差异。新的中国地震烈度表是 1957 年起用的，该表及与其他国家的烈度表的对比可从文献 ［3］ 中查到。

（2）等震线：地面上等烈度的点的连线。它们一般都是封闭曲线，表示一次地震的烈度递减情况。

（3）震级：根据地震仪的测量，表示地震波能量大小的一种量度。通常用英文字母 M 表示。

根据震动的性质，可将地面震动分为天然地震、人工地震（核爆炸、化学爆炸等）和脉动 3 大类。

对于天然地震，可以按成因、震源深度、震中距离和震级等 4 个标志来分类。对核爆炸地震侦察来说，我们感兴趣的是后 3 个分类，所以，这里也作一介绍。

对于天然地震的分类如下：

（1）按震源深度分。

浅源地震：震源深度 <60 km 的天然地震称为浅源地震，又叫正常深度地震，因为大多数地震都是浅源地震。

中源地震：震源深度在 60～300 km 之间的地震称为中源地震。

深源地震：震源深度 >300 km 的地震称为深源地震。已记录到的最深地震的震源深度约为 700 km。有时将中源和深源地震统称为深源地震。

（2）按震中距分。

地方震：震中距 <100 km 的地震。

近震：100 km < 震中距 <1000 km 的地震。

远震：震中距 >1000 km 的地震。

（3）按震级分。

弱震：$M<3$ 的地震。

有感地震：$3 \leqslant M \leqslant 4.5$ 的地震。

中强震：$4.5 < M < 6$ 的地震。

强震：$M \geqslant 6$ 的地震。其中 $M \geqslant 8$ 的地震又称为巨大地震。

震级是衡量地震能量大小的，地震波能量 E 与震级 M 有如下经验（统计）关系式：

$$\log E = \alpha + \beta M \tag{4-1}$$

式中：α、β 为统计系数，据古登堡（B. Gutenberg）、里克特（C. E. Richter）的研究，$\alpha = 11.8$，$\beta = 1.5$。这是一种统计经验值，实际上，不同地区其值不同。我们利用这个关系式计算地下核爆炸的当量时，要充分考虑这一点，通常需要标定才能得出较准确的结果。

4.1.2 地震波

我们知道，地震波是地球介质中传播的弹性波，它有两种主要类型：一种是通过地球内部传播的体波，另一种是沿地球自由表面或其他地球内部间断面传播的面波。面波是由体波（不同类型）与介质中的界面相互作用之后产生的，所以，面波总是集中在间断面附近，故此，有时又称它为界面波或导波。如果介质中不存在界面的话，则不存在面波，只有从震源向外发出的体波（又可叫自由波）。

体波的传播速度比面波快，因此，在地震记录图上，先是体波，而后才是面波。但是，面波携带着浅源地震（核爆炸就可以当成是一种最浅的浅源地震）的绝大部分地震波能量，所以，面波是造成人口稠密地区（如各种建筑物等）地震破坏的主要原因。所以，核爆炸除了冲击波造成大面积毁伤外，其地震面波对某些地区的建筑物也能造成破坏，且核爆炸产生的地震面波非常明显，振幅比体波大得多，正是基于这一点，可以把它与深源地震（不产生或不明显产生面波）区分开来。

体波有两种类型：纵波（压缩波）和横波（剪切波）。纵波是质点位移方向平行于波的传播方向的弹性波（如图4-2），地震学家又称它为P波或初至波，它是取其英文名词Primary wave中的第一个字母。横波是质点位移方向与波的传播方向垂直的体波（见图4-2），又称为S波或次至波，它是取其英文名词Secondary wave中的第一个字母。S波是一种平面偏振波，当它传播时，若介质中质点呈水平运动，则称为SH波，若质点在包含波的传播方向在内的垂直平面内运动时，则称为SV波。

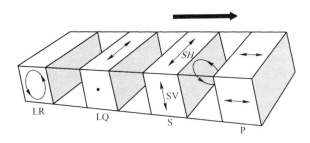

图4-2 P波、S波、LQ波和LR波示意图[4]

介质中波的传播速度是由传播介质的密度和弹性模量决定的。P波的传播速度比S波快1.7倍左右。所以，P波总是先于其他地震波到达记录台站。S波是剪切波，而流体不会有剪切应变，所以，S波不能通过地球内部的流体部分。P波则既可以在地球的固体部分内传播，又可以在它的流体部分内传播。

面波有许多种，最基本的是两种：洛夫波和瑞利波（除此之外还有斯通利（stoneley）波等）。在实测地震记录中，洛夫波和瑞利波常常是优势波。通常用LQ表示洛夫波，LR表示瑞利波。其中，L表示长（即长波的意思），Q表示Querwellen，它是洛夫波的德文名字，R则表示瑞利波，因瑞利波是Lord Rayleigh首先研究的，所以取其名字Rayleigh中的第一个字母。LR和LQ波能穿过地壳和上地幔，沿着地球的自由表面或由速度间断面构成的界面层（即不同介质的分界面，因介质不同，速度也不一样）传播。

LR波是岩石质点在垂直平面内沿着地震波传播方向的椭圆型轨道作逆时针运动（见图4-2），LQ波是岩石质点在水平面内沿与波的传播方向成直角的方向上运动（见

图4-2）。LR 和 LQ 波的振幅在地表及其附近最大，并且随深度的增加而迅速变小（大致呈指数形式衰减），所以，浅源地震（在地壳内，包括地下核爆炸）产生很强的面波。随着震源深度的增加，面波的振幅变得越来越小。对壳内地震而言，面波往往是地震图上的优势波（即指振幅大），而中源和深源地震（震源深度 $h > 100\,km$）的面波就不明显了。这也就是地震分析人员能快速可靠地区别浅源地震和深源地震的主要依据，也即区分深源地震与地下核爆炸的重要选择依据。

LQ 和 LR 波都具有一种重要性质，称为速度频散，简称频散。所谓频散，是指波的传播速度随频率变化，即不同频率的面波，速度是不一样的，且速度随周期的增加而增加（正频散），即低频面波传播速度较快，也即长周期面波首先到达台站，并在较慢的短周期面波到达之前被记录到。

由于 LR 波是岩石质点在垂直平面内沿着指向地震发生方向的椭圆型轨道作逆时针运动，而 LQ 波在垂直方向上没有质点运动，它是岩石质点在水平面内沿与波的传播方向成直角的方向上运动（如图4-2），所以，我们可以根据这一特点（即质点运动偏振特征的差别）来区分 LQ 和 LR 面波。例如，在垂直向地震仪（或地震仪的垂向分量）记录不到 LQ 波。此外，LQ 波传播速度还稍快一些，因而在地震图上先于 LR 波出现。图4-3 是新疆乌什地震的地震记录图，其中上面三道（"北"指南北向分量，"东"指东西向分量，"上"指垂直向分量）示出 P 和 S 波，下面三道示出 LQ 和 LR 波。图4-4 是云南保山地震的地震记录图，显示出典型的 LQ 和 LR 波[5]。图4-5 可以说明体波和面波的某些性质。尖锐的 P 波初动之后大约3.5 min 是清晰的 S 波初动。在 S 波到达大约2 min 后，由于 LR 波出现，我们可以看到振幅逐渐增大。在 LR 波的初始部分，地震波的周期大约为40 s，经过3个或4个波动后，其周期降低到25 s。这清楚地说明了面波 LR 波的正频散特征。此外，LR 波在地震图上是优势波，表示它是一个浅源地震[4]。

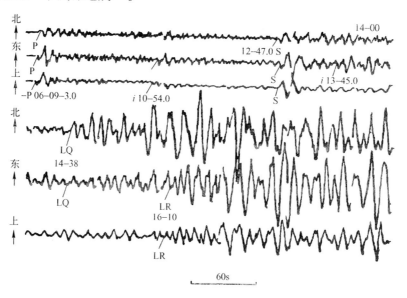

图4-3　1971 年6月16日新疆乌什地震记录图（兰州台基式地震仪记录）
震级 $M_S = 5.8$，震中距 $\Delta = 19.9°$

70

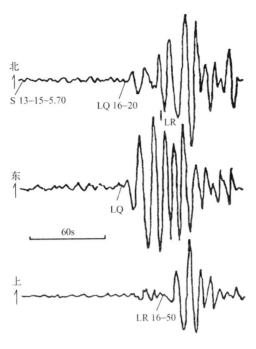

图4-4　1971年2月5日云南保山地震记录图

震级 M_S =5.8，震中距 Δ =11.6°（兰州台基式地震仪记录）

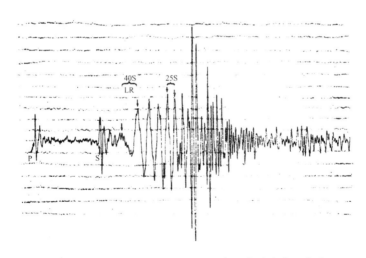

图4-5　1978年5月23日希腊北部发生的地震记录图

（瑞典乌普萨拉地震台长周期普雷斯——尤因地震仪的记录）

震级 M_S =5.7，震源深度 h =9 km，震中距为 2160 km，图中给出的是地面的垂直运动

4.1.3　爆炸激发地震波

爆炸通常可分为化学爆炸（如工业爆炸、常规弹头爆炸等）和核爆炸（如核武器爆炸、地下或水下核试验等）两大类。爆炸源在连续介质中激发的波通称为爆炸波，在近距离上表现为爆炸冲击波，远距离上则表现为爆炸弹性波；爆炸弹性波在大气和海

洋中传播时称为爆炸声波，在固体地球内部传播时则称为爆炸地震波。利用爆炸产生的地震波可以研究爆炸的地震效应或破坏效应，我们正是利用爆炸产生的地震波探测爆炸源的性质和参数（鉴别是否是核试验侦察以及爆炸当量和爆炸位置等）和破坏效应（毁伤效果等）等，以获取有用的军事情报。下面主要介绍爆炸源激发地震波的情况[6]。

对爆炸源激发地震波可分3种情况作简要介绍。

1. 地下爆炸时激发地震波

地下化学爆炸（TNT、RDX 等炸药爆炸）激发地震波的过程是：由雷管引爆后在炸药中产生爆轰波，它的传播导致炸药包快速爆炸；爆轰波生成快速运动的气体爆炸产物，对外围介质产生几十万大气压的压力及几千度的温度，因而引起岩石的非弹性形变并形成一个气体空腔；气体空腔的扩张首先激发出非弹性应力波，非弹性应力波在离爆炸源较远的地方就转化为弹性波，这种弹性波就是爆炸地震波。

地下核爆炸的过程与化学爆炸类似。所不同的是：爆炸时爆区物质转化为等离子体，它对外围介质产生的压力高达数百万个大气压，温度达几百万度；气化岩石以强冲击波形式向外传播，在离爆炸源一定距离上转化为非弹性应力波，在更远一些的距离上才弱化为弹性波，即爆炸地震波。气体空腔（或火球）只能扩张到一个极限范围，而且一般是不稳定的，最终要崩塌成烟囱状腔体。地下爆炸激发地震波的全过程如图 4-6 所示。对于药量不大的化学爆炸来说，强冲击波阶段可能不太明显。

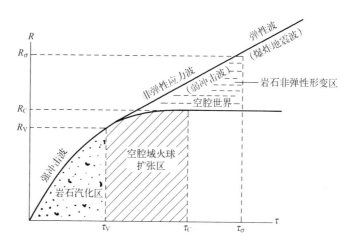

图 4-6　地下爆炸时地震波的激发过程[6]

对于我们感兴趣的地下核爆炸来说，其爆炸过程可分为 4 个阶段，每个阶段会出现不同的物理现象，具体见表 4-1。

表 4-1　地下核爆炸过程及伴生的物理现象[6]

爆炸阶段	爆后时间	伴生的物理现象
核反应	几微秒	1. 产生高温（百万度），形成火球（辐射压力约 2.5×10^8 Pa）； 2. 产生高压（1.7 kt 爆炸时压力达 7×10^{11} Pa）； 3. 产生大量放射性产物

爆炸阶段	爆后时间	伴生的物理现象
流体动力学	几微秒到100毫秒左右	1. 形成强地下冲击波，传播一段距离后转化为非弹性应力波（弱地下冲击波）； 2. 高温高压下岩石汽化，形成气体空腔，几十毫秒之后其半径达极限值； 3. 空腔变成甲壳状，由熔化岩石构成壳壁； 4. 在空腔外围因冲击波作用而形成破碎区、破裂区及弹性区； 5. 放射性过程继续进行
准静态	几秒到几分	1. 地下冲击波转化为弹性波，即地震波，继续向远区传播； 2. 空腔存在约30 s至2 min，以后熔化岩石滴落腔底形成玻璃体，随后空腔开始倒塌；热岩石温度迅速下降到100℃，最后形成烟囱状破碎岩区； 3. 65%~80%的放射性产物集中在玻璃体内
后效	几分到∞	1. 缓慢的热扩散继续进行； 2. 放射性逐渐衰退； 3. 空腔倒塌，裂隙发展； 4. 地震波传播、衰减，最后消失

从表4-1可知，从流体动力学阶段开始，就有爆炸波向外围介质传播，先是地下冲击波，继而转化为弹性波，即地震波。流体动力学联合体及准静态－后效阶段的力学现象概略示于图4-7中（以美国1957年9月19日在内华达试验场凝灰岩中的瑞尼尔（Rainier）爆炸为例）。

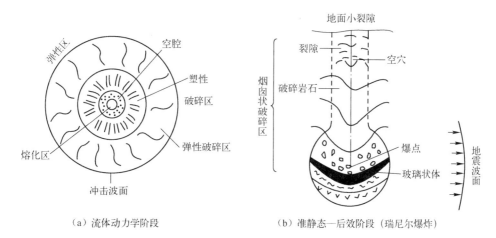

（a）流体动力学阶段　　　　　　（b）准静态—后效阶段（瑞尼尔爆炸）

图4-7　地下核爆炸的流体动力学阶段与准静态—后效阶段的力学现象示意图[6]

地下核爆炸可产生4种效应：一是力学效应，约耗去总能量的62%，主要用于形成：（1）地下空腔及熔化区、破碎区、裂隙区；（2）地下冲击波与地震波；（3）地面和地表岩层的运动；（4）空气冲击波。二是热效应，约耗去总能量的30%，主要用于爆点附近小区域内的热扩散。三是辐射效应，约耗去总能量的8%，包括穿透辐射（γ射线，中子流等）及放射性沾染。四是电磁辐射效应，能量很小，用于产生电磁信号。

地震波的激发能量只占地下核爆炸总能量的很小一部分，通常小于5%，有时还可能小于1%。1957年9月19日美国内华达试验场凝灰岩中的瑞尼尔爆炸是研究得最充分的一次地下核试验，其爆炸当量为1.7 kt·TNT，离地面深度为240 m，爆室尺寸为（1.8 m×1.8 m×2.1 m）。这次爆炸后在凝灰岩介质中形成了5个不同的区域，定量计算结果见表4-2。表中初始半径指冲击波传到时使岩石气化、液化范围的半径，最大半径为其极限值；换算半径由实际半径除以能量当量的立方根得出。实测的空腔半径为18.6 m，比理论值略小；空腔破坏后形成一个烟囱状破碎区，距爆破中心约116 m。

表4-2　瑞尼尔爆炸形成的不同状态区的尺度与能量分配计算值[6]

状态区	初始半径/m	最大半径/m	最大换算半径/(m·kt$^{-1/3}$)	能量百分比/%	波面压力/(×10^5 Pa)	放射性分布/%
气态	0~4.8	0~18.9	0~15.8	8.2	4万~6000万	
液态	4.8~18.0	18.9~19.0	15.8~15.9	19.1	约4万	65%~80%
塑性破碎	18.0~40.0	19.0~40.0	15.9~33.5	47.0	1400~4万	20%~35%（附着内表面上）
弹性破裂	40~85	40~85	33.5~71	21.2	≤1400	
弹性	>85	>85	>71	4.5	很小	

1961年12月10日美国新墨西哥州钠矿区的格诺姆（Gnome）地下核爆炸是在盐岩中进行的，TNT当量为5 kt，爆炸的深度为365 m，形成的最大空腔半径约等于15.2 m。

地下核爆炸形成空腔的最大半径 R_v 可按以下立方根定律作近似估计：

$$R_v = kW^{1/3} \tag{4-2}$$

式中：W 为以千吨（kt）计的爆炸当量；k 为系数，对凝灰岩可取 $k=15$，对盐岩 $k=8.9$。

在地下爆炸中，爆点周围可能有一些管道（坑道），这些管道在爆炸激发地震波的过程中要产生管道效应。所谓管道效应就是：冲击波能量优先进入管道内的稀疏介质（如气体），从而使爆炸能量具有明显的方向性分布，并通过管壁在固体介质内激发起地震波，如图4-8所示。实际工作中经常采用闭口管道。

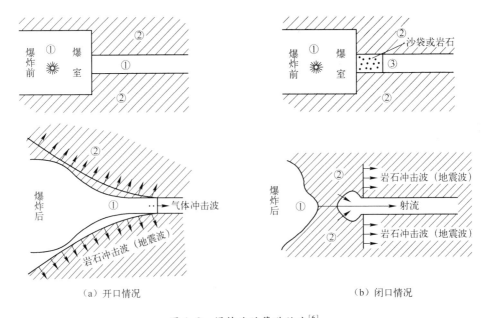

（a）开口情况　　　　　　　　　　（b）闭口情况

图4-8　爆炸波的管道效应[6]

2. 地表及浅部地下爆炸时激发地震波

地表及浅部地下爆炸的力学效应主要表现为以下 4 种物理现象：（1）形成空气冲击波；（2）产生弹坑（或称爆炸漏斗）；（3）引起爆点附近的地面运动；（4）激发地下冲击波及地震波。

地表或地下浅部爆炸时，爆点附近地区有大量岩土飞散，形成弹坑，弹坑以外的土壤中就有爆炸波向远处传播。形成弹坑要损耗相当大一部分爆炸能量，致使激发地震波的能量减小；另外，弹坑外围介质要出现塑性化状态，在较远的距离上才能产生弹性地震波。

图 4-9 为弹坑的一般形状。图中 D_a、d_a 为视弹坑的直径与深度，D_T、d_T 为真弹坑的直径与深度，D_R、D_P 分别表示破坏区与塑性区的直径，D_L、H_L 为抛出土的最远直径与堆积高度。

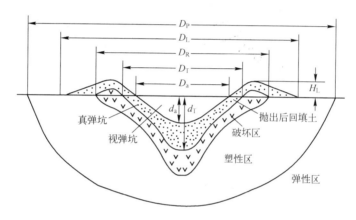

图 4-9　弹坑形状与参数[6]

弹坑各参数之间有以下经验关系：

$$D_L = 2.0D_a \pm 25\% D_a, \quad H_L = 0.25d_a \pm 50\% d_a \tag{4-3}$$

$$D_R = 1.5D_a \pm 25\% D_a, \quad D_p = 3d_a \pm 50\% d_a \tag{4-4}$$

若取弹坑为抛物球体，则视弹坑的体积为

$$V_a = \frac{1}{8}\pi D_a^2 d_a \tag{4-5}$$

根据美国的核爆炸试验结果，表面爆炸的弹坑尺寸 D_a、d_a 满足下面的经验公式：

$$D_a = 38P_D W^{n_1} (\text{m}), \quad d_a = 7.7P_d W^{n_2} (\text{m}) \tag{4-6}$$

式中：W 为以千吨（kt）计的爆炸当量；$n_1 \approx n_2 \approx 1/3.4$；$P_D$、$P_d$ 为土壤校正因子，对冲积土有 $P_D = P_d = 1$，对坚固岩石有 $P_D = P_d = 0.8$，对潮湿土壤有 $P_D = 1.7$，$P_d = 0.7$。比值 D_a/d_a 对粒状土壤为 4～5，对黏土约为 3～3.5。

在爆炸当量不变的情况下，视弹坑尺寸随爆点深度 d 增加而逐渐增大，当 $d = 50W^{-3.4}(\text{m})$ 时达到极大值，即

$$D_a = 122W^{\frac{1}{3.4}}, \quad d_a = 27W^{\frac{1}{3.4}} \tag{4-7}$$

然后，当深度 d 进一步加大时，视弹坑尺寸又逐渐减小。此外，将化学爆炸的成坑效应与核爆炸作用相比较，当 $d/W^{\frac{1}{3.4}}$ 较大时，二者相当接近，否则可能有显著差别。

已知弹坑的尺寸后，就可以估计弹性区的大致边界，进而考虑爆炸地震波的激发条件。

地表或地下浅部爆炸时，可以激发出两类爆炸波：第一类爆炸波是由爆点直接发出，先以地下冲击波的形式传播，后转化为弹性地震波，这一类波的传播特性与地下爆炸激发的爆炸波完全相似；第二类爆炸波是由于地面爆炸时产生的空气冲击波压缩地表而引起的，可称为土壤压缩波，最后也转化为弹性地震波。因此，若地面爆炸时，在土壤内部测量爆炸波的位移、速度、加速度或应力等，则可同时记录到这两类爆炸波。在爆点附近，空气冲击波具有很高的速度及很大的强度，与之相应的土壤压缩波传播速度也很快，强度亦很大，成为土壤爆炸波中的主要振动相。这种土壤爆炸波的波面接近于平面，波面倾角 δ 是一阶小量，如图4-10所示。随着距离的增大，空气冲击波的速度逐渐变小，强度逐渐减弱。在离爆点相当远的地方，空气冲击波速度小于地震波速度。土壤压缩波落后于直接来自爆点的地震波，其强度也迅速减弱，成为地震波后面的附加部分。由图4-10可以看到，土壤压缩波可用垂直向下传播的平面波来近似。

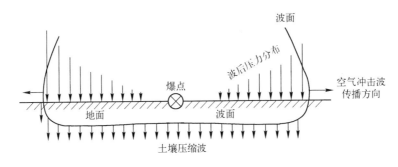

图4-10　由空气冲击波引起的土壤压缩波[6]

3. 近地面及低空爆炸时激发地震波

在近地面及低空进行爆炸时，地震波主要由空气冲击波所激发。这时也可能出现弹坑，但其尺度 D_a、d_a 随爆点高度升高而迅速减小。要形成可视的弹坑，爆点高度不应大于火球半径的1/10。当局部沉降可以忽略时，火球半径 R_f 与以千吨计算的核爆炸当量 W 有以下关系式：

$$R_f = 56W^{2/5}\,(\mathrm{m}) \tag{4-8}$$

经验表明，当爆点高度 $h > R_f$ 时，基本上无弹坑；当爆点高度 $h > 0.1R_f$ 时，弹坑已不明显。例如，对 $h/W^{1/3} = 1.062\ \mathrm{m/kt^{1/3}}$ 的核爆炸，可得到 $D_a(h)/D_a(0) = 0.68$，$d_a(h)/d_a(0) = 0.78$，$V_a(h)/V_a(0) = 0.167$。因此，对于低空爆炸来说，主要依据空气冲击波的传播特性及其在地面上的反射特性来研究所激发的地震波。

4.1.4　地震波的运动学与动力学特征

不论由何种震源产生（激发）的地震波，都可以用它的两类特征来描述：一是它的运动学特征（有时又叫特性），二是它的动力学特征。所谓地震波的运动学特征，是指地震波的传播速度、走时、距离、射线路径及形态等反映出来的与地震波运动有关的特性。这些特性取决于地球内部的分层构造及介质的性质。因此，要讨论地震波的运动学特征，就要先简述地球的内部结构。

地球的内部结构主要是通过分析地震波记录（有天然地震，也有人工地震，特别是地下核爆炸产生的地震波）建立起来的，具体壳层的划分还借助了重力测量，现在的一些地学大断面还利用了大地电磁测深方法。总而言之，地球的内部结构是一种壳层结构。所谓壳层结构就是，从地表到地心可以划分为几个同心球壳，即：地壳、地幔和地核。地幔可分为上地幔和下地幔，地核可分为外核和内核，如图4-11所示。

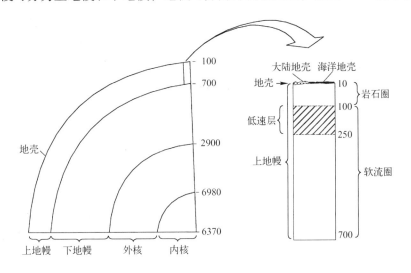

图 4-11　地球内部结构示意图

图中按照地壳、地幔和地核之间的正确比例给出了主要构造间断面的位置；

图中的数字表示距地球表面的千米数。

地壳与地幔的分界面叫做莫霍洛维奇间断面，它是南斯拉夫地震学家莫霍洛维奇（A. Mohorovii）于 1909 年发现的，所以，常常简称为莫霍面或莫氏面，简写为 Moho 面或 M 面；它把纵波速度为 6.5 km/s 的地壳底部岩石层与其下面的波速大约为 8 km/s 的地幔岩石层分隔开来。地壳厚度在全球各地不一，大陆区平均厚度为 25～40 km，海洋中最薄处仅有 5 km 左右，而高山区厚度可达 60～70 km。在研究震中距小于 1000 km 的近地震时，常常假定地壳是由厚度近似相同的两个水平岩层组成，而它们的分界面被称为康拉德（Conrad）界面，简称康氏面，是地震学家 V. Conrad 于 1923 年发现的。康氏面之上叫做花岗岩层，之下叫做玄武岩层。康氏面并非全球都存在，海洋中就有不少地方缺失花岗岩层。

地幔从莫霍面向下延至 2900 km 的幔—核边界，其纵波速度从莫霍面下大约 8 km/s 增加到核幔边界处的 13.7 km/s。地幔可分成上地幔和下地幔。上地幔包括除地壳以外的岩石圈和软流圈，它向下延伸至大约 700 km 处。在上地幔中，其速度梯度突然减小，并且存在若干个间断面，如深度为 400 km 和 650 km 的间断面等。上地幔的重要特征之一是在全球范围内的地下大约 100 km 和 250 km 深度上都存在着低速层（Low Velocity Layer）。在低速层内，岩石是部分熔融的，其刚度很低。在整个地幔中，它的衰减作用最大，其地震波速度比莫霍面下方的速度要低 60% 左右。显然，低速层在地震波的传播中起着相当重要的作用。下地幔的范围从大约 700～2900 km 深的核—幔边界。核—

幔边界于 1906 年首先被 R. D. Oldham 发现，并在 1913 年由古登堡（B. Gutenberg）给出了它的精确位置。在下地幔中，地震波速度虽然也随深度逐渐增加，但比上地幔中增加的速率明显要低。在下地幔中无显著的反射与折射界面。

核—幔边界之下是半径约为 3500 km 的地核。核—幔界面是一个很薄的突变面；该处的纵波速度从 13.7 km/s 急剧下降到 8.1 km/s，而横波（剪切波）则在这里消失。人们由此认为，由于地核的流体性质（没有剪切阻力，也就是没有剪切强度），所以在这个深度上剪切波（横波）不复存在。通过地震波的研究，又进一步把地核分成流体的外核和固态的内核。

1. 地震波的运动学特征

了解了地球内部的基本结构后，我们就可以简要地介绍地震波的运动学特征。

如前文所述，穿过地球内部传播的地震波遵从类似于光学中光波所服从的精确数学定律，只是这里的速度比光波的速度低多了。如果地球内部是各向同性因而波速都是一样的话，那么地震波将从震源沿直线路径或射线向四周辐射。然而，地球内部的波速是随深度增加而增加的（除那些局部低速层外），因此，地震射线不是直线，而是以最短时间路径穿过地球的上凹曲线。为了简明起见，人们常常把地球假定为有限个均匀同心球壳组成的球体。对于这种球状模型，震源与接收台站之间的距离（震中距）通常用以球心为圆点，震源与接收点之间的圆弧线所对应的角（记作 Δ，$1° = 111$ km）来表示。通常，地震可用震中距来分类，大致可分为 3 类：第一类是震中距不超过 10°（即 $\Delta = 10°$，相当于 $10 \times 111 = 1110$ km，所以，这一类地震的震中距有些人就以 1000 km 作为限度）的地震，称之为区域性地震。在这一范围内记录的地震波主要为在地壳内和（或）沿莫霍界面传播的波，一般称之为地壳波。第二类为 10° ~ 103° 距离范围内记录的地震波。在这个范围内记录的地震波占优势的是地幔内传播的地震波，地震图相对比较简单。第三类是在震中距大于 103° 时记录的地震图。这一距离上的地震图再次变得很复杂，因为它含有穿过地核传播的波（即震相）或被地核衍射的波。

为了解释震中距为 0° ~ 10° 之间记录的地震波的传播特点（即运动学特征或特性），我们先给一个最简化的地壳模型，如图 4-12 所示。在这里把地壳当成一个水平层，因而，在考虑距离时，可以忽略地球表面曲率的影响。

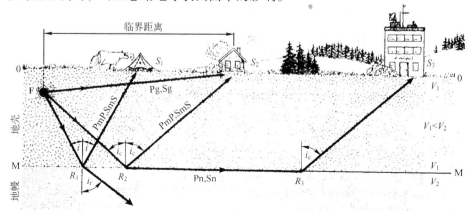

图 4-12 单层地壳模型中地震波传播原理示意图[4]

78

图 4-12 中 F 是震源位置；字母 O 和 M 分别表示地球的自由表面和莫霍界面；S_k 表示第 k 个地震台站，i 为入射角，i_r 为折射角，i_k 为临界角，V 是 P 波或 S 波的波速，R_k 表示传播到第 k 个台站的地震射线在莫霍界面上的反射点。射线路径由原点、反射点和记录地点确定。例如，FS_2 是震源和台站 S_2 之间的射线路径。

我们来看从震源 F 发出的地震波（射线），在台站 S_1、S_2 和 S_3 处接收。因为震源辐射 P 波和 S 波，所以，沿着地球表面可以记录到直达的纵波和横波。这些波的射线路径就是震源与台站的连线，如 FS_2 等，并且用射线代码 Pg 和 Sg 来表示它们，有时也记作 $\overline{P}$ 和 $\overline{S}$；下标 g 表示传播路径（g 是 granite 的第一个字母，即花岗岩的意思，Pg，Sg 表明是在花岗岩层中传播的纵波和横波）。对于发生在上地壳内的地震来说（壳内地震的大多数），它们完全局限于花岗岩层内。此外，还可能有来自莫霍界面上的反射波（如射线路径 FR_1S_1），相应的反射 P 波和 S 波分别记作 PmP 和 SmS（这里的 m 即表示 moho 界面，PmP 表明是 P 波入射到 moho 面上，再以 P 波反射回去，SmS 则是 S 波入射，在 moho 面上再以 S 波反射回去）。在这种情况下，从莫霍面反射回地壳，并在 S_1 记录下来的仅是入射能量的一部分；其余的能量被折射到地幔中去了，并再也不能出现在 S_1 观测的记录中（当然，还可以在地幔中的界面上反射，最后在地表的其他接收点上记录到）。从图 4-12 可知，入射角和折射角随着震中距的增加而增加，当达到某一临界距离时，$i_r = 90°$，这意味着折射线不是进入地幔，而是沿着莫霍间断面传播（如 $FR_2R_3S_3$ 便是这种情形的射线路径）。此时，相应的入射角 i 就称为临界角，记作 i_c，而在 S_3 记录到的相应 P 波和 S 波则称为首波，分别记为 Pn 和 Sn，它们沿莫霍面传播时，是以界面两边地层中的速度较高的那个波速传播，在此是以上地幔顶部的波速传播。由图 4-12 还可看出，在比 S_2 更短的震中距上，只能记录到 Pg 和 Sg，只有比 S_2 更远的地方，才能既记录到 Pg 和 Sg，又能记录到 Pn 和 Sn。由于 Pn 和 Sn 是以上地幔顶部的波速传播，所以，往往它们首先到达接收台站，所以，称为"首波"。对于大陆地壳来说，能观测到 Pn 和 Sn 的临界震中距离大约为 100 km。

除了上述震相的顺序以外，还要了解各个震相的到时差。例如，假若 S－P 的到时差 <20 s 左右，那么 P 波和 S 波波组内第一个到达记录地点的很可能分别是 Pg（或 $\overline{P}$）和 Sg（或 $\overline{S}$）；另一方面，如果它们的到时差 >25 s，那么第一震相可能性最大的是 P_n。利用到时差来识别震相就要用到走时表。当然，更进一步地研究还有赖于实际的地壳结构和震源深度。地震工作者正是利用上述运动学特征来识别震相，而识别震相是地震图解释的关键。此外，不同震中距上的地震记录，其运动学特征不一样，地震图解释方法也不一样，有关这方面更详细的内容，感兴趣的读者可以参考地震专业的教材或专著。

上面我们简要介绍了一些地震波的运动学特征，它们对地震图的解释有用，主要可用于震源的定位研究。而震源的特性（或性质）利用运动学特征是难以判别的，所以，要了解它们的动力学特征。

2. 地震波的动力学特征

所谓地震波的动力学特征，是区别于地震波的运动学特征而言的。地震波的运动学特征主要是它的传播时空规律，如它的反射、折射、传播速度、到时等特征。而地震波的动力学特征，则是从能量的角度来研究它的特征，例如它的能量、振幅、真实波形、频谱和吸收等。地震波的运动学特征是震源位置和传播路径的反映，而它的动力学特征则包含了震源的特性等信息。核爆炸侦察中的地震波探测，目的是要了解震源的位置和特性。而震源的定位现在已经很好地解决了，它是地震台网的常规工作。而震源的特性包括震级（爆炸当量）和性质（天然地震，爆炸地震等），所以，只有研究地震波的动力学特征才能了解震源特性（如用体波振幅或面波振幅求得体波震级 m_b 或面波震级 M_s）。我们后面要详细讨论的核爆炸地震识别，主要是基于地震波的动力学特征来进行，所以，这里就不作进一步的讨论。

4.2 核爆炸地震波侦察的任务及简要历史

国外在20世纪50年代就开始了核爆炸探测工作，20世纪60年代到70年代随着核武器技术的迅速发展，核爆炸侦察技术也发展很快。自1963年美国、英国、苏联签订部分禁止核试验条约以来，大气层核试验减少；进入20世纪80年代，基本上都转为地下核试验。为了监测其他国家的地下核试验，了解他国核武器的发展状况，同时，也为了监视其他国家是否遵守签署的各种条约，进行有效地核查和军备控制，利用地震波方法探测地下核爆炸（包括水下核爆炸）是一项十分重要的工作。此外，战时核爆炸侦察也是一项不可缺少的情报保障手段。所以，地震波侦察核爆炸不仅具有重要的军事意义，而且具有十分重要的战略意义。

4.2.1 地震波侦察的任务

对地下核爆炸侦察，特别是远区地下核爆炸侦察来说，地震方法是最有效的，有时甚至是唯一有效的方法。利用地震方法侦察地下核爆炸，必须完成3项工作[1]：（1）检测：利用地震仪记录核爆炸或天然地震产生的地震波；（2）定位：根据记录到的地震信号确定震源参数（震中位置、震级、发震时刻等）；（3）识别：识别检测到的事件是天然地震还是核爆炸。前两项工作是地震台站的常规工作，用地震方法侦察地下核爆炸的关键是识别。

1. 核爆炸事件的检测

要实现远区地下核爆炸的侦察，核爆炸事件的检测是其前提。由于核爆炸的能量转换为地震波能量的效率在不同的条件下是不同的。如水下与空中爆炸相比，转换为地震波的效率相差近3个量级。近地面爆炸和地下爆炸相比相差10倍左右。此外，地震仪对爆炸事件的探测能力还与爆炸的当量及与之相隔的距离有关。因此，要实现全球范围内的所有可疑事件的检测，不仅需要性能优良的地震仪和全球范围布设内的地震台网，而且需要性能好的可疑事件检测算法。

2. 事件源参数计算

利用地震仪记录到的地震波形，通过人工或计算机自动解释，定出地震或爆炸发生的时间、地点（即空间位置 x, y, z）、震级或当量的大小。这个问题由单台或台阵均可解决，但台阵的精度和可靠性更高。

3. 事件性质识别

对于地下核爆炸而言，最大的干扰源为天然地震，而且天然地震发生的频率远远大于地下核爆炸。因此，准确可靠地区分记录到的事件是天然地震源还是人工爆炸源是核爆炸侦察中的一项重要任务。

从战时核爆炸侦察看，准确定位、定当量、定爆炸发生的时间（爆炸零时）是其首要任务，而要完成这些情报侦察工作，地震波侦察只是一种手段和方法而并非最佳的手段和方法。因为，战时的核爆炸不会是地下核爆炸，而是近地面的核爆炸，所以，核爆炸电磁脉冲探测和次声波探测便是可选的、甚至是更加有效的手段和方法。然而，和平时期核军控的一项重要内容是核武器试验的限制、禁试、监测，因此，远区禁核试核查就成了首要任务。禁核试核查就是利用各种探测手段和方法对隐蔽的核武器试验进行监测，以此监督各签订了禁核试条约国是否履行了条约的义务，是否遵守条约的规定，国际上对于地下核试验首选的核查方法就是地震波探测方法，因为，它是侦察地下核试验最有效的方法。

4.2.2 核爆炸地震波侦察的简要历史[7]

早在 1945 年美国进行第一次核爆炸试验之时，美国著名地震学家 B·古登堡（B. Gutenberg）即根据加利福尼亚大学技术学院的固定地震台记录的地震图测量定出此次爆炸位于北纬 33°40′31″，西经 106°28′29″，爆时为 1945 年 7 月 16 日 12 时 29 分 21 秒（世界时）；随后，他在《美国地震学会会刊》上公开发表论文，给出了这一解释过程和结果[8]。估计的爆炸零时与实际爆炸零时仅差 24 s，此事使地震学名声大振[9]。1946 年 7 月 24 日，美国在比基尼（Bikini）试验场进行了第一次代号为 "Baker" 的水下核爆炸，当量为 21kt，共有 8 个地震台进行了记录，B·古登堡和 C·里克特（C. Richter）进一步给出了该次记录中的 P 波数据。1957 年 9 月 19 日，美国在内华达州试验场地下 250m 处进行了第一次地下核爆炸，当量仅 1.4kt，仅有一小部分能量转化为地震波，地震学家公开发布了对其观测的结果，在地震学界和社会公众中引起了极大反响。同年 9 月，在加拿大多伦多召开的国际大地测量与地球物理联合会上（IUGG：International Union of Geodesy and Geophysics），K·布伦（Keith E. Bullen）作了题为《原子时代的地震学》（Seismology in our atomic age）的报告，至此，核爆炸地震学作为一门新的分支学科开始形成[10]。

1958 年 4 月，F·普莱斯在裁军委员会上提出是否可用短周期地震计组成的台阵作核爆炸侦察的建议，同年 10 月在日内瓦举行了关于用地震方法侦察地下核爆炸的首次技术讨论会，与会专家们最终提出建立一个用于探测并识别世界范围内发生的所有核爆炸的监测系统。由于当时对地下核爆炸进行探测存在很大的困难，因此，该会议上提出的核爆炸监测系统不支持对地下核爆炸事件的识别。

1959 年美国地震改进小组（PSI：The Panel on Seismic Improvement）向美国政府部门提交了一份报告，即著名的 "Berkner Report"，报告的题目是 "地震学基础研究的需要"，该报告成为旨在改进美国侦察和鉴别地下核试验国家能力的 "Vela" 计划的立项依据。自 1959 年美国国防高级研究计划署（DARPA：Defense Advanced Research Projects Agency）制定 "Vela" 核侦察计划以来，美国就开始了用地震法探测核爆炸的研究工作[11]。

1962年，位于美国华盛顿哥伦比亚特区的世界标准地震台网（WWSSN：World Wide Standardized Seismography Network）资料中心建成；截至1967年，120个世界标准地震台在全球60多个国家和海岛部署完毕，至1983年10月增加至132个。

1976年，瑞典专家建议成立"审议关于检测和识别地震事件的国际合作措施特设科学专家小组（GSE：Group of Scientific Experts）"，在其大力推动下，核爆炸地震探测技术取得了明显的进步，已发展成为远距离核查的主要技术手段之一。

1984年，美国57所大学联合成立了美国地震学联合会（IRIS：Incorporated Research Institutions for Seismology）。同年，IRIS制定了新全球地震台网（GSN：Global Seismographic Network）的科学计划。从1986—2004年，IRIS通过与59个国家100多个主管机构的合作，已成功架设了136个具有高保真、宽频带、大动态范围记录性能以及能向台网数据收集中心（DCC）实时传输地震数据的标准化台站。

特设科学专家小组于1984年起组织了第一、二次全球地震核查试验（GSETT-Ⅰ、GSETT-Ⅱ），1994—1995年又组织进行了第三次全球地震核查试验（GSETT-Ⅲ）。1991年起我国参加了全球地震核查试验，GSE核查项目在北京、兰州、海拉尔设立了3个台站，并在北京设立国家数据中心（NDC：National Data Center）。与美国合作的数字地震台站有10个，其中包括3个GSE项目台站，现总称为CDSN（China Digital Seismic Network）台站。

1994年6月，美国Sandia国家实验室开始实施"综合核查系统评价模型（IVSEM）计划"，目的是研制一套软件以便估计CTBT监测系统的效能，1995年11月完成了1.0版，1996年7月给出了1.1版，1997年10月升为1.2版，2000年3月推出2.0版，该套评价模型软件包括了地震、次声、水声和放射性核素4种监测方法[12]。截止到2009年12月，全面禁止核试验条约组织将在全球建设的170个地震波监测台站中，已完成安装152个。

美国国家核安局（National Nuclear Security Administration）下属的防止核扩散研究与发展办公室（The Office of Nonproliferation Research and Development）从1979年开始，每年组织一次地震研讨会，从2005年开始至今，会议主题均为"地基核爆监测技术"。

中国从20世纪60年代初即在傅承义、许绍燮院士领导下开展了地震核侦察研究[13]，中国地震台上报的核爆炸侦察第一张速报报告是王碧泉和曲克信先生作出的。直到20世纪90年代初，人们仍然是主要用地震学的方法进行研究[14-15]，即用震源深度、面波震级比等地震学特征参数来进行判别[16]。后来，随着信号处理理论的发展，国内外学者开始综合应用非线性科学与现代信号处理理论进行核爆炸侦察，国际上从模式识别的角度来研究核爆炸鉴别技术，最重要的贡献要归功于国际核监测识别的先驱之一C. H. Chen，他在20世纪70年代提出了地震信号分类的统计模式识别方法，检验了常用的特征，如波形复杂度、谱比值等，并通过研究指出，应用数学特征，结合线性和非线性信号处理算法是进行地震波有效解释和识别的关键[17-18]。自此以后，从模式识别的角度进行核爆炸鉴别的研究也越来越多。2007年，Benbrahim等利用谱图、Wigner分布等时频分析方法进行地震信号的特征提取[19]。2009年，Arrowsmith等以地震信号的时频特性作为判据对美国西部煤矿爆破和地震识别进行了研究[20]。我国学者也将地震信号与模式识别理论结合起来，取得了一些重要的研究进展[21-39]。

4.3 核爆炸地震波的形成与传播[40]

4.3.1 核爆炸地震波的形成

地下核爆炸瞬间，在爆室内产生的高温、高压气体猛烈地压缩爆室壁，在爆室周围的岩石介质中形成强冲击波。冲击波向外传播过程中，其强度不断衰减，当它传播到距爆点一定距离以外时，衰减为弹性波，其衰减变慢，最后以地震波的形式通过地层传播到很远的距离。

如4.1节所述，地震波主要可分为体波和面波，不同类型波的质点运动和传播速度是不同的。P波传播的速度最快，其次是S波、勒夫波和瑞利波。P波与S波的传播速度分别为

$$U_P = \left(\frac{K + 4G/3}{\rho}\right)^{1/2}$$

$$U_S = \left(\frac{G}{\rho}\right)^{1/2}$$

式中：K 为体弹性模量；G 为刚性模量或切变模量；ρ 为介质密度。对于地球和地幔而言，较好的近似值为 $K = 5G/3$，因此，从上式可得到，在地球上部介质中，P波与S波的传播速度之比为 $\sqrt{3}/1$。

P波能在任何介质中传播，而S波只能在固体中传播。体波在地球内部的传播特性主要取决于地球内部的构造及介质的物理力学性质。由于地球内部介质的物理力学性质随深度增加而增加，使得地球内部传播的体波传播路径发生了变化，为详细分析地震波在地球内部的传播特性，通常将地震波的传播区域分为近震（震中距 < 10°的区域）和远震（震中距 > 10°的区域）来分析。本节主要介绍近震地震波的传播，关于远震地震波的传播，可参考相关书籍[2,4-6]。

4.3.2 近核爆炸地震波的传播

在近震范围内，一般将地球表面的曲率忽略，即将地表及内部界面看成平面，可用两层地壳模型，出现的近地震震相有直达波、首波、反射波，有时还能看到短周期面波。

直达波：由震源激发，不经过界面反射或者折射直接传播到探测点的体波称为直达波，重合的那条波射线上的波就是直达波。直达波仅是由一条冲击波波射线上的波形成的，该射线为震源与地震探测点之间的连线，直达波波速恒定。

首波：当波射线以临界角从速度低的介质层向速度高的介质层入射时，折射角为90°，波射线将沿着高速层的顶面"滑行"后出射，这种波称为首波。从几何射线角度来说，在以地下冲击波球心与地震波探测点组成与莫霍面垂直的平面内的那条波射线到达莫霍界面并与其面成临界角时，沿着此波线的波为折射波，由于界面上位移的连续性，根据惠更斯原理，此折射波所引起的界面质点的振动，又可作为波源产生的波向层

内传播，最后又折射至地壳介质，到达探测点。总体来看，由震源出发，整条射线所代表的波就是首波。首波的射线为折线，首波的一段沿界面以层下速度行进，因层下波速大于层内波速，因而经一定时间后，首波超前于直达波而先行到达地震台。首波也称为绕射波或滑行波。

反射波：由震源激发，经过界面反射后到达探测点的波称为反射波。一般有两种情况：一是由震源激发，被康拉德界面反射到达地震探测点的波射线上的波形成 PC、SC 反射波；二是经康拉德界面折射后，被莫霍面反射，又经康拉德界面折射，到达探测点的波射线上的波形成 PM、SM 反射波。反射波仅是由一条冲击波波射线上的波形成。

面波：由震源激发的体波传到地面，和地面作用形成的干涉波，像水面的水波一样，以球心在地面上的投影点为圆心向外传播，这就是地震波中的面波。相对探测点来说，面波是一条以上的冲击波射线上的波合成的，此合成波的速度是群速。

我们以双层地壳模型为例来讨论近地震波的时距方程。假定地壳内的界面与地面是平行的，壳内各层中波速是常数，射线为直线，且设 t 为波从震源传到地震台的走时，Δ 为震中距离，h 为震源深度，r 为震源距离，H 为地壳厚度，H_1、H_2 为地壳内的分层厚度，V 为波速，如图 4-13 所示。下面介绍双层地壳近地震波时距方程。

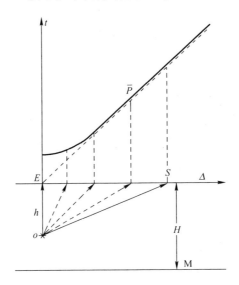

图 4-13 直达波的时距曲线

1. 直达波的时距方程

由图 4-13 中的直角三角形 EOS 得

$$\begin{cases} t_{\mathrm{Pg}} = \dfrac{1}{V_{\mathrm{Pg}}} \left(\Delta^2 + h^2 \right)^{\frac{1}{2}} \\[2mm] t_{\mathrm{Sg}} = \dfrac{1}{V_{\mathrm{Sg}}} \left(\Delta^2 + h^2 \right)^{\frac{1}{2}} \end{cases} \tag{4-9}$$

上式亦可统一写成

$$\frac{t^2}{\left(\dfrac{h}{V}\right)^2} - \frac{\Delta^2}{h^2} = 1$$

2. 康拉德界面上反射波的时距方程

在图 4-14 中，延长 EO 和 SC 交于镜像 O'，i 为入射角，由于 $\Delta OAC = \Delta O'AC$，因而，$\overline{OC} = \overline{O'C}$。反射波的射线路径全长为

$$\overline{OC} + \overline{CS} = \overline{O'C}$$

由 $\Delta O'ES$ 可知：

$$\overline{O'S}^2 = (2H - h)^2 + \Delta^2$$

所以，得 PC 和 SC 的时距方程为

$$\begin{cases} t_{PC} = \dfrac{1}{V_{PC}} \left[(2H - h)^2 + \Delta^2 \right]^{\frac{1}{2}} \\[3mm] t_{SC} = \dfrac{1}{V_{SC}} \left[(2H - h)^2 + \Delta^2 \right]^{\frac{1}{2}} \end{cases} \tag{4-10}$$

上式类同于式（4-9），也是双曲方程，据式（4-10）可得地壳厚度为

$$H = \frac{1}{2} \left(h + \sqrt{(t_c V_c)^2 - \Delta^2} \right) \tag{4-11}$$

式中：t_c 和 V_c 为相应的纵反射波或横反射波的走时和速度。反射点 C 在地面上的投影 B 到观测点 S 的距离为

$$\overline{SB} = H \tan\left(\sin^{-1} \frac{\Delta}{t_c V_c} \right) \tag{4-12}$$

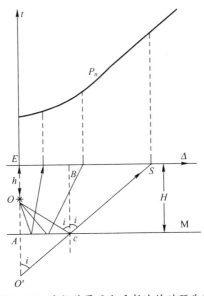

图 4-14　康拉德界面上反射波的时距曲线

3. 康拉德界面上首波的时距方程

康拉德界面上的纵波和横波速度小于界面下的速度。从花岗岩中的震源发出的直达

波，对于入射角等于临界角的射线，投于 C 面上时，C 面下的介质便发生扰动，并以大于花岗岩内的速度 V_2 沿界面向前传播，界面上的每个质点都成为新波源，引起界面上的次生振动，以花岗岩内速度 V_1 向上传播到观测点。由于 $V_2 > V_1$，所以，当大于一定震中距离时，首波会先于直达波和反射波到达探测点。

由图 4-15 可知，首波的走时为

$$t^* = \frac{\overline{OA} + \overline{BS}}{V_1} + \frac{\overline{AB}}{V_2}$$

因为

$$\overline{OA} = \frac{H-h}{\sin e_1}, \overline{BS} = \frac{H}{\sin e_1}$$

$$\overline{AB} = \Delta - \overline{O'A} - \overline{BS'} = \Delta - \frac{2H-h}{\tan e_1}$$

所以

$$t^* = \frac{\Delta}{V_2} + (2H-h)\frac{\sin e_1}{V_1} \tag{4-13}$$

若用速度表示出射角，$\cos e_1 = \dfrac{V_1}{V_2}$，则

$$t^* = \frac{\Delta}{V_2} + (2H-h)\left(\frac{1}{V_1^2} - \frac{1}{V_2^2}\right)^{\frac{1}{2}} \tag{4-14}$$

式（4-13）和式（4-14）是直线式，斜率为 $\dfrac{1}{V_2}$。因为 $V_2 > V_1$，首波的时距斜率比直达波的时距曲线斜率小，故两曲线有一交点，在相应的距离上，两波同时到达观测点。

由首波的形成可知，当震中距大于临界震中距 Δ_0 时，即 $\Delta > \Delta_0$ 时，才能形成 P^* 和 S^* 波。由图 4-15 可知，

$$\Delta_0 = \Delta - \overline{AB} = (2H-h)\cot e_1 \tag{4-15}$$

或

$$\Delta_0 = V_1(2H-h)\left(V_2^2 - V_1^2\right)^{-\frac{1}{2}} \tag{4-16}$$

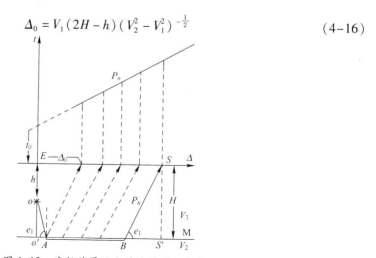

图 4-15　康拉德界面上首波的时距曲线

4. 莫霍面上首波的时距方程

如图 4-16 所示，有

$$\cos e_1 = \frac{V_1}{V_2}, \cos e_2 = \frac{V_2}{V_3}$$

即

$$\cos e_1 = \frac{V_1}{V_3}$$

由首波的射线路径可知首波的走时为

$$t_{n_1} = \frac{1}{V_1}(\overline{OA} + \overline{DS}) + \frac{2}{V_2}\overline{AB} + \frac{2}{V_2}\overline{BC}$$

式中：

$$\overline{OA} = \frac{H_1 - h}{\sin e_1}, \overline{DS} = \frac{H_1}{\sin e_1}, \overline{AB} = \frac{H_2}{\sin e_2}$$

$$\overline{BC} = \Delta - (2H_1 - h)\cot e_1 - 2H_2\cot e_2$$

经化简，变换后，得

$$t_{n_1} = \frac{\Delta}{V_3} + (2H - h)\frac{\sin e_1}{V_1} + 2H_2\frac{\sin e_2}{V_2} \tag{4-17}$$

将式（4-17）中的 $\sin e_1$ 和 $\sin e_2$ 用速度代换，化简后得

$$t_{n_1} = \frac{\Delta}{V_3} + (2H - h)\left(\frac{1}{V_1^2} - \frac{1}{V_2^2}\right)^{\frac{1}{2}} + 2H_2\left(\frac{1}{V_2^2} - \frac{1}{V_3^2}\right)^{\frac{1}{2}}$$

式（4-17）仍为一直线式，斜率为 $1/V_3$，V_3 为莫霍界面下的波速。只有当震中距大于 Δ_0 时，才有首波。由图 4-16 可知：

$$\Delta_0 = (2H_1 - h)\cot e_1 - 2H_2\cot e_2 \tag{4-18}$$

或

$$\Delta_0 = V_1(2H_1 - h)(V_2^2 - V_1^2)^{-\frac{1}{2}} + 2H_2V_2(V_3^2 - V_2^2)^{-\frac{1}{2}}$$

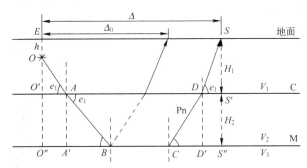

图 4-16 莫霍界面上首波的路径

5. 莫霍面上反射波的时距方程

莫霍界面上的反射波射线路径如图 4-17 所示。由图可知：

$$\frac{\cos e_1}{\cos e_2} = \frac{V_1}{V_2}$$

$$t = \frac{\overline{OA} + \overline{BS}}{V_1} + \frac{\overline{AC}}{V_2}$$

$$\Delta = \overline{O'A'} + 2\,\overline{A'C} + \overline{B'S'}$$

式中：

$$\overline{OA} = \frac{H_1 - h}{\sin e_1},\ \overline{BS} = \frac{H_1}{\sin e_1},\ \overline{AC} = \frac{H_2}{\sin e_2}$$

$$\overline{O'A'} = \frac{H_1 - h}{\tan e_1},\ \overline{A'C} = \frac{H_2}{\tan e_2},\ \overline{B'C'} = \frac{H_1}{\tan e_1}$$

所以，反射波的时距方程为

$$\begin{cases} t = \dfrac{2H_1 - h}{V_1 \sin e_1} + \dfrac{H_2}{V_2 \sin e_2} \\ \Delta = (2H - h)\cot e_1 + H_2 \cot e_2 \end{cases} \tag{4-19}$$

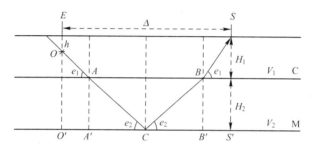

图 4-17　莫霍界面上反射波的路径

4.4　地震波探测技术

核爆炸侦察中的地震波探测主要采用地震台阵和台网的形式进行。由地震台站的地震仪记录下天然地震和核爆炸（当然也包括台站附近或远处大的化学爆炸）产生的地震波，经过地震信号的常规处理、存储、通信传输等过程，最后进行模式识别，给出震源位置、发震时刻、震级或当量、震源性质等情报信息。所以，核爆炸地震波侦察处理系统包括：（1）地震仪器、台阵与台网；（2）数据采集；（3）数据传输；（4）数据预处理；（5）地震信号处理；（6）核爆炸地震识别。本节主要介绍地震仪器、数据采集与传输，以及数据预处理等内容，关于地震信号性质识别及震源参数计算等内容将在下面章节中重点介绍。

4.4.1　地震仪、台阵与台网

1. 地震仪

地震仪只是一种监视地面震动，并以某种方式把地震波引起的地面震动（作为时间的连续函数）和非常准确的时间信号一起记录下来的仪器。第一台近代地震仪是意大利人 Filippo Cecchi 于 1875 年发明的，它可以记录东西与南北两个方向的地面运动。

在此以后，1881 年，John Milne 研制成功了熏烟记录三方向摆式地震仪。现代地震仪的核心是地震拾震器（也即传感器、检测器或检波器），它将到达地震接收台站的地震波能量转换为电压量。作为地震波——电信号的转换器，它可以检测地面运动的位移、速度或加速度。拾震器一般都定向安置在东西、南北、垂直等 3 个方向上，组成一个完整的地震观测台，同时检测地面运动的 3 个分量（即东西分量，南北分量和垂直分量）。

地震仪除了拾震器和记录系统这两个硬件部分外，还有一个很重要的特性：仪器的频率特性。拾震器——电流计系统的频率与灵敏度之间的函数关系称为该系统（即地震仪）的放大特性，也称为频率特性或响应特性，其函数关系曲线又叫频率响应曲线。数字地震仪测量得到的就是一串数字，或称之为"时间序列"，它们本身并不代表地面运动的位移、或速度、或加速度，即它们是没有量纲的。之所以有时候说某一地震仪是位移型的、或是速度型的、或是加速度型的，就是根据系统的频率响应曲线来说的，如果对应位移频段较平坦（$f < f_n$），就叫位移型，如果对应速度频段较平坦（f 与 f_n 相当），就称速度型，如果对应加速度频段较平坦（$f > f_n$），则称为加速度型。所得地震信号分别是地面运动位移、速度和加速度的反映。

我们知道，地震振幅变化范围是非常大的，然而，地球的背景噪声是可以确定测量地动信号最小幅度的下线。在频率 1 Hz 处，典型的地动位移为 1 nm，最大位移可达 1 m，说明系统的最大动态范围达 10^9。一般情况下，仅靠一种型号的地震仪不可能测量范围覆盖这么广。为了测量这种"宽频带、大动态"范围的信号，通常采用不同频响特性和不同放大增益的地震仪，组合成"宽频带、大动态"范围的地震观测系统。中国数字化地震台网（CDSN）即是这种观测系统。所以，现在使用的地震仪通常按其频响范围可分为以下几种类型：（1）短周期地震仪，在 0.1 ~ 1 s 的周期范围内具有峰值放大率。它用于监测近震和地方震的各种地震波以及远震的体波。（2）长周期地震仪，在 10 ~ 100 s 的周期范围内有峰值放大率，它主要用于面波的观测。（3）宽频带地震仪，可记录从零点几秒到几百秒周期范围内的宽频带信号，在此周期范围内，其放大增益几乎相同。（4）甚长周期地震仪，在 100 ~ 10000 s 范围内有峰值放大率，主要用于观测地球自由振荡。

目前，在世界各地分布有大约 1500 个地震台，并开展了记录、分析和国际数据交换工作。这些台站中的大多数目前仍然使用把模拟信号记录在照相纸上或用笔画在滚转的记录纸上这种相当传统的方式来记录地震图。即使采用了数字式地震仪，这种传统的地震仪也没有丢弃。所谓数字式地震仪，主要是指由产生模拟电信号的拾震器和把模拟电信号转换成相应的数字格式的模数转换器所构成的系统。数字式地震仪的优点是很容易利用数字计算机将存储的数据作进一步的处理。此外，记录的动态范围显著增大也给我们带来了许多好处，即利用同一个记录系统既能记录很大振幅的信号，又能同时记录振幅很小的信号。而且可放大记录中感兴趣的部分，滤除不希望有的频谱成分，显示地震波的质点运动图，旋转地震仪的轴到任意的方式，改变仪器和响应特性等。

2. 台阵

台阵是一种地震观测技术，叫做台阵技术。它是把一些地震计（拾震器加数据采集器）规则地分布在跨度为十几到几十千米范围内，集中记录地震信号，并采用天线阵的理论处理地震信号，通过改善检测信号信噪比来拾取掩盖在背景噪声下的远距离事件，并进行震源研究与震源近场波传播研究等[41]。

早在 1958 年 4 月，美国地球物理学家普雷斯（Frank Press）就提出用短周期地震计组成的台阵作核爆侦察的建议。同年 10 月，在日内瓦首次举行的关于用地震方法侦察地下核爆炸的技术讨论会上，专家们推荐使用小型的日内瓦型台阵，即用 10 个短周期地震仪（固有频率 $f_n = 1\,\mathrm{Hz}$）分布在 $1.5 \sim 3\,\mathrm{km}$ 的范围内，组成核爆侦察研究系统。这就是台阵系统的雏形。

到 1960 年，台阵技术已趋成熟。1960 年代初，美国建立了 4 个台阵，这是美国为全面加强地震研究以改善核爆炸地震侦察而推行的"维拉"（Vela）计划的一部分。英国型的台阵以 L 型和十字型为主，由英国在澳大利亚、加拿大、印度和苏格兰等地建立。以后，加拿大的黄刀（Yellow Knife）台阵又作了改善，采用了联机数字式数据收集系统。1965 年，美国建立了著名的拉沙（LASA）台阵，它由 31 个子台阵组成。每个子台阵又由 21 个地震仪组成。经过几次缩减，它的两个外圈子台阵已不工作，只由 13 个子台阵组成。每个子台阵包含一个三分向长周期地震仪，孔径为 80 km。1969 年，美国又建立了 ALPA 长周期地震台阵，开始为 19 个点，后减少到 7 个点，并配用 7 个新的长周期井下地震计。此后，由美国资助，在挪威、伊朗和韩国也建立了台阵，并在华盛顿附近建立了地震数据分析中心，对美国资助的世界各地台阵作联机的数据联合分析。法国有 5 个三角台阵，三角边每边长为 $20 \sim 30\,\mathrm{km}$，另外，在全国范围内还设有几个单台，它们用无线电通信系统集中到法国原子能委员会办公室（巴黎附近）。瑞士的哈格福斯（Hagfors）台阵由 3 个子台阵组成，子台阵装有速度滤波检测器，并有一个集中处理的联机系统，用作数据分析。

图 4-18 是 4 种主要类型台阵观测点的几何分布图。图中带括号的点为已经停止工作的点。NORSAR 是设在挪威的台阵。其中 YELLOWKNIFE（黄刀）台阵是典型的英国式台阵。LASA、NORSAR、HAGFORS 台阵分别绘出了子台阵的几何分布。表 4-3 给出了一些台阵的基本数据。

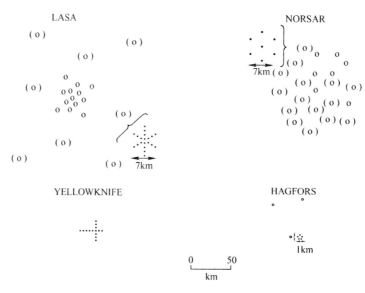

图 4-18　一些主要台阵的几何分布图[42]

表4-3 台阵情况表[42]

国名	站名	开始工作时间	坐标	基线长度/km	地震仪数量		布阵形式	记录系统	是否公布
					短周期地震仪	长周期地震仪			
澳大利亚	Warramunga	1965	19°56′39″S 134°20′27″E	20	20		交叉阵	A型	否
巴西	Brasilia	1970	15°50′28″S 47°49′12″W	20	17		交叉阵	A型	否
加拿大	Yellowknife	1963	62°29′34″N 114°36′16″W	20	19	3	交叉阵	D或A型	是
芬兰	Jyviskyla	1976	62°N 25°E	90	8		三角阵	D	
法国	CEA	1974		500	20		5个三角阵组成的网	A型	是
德国	Grafenberg	1975	49°41′31″N 11°12′18″E	10	9	3	三角阵	D或A型	是
印度	Gauribidanur	1965	13°36′15″N 77°26′10″E	10	10	3	交叉阵	A型	是
伊朗	ILPA	1976	德黑兰西南50 km	40		7	六边形阵	D	
挪威	NORSAR (original)	1971	60°49′25″N 10°49′56″E	110	132	22		D	是
	NORSAR (reduced)	1976	60°49′25″N 10°49′56″E	50	492	7		D	是
南朝鲜	KSRS	1976	汉城东90 km	40（长周期地震仪）	19	7	六边形阵	D	
瑞典	Hagfors	1969	60°08′03″N 13°41′44″E	40	15	3		D或A型	是
英国	Eskedalemuir	1962	55°19′59″N 3°09′33″W	20	22		交叉阵	A型	是
美国	LASA (original)	1965	46°41′19″N 106°13′20″W	200	525	21		D型	是
	LASA (reduced)	1974	46°41′19″N 106°13′20″W	80	180	13		D型	是
	ALPA (original)	1969	64°53′58″N 148°00′20″W	80		19	十二边形阵	D型	否
	ALPA (reduced)	1976	64°53′58″N 148°00′20″W	40		7	六边形阵	D型	

图中各点按跨度成比例绘成，LASA、NORSAR、HAGFORS给出了子台阵中点的几何分布形状。

3. 台网

台网是指将分布在不同国家或同一国家的不同地区的地震台站的地震资料集中起来分析处理和解释，即将这些台站联成网络。这些台站的资料可以采用人工传递，也可以通过邮递。现在的数字化地震台网则采用无线通信方式（如卫星通信）或因特网（Internet）传送到中心台站。

从台网的构成来看，可分为两种台网类型：一是物理台网（physical station network），二是虚拟台网（virtual station network）。所谓物理台网（通常是地方台网），是由紧密连接的远程地震台站构成，远程台站向中心记录站实时发送测量数据，以供事件检测和记录。这类台网包括过去的模拟系统，也包括现在的数字系统。而虚拟台网是由连接到全球通信网络或公共电话系统的许多地震台站中的一些选定台站构成。其中的台站可能是一个物理台网的中心记录站，它们必须能进行事件检测和记录。

从 1961 年起，美国海岸与大地测量局（USC&GS）建立了一个世界标准台网（WWSSN：World – Wide Standardized Seismograph Network），共有 125 个台站。这是一个全球性的地震台网，分布在 60 个国家，由阿尔伯克基地震实验室（ASL）负责安装和维护，于 1967 年完成。世界标准台网由于是采用照相记录，对核爆炸的实时侦察起不到作用，但是对于事件发生后的精确定位、当量（炸药量）的估计，是十分有用的。

1970 年以来，随着微电子技术和计算机技术在地震科学中的广泛应用，地震学家开始考虑在全球范围内进行地下核试验的准实时监测的可能性。联合国裁军谈判委员会（CD：Conference on Disarmament）1976 年成立的"审议关于检测和识别地震事件的国际合作措施特设科学专家组（Group of Scientific Experts，GSE）"于 1984 年组织了第一次全球地震核查试验（GSETT – I），1988 – 1992 年又组织进行了第二次全球地震核查试验（GSETT – Ⅱ）。GSE 的第三次技术试验（GSETT – Ⅲ）从 1995 年 1 月开始，原计划进行一年，后改为无限期延续下去，以便 GSE 可不断完善其试验性国际地震监测系统（ISMS：International Seismic Monitoring System），ISMS 就是 CTBT 国际监测系统（IMS：International Monitoring System）中的地震监测台网（见图 4-19）。IMS 包括 50 个指定的基本台（又称 Alpha 台），它们多为台阵，连续地将近实时地震波形数据传送到维也纳的国际数据中心（IDC：International Data Center），用于检测并定位全部地震事件。还有 120 个辅助台（也叫 Beta 台），它们根据请求才向 IDC 提供波形数据段，以使检测出来的地震事件定位更加精确。

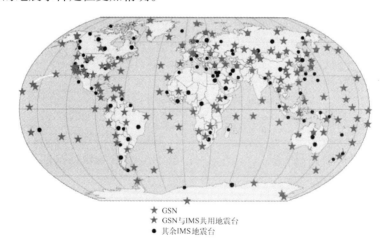

★ GSN
★ GSN与IMS共用地震台
● 其余IMS地震台

图 4-19　国际地震监测系统中的台站分布图（引自 www. iris. washington. edu）

我国于 1991 年参加了第二次全球地震核查试验，1992 年，中国的 GSE 系统并入中国数字化地震台网（CDSN）。中国数字化地震台网的地震台站用短周期（SP），宽频带（BB），长周期（LP），甚长周期（VLP）4 种相互搭配的频段组合成宽频带记录，并采用了可控增益数字记录，达到了120dB的动态范围，是进行宽频带、大动态范围地震观测的台站。全国共有这样的台站9个，组成了中国数字化地震台网。

除了CDSN外，许多省市为了监视和研究地震工作的需要，建立了一些区域性地震台网。1966年邢台地震后，筹建了北京地区电信传输地震台网，至今已发展为一个跨度达300~400km，具有20多个观测点和一整套实时和非实时处理功能的完整的区域性地震观测网。1976年唐山地震后，又在云南、甘肃、辽宁、四川和上海等地建立了类似的区域台网，它们主要以监视网内小地震为目的。陕西省以子午台为基准台，也建立了相应的省内数字台网，接收中心设在陕西省地震局的台网办公室，由无线电通信传输数据。

区域台网与台阵相比有很多不同之处，其中主要有两方面：一是地震台网往往建在地震活动区，这些地区一般来说地下结构很复杂；二是地震台网的空间排列不规则，这种不规则的台阵响应模型对远震波形的分辨率很差，不能照搬规则台阵中的方法。

4.4.2 数据获取及预处理

1. 数据采集

一个典型的地震观测台站主要有3个功能：（1）记录由远震和近震（包括地下核爆炸）引起的当地的地面运动；（2）储存和解释地震图；（3）传播数据，即将地震数据传到数据处理中心。一个装备良好的地震台，可记录局部地表运动的垂直分量和两个水平分量（一般为NS和EW，即南北方向和东西方向），并且每个分量还有几种频带不同的仪器，可覆盖地震波信号的宽频带和大动态。若地震台处于地震活动区，通常还要加设一个低灵敏度的强震仪，以便能监测强烈的地方震。认真选择好地震台的台址（流动地震观测站选址也一样）是很重要的。由于松软的地表很容易导致像倾斜这一类的外来的地方性"噪声"，所以，一般都把地震仪装设在远离文化活动区的坚硬岩石基础上。由于天然地震和地下核爆炸发生的时间事先是不知道的（当然，作核试验的人员除外），故绝大多数地震仪是连续工作的，或装有触发装置，多半都有"预事件"记忆装置（即时刻都储存几分钟或更长时间前一段时间的地震信号）。

我们采集的地震波信号，一部分来源于自己建立的流动地震台站，其余大部分是从各地震台站获取。从地震台站获取数据的途径为：（1）通过与地方地震台联网获取地震数据；（2）到国家地震数据中心去获取所需数据；（3）通过因特网去国际地震数据中心获取数据。

2. 数据传输

随着通信技术的发展，在地震观测中，数据传输似乎是一件不太起眼的技术工作。然而，如果选择或者设计数据传输能力不当，往往会导致传输技术故障频繁出现。目前，在地震台阵或台网中，往往可以选择有线或者无线传输方式，但其中的关键是数据传输信道的稳定性和数据传输的质量。例如，在国际监测系统中，台阵内阵元到数据中心处理单元的传输往往为光纤通信或者无线传输；而台阵到国际数据中心的数据传输基本依靠卫星通信。

3. 数据的预处理

数据预处理是一个相对的概念，它是相对正式的数据处理而言，在作各种有利数据解释的信号分析处理之前所作的一些辅助性的、有时候又是必不可少的处理。那么，什么样的数据处理才算是预处理呢？不同的研究目的是不一样的。如地震勘探中所作的多路解编和振幅控制就属于数据预处理范畴。对于地下核爆炸侦察来说，对采样数据进行修正（如趋势消除、滤波等）等都应属于数据预处理的内容。

4.5　核爆炸地震波信号的综合处理

作为地震信号（指地震台站接收到的地震信号）的常规处理，其目的是地震事件基本参数的测定：定出震源位置（经度、纬度、深度）、发震时刻和震级的大小。

地震基本参数的测定方法很多，但都是地震波运动学特征研究结果的应用。在这些方法中，都要用到地震走时表和各种震相的到时。所以，要学习测定方法，首先要了解各种震相的识别方法，进而掌握走时表的编制原理和使用方法，这一切都是地震学的基本理论和基本方法技术。其中，震相的识别还是一门经验性很强的"学问"，有关这方面的工作，是地震台站的基本工作。鉴于核爆炸地震模式识别的目的是识别地下核爆炸地震和天然地震，地震基本参数的测定不是主要目的，读者如果感兴趣，可参阅有关地震学的专门著作。

4.5.1　地震事件的检测

把核爆炸或天然地震事件信号从背景噪声中提取出来，就是事件的检测，也即有用信号的检测。事件检测的方法有多种，其检测性能的优劣主要取决于对噪声特性的了解。如果对噪声和信号的频谱特性有较好的了解，通过滤波方法就可以消除噪声干扰，提高地震波信号的信噪比，有利于事件检测的判定。事件检测可以在单个地震台上进行，也可以用台阵的方法检测。

1. 单地震台的信号检测方法

（1）短周期信号与长周期信号平均功率比的方法。即将用短周期地震仪测量所得的地震信号的平均功率与用长周期地震仪所测得的地震信号的平均功率相比，当比值大于一定值（阈值）后就可判定事件发生了。所测量的信号就是我们感兴趣的有用信号，也即事件。

（2）窄带或带通滤波法。通过滤波抑制噪声，提高信噪比，然后看是否存在有用信号。

（3）波形滤波法。将已知的波形信号与待检测波形作互相关，从而检测出信号的方法。

（4）噪声压缩滤波——预测滤波。采用过去的或已经测到的地动噪声的特性，并假设这种噪声是一个平稳或准平稳随机过程，然后作最小预测误差的滤波，进而从噪声中提取信号。实际上，还可以用自适应滤波法构制的陷波器把噪声中的最大功率成分滤掉，陷波频率取噪声的峰值频率。

（5）极性滤波法。利用地震波和噪声振动极性的不同可以滤去噪声，增大信噪比。

（6）用小波包分解进行滤波。通过小波包变换将信号分解为位于不同频带和时段内的成分。假定在时间$[t_1, t_2]$之间存在频率范围在$[\omega_1^{(n)}, \omega_2^{(n)}]$之间的干扰，则将时间从$t_1 \sim t_2$之间的小波包变换系数置为0，然后按恢复公式对信号进行重构，就可以达到消除干扰的目的。

2. 台阵的信号检测方法

台阵的检测方法主要是射线成形和速度滤波两种方法[42]。射线成形适用于大、中型台阵，速度滤波适用于小型台阵。

（1）射线成形法。基于远处传来的地震波通过地震台阵传播时各观测点接收到的波形具有相似的特点，假定各观测点上的噪声不相关，将N个观测点的信号作适当延迟后叠加，将使信噪比增加N倍，这种方法称为射线成形。叠加求和的结果就叫射线，延迟的过程叫聚焦过程。LASA、NORSAR台阵常常使用延迟叠加。对于中型台阵，如加拿大的YELLOWKNIFE台阵，为了提高检测能力，常常用调相波形的互相关响应方法，这种互相关能提高主瓣的尖锐度，抑制旁瓣，从而大大提高检测能力。

（2）速度滤波法。由于小型台阵的测点太近，短周期噪声也具有相关性，因此不能采用射线成形方法，而要采用速度滤波法，即利用地震波传播速度的差别来压制干扰的方法。速度滤波法就是利用传播至台阵的远震波速度比噪声波速度快得多的特点（前者约为$10\,\text{km/s}$，后者约为$3\,\text{km/s}$），对各个探测点的信号进行滤波和整流，以提高信噪比。以哈格福斯（Hagfors）台阵所用速度滤波法为例。如图4-20所示，图中每道信号经过滤波和整流，又经过15 s时间窗的长时间积分，得到长时间平均值（Long Time Average，LTA）。当信号与LTA之比大于某一阈值时便输出一脉冲。各道信号的脉冲汇集到符合单元内。当这些脉冲的占有时间不小于某一值时就认为有地震事件信号存在[42]。

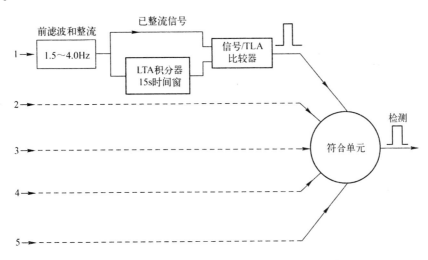

图4-20　哈格福斯台阵的速度滤波器方框图[42]

3. 初至点检测

初至点是指地震波在地震记录上的起始位置，也叫初动点或初动时间（Onset Time）。对于地下核爆炸而言，爆炸点周围受到的是一个强大的压力脉冲，在台站记录到的向上或向下的尖脉冲叫做初动；对天然地震来说，记录纸上也有一个很快的向上或向下的脉冲，这个脉冲就是事件的初至点。在初至点后，可以明显地从地震图上看出地震事件已经出现，其标志是记录的信号振幅增加。由于地球内部结构的复杂性，导致到达接收台站的地震波已经不是简单的直达波，而是经过反射、折射、绕射等多次发生变化的波，存在各种震相。这就为人工解析地震图（Anatomy of Seismograms）带来了更多的麻烦。

在核爆炸地震的自动识别中，对地震信号初至点的自动检测是核爆炸探测系统涉及的一个重要问题。在大部分时间里，核爆炸探测系统中的各类信号采集装置接收和采集的只是一些随机噪声信号。对于识别系统来说，地震记录中的噪声信号并没有任何实际意义，核爆炸地震模式识别系统真正关心的是由各种事件（核爆或其他自然现象）产生出来的地震信号。如果不进行初至点检测，直接将地震信号送入后续模式识别系统，将给后续系统带来很大负担；同时，由于信号的特征提取过程对于信号的起始点位置比较敏感，为了保证特征提取的准确一致性，信号的初至点检测必须做到尽可能准确。因此，在完成事件检测之后，还要对初至点位置进行检测。

目前，对地震波初至点的分析主要有两类方法：一类是人工判读法，即由人从地震相图上依靠经验直接判读；另一类是计算机自动判读法。人工判读初至点有其固有的缺陷：一是判读精度不高，不同的人判读的初至点位置很可能不一样，这对整个波群作波形分析和特征提取是有影响的；二是需要有丰富的判读经验，因而它限制了对地震事件和核爆炸事件的进一步研究。

在计算机自动判读法中，又可分为两类：一类是根据单通道信号进行初至点检测；另一类计算机自动判读法是基于二分向或三分向数据记录的初至点检测方法。

在核爆炸地震识别系统中，由于我们得到的已有数据记录往往是单通道的，因此，我们有必要研究基于单通道信号的初至点检测方法。下面介绍我们提出的一种基于小波包分解及 AR 模型的地震波信号初至点检测方法[29]。采用 AR 模型进行初至点检测方法的一个重要假设前提是：当事件信号到达时，地震波记录信号的幅值和能量将会发生一个大幅度的跳动。因此，建立起 AR 模型后，依靠 AR 模型预测下一点的噪声数值，若实际测量信号的幅度与预测的幅度之比的绝对值大于某一触发值 RAT，且归一化的均方差小于某常数 NVAR 时，则可判定该点为初动点到达时刻。使用 AR 模型检测方法对地震波记录进行信号初至点检测的实验结果表明：通常情况下，AR 模型初至点检测阈值 RAT 选定为 1.7，NVAR 取值为 0.4 时，AR 模型初至点检测的效果比较理想，其检测的结果与人工判读结果基本一致。其基本算法流程如下：

（1）从采样数据 $s(t)$ 中取一段大地噪声信号，设其持续时间为 t_1，长度为 L_1。

（2）对采样信号 $s(t)$ 进行归一化：$s(t) = s(t)/\sigma_x$，其中 σ_x 为信号的标准差。

（3）对信号 $s(t)$ 进行三层小波包分解，其分解结构如图 4-21 所示。

图 4-21 中 (i,j) 表示第 i 层小波包分解的第 j 个结点，每个结点都代表一定的信号特征。其中，$(0,0)$ 结点代表原始信号 S，$(1,0)$ 代表小波包分解的第一层低频系数 X_{10}，$(1,1)$ 为小波包分解第一层的高频系数 X_{11}，$(3,0)$ 表示第三层第 0 个结点的系数，其他依此类推。

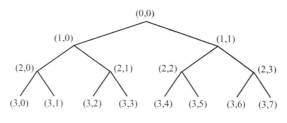

图 4-21　小波包三层分解树结构

（4）对小波包分解系数进行重构，提取第三层各频带范围的重构信号。以 S_{30} 表示 X_{30} 的重构信号，S_{31} 表示 X_{31} 的重构信号，其他依此类推。总信号可以表示为

$$S = S_{30} + S_{31} + S_{32} + S_{33} + S_{34} + S_{35} + S_{36} + S_{37}$$

式中：S_{30} 表示信号中最低频率成分：$0 \sim 0.125\ \mathrm{Hz}$；$S_{37}$ 表示信号中最高频率成分：$0.875 \sim 1\ \mathrm{Hz}$。

（5）根据 S_{30} 中的前 L_1 点数据，即 240 个点，建立 AR 噪声模型，并抽取出 S_{30} 中的 L_1 个点以后的资料记为 Y_{30}，对 Y_{30} 进行方差归一化，并使用 AR 模型方法进行信号初至点检测，阈值 RAT 和 NVAR 选定为 1.7 和 0.4，得到此频段信号初至点位置 Z_0。

（6）以步骤（5）中的同样方法在其他各个频段重构信号中抽取出 $Y_{31}, Y_{32}, \cdots, Y_{37}$，并求取信号的各频段信号初至点位置 $Z_1, Z_2, \cdots, Z_7$。

（7）求出采样信号 $s(t)$ 的初至点位置：$Z = \underset{j=0}{\overset{7}{\mathrm{Min}}}(Z_j)$。

4.5.2　地下核爆炸的当量计算[40]

1. 地下核爆炸的震级计算

地下核爆炸的震级表示震源释放能量的大小，在天然地震中，震源释放的能量是难以直接测量的。震源的能量大都是通过观测震源以弹性波的形式传到地表的地震波在地震图上产生的震级来推算的。震级是表征地震强弱的量度，是地震的基本参数，可用地震波最大位移和相应的周期来算。因此要计算核爆炸的当量，首先需要计算核爆炸产生的震级。常用的震级有近震震级、面波震级、体波震级、震动持续时间震级等。此外，对于巨大地震，还有矩震级和谱震级等。这里仅对近震震级、体波震级和面波震级进行介绍。其他震级计算可参考相关书籍[43]。

1）近震震级

近震震级是由美国科学家里克特在 20 世纪 30 年代提出。当时，他通过对美国加利福尼亚州地震的研究发现，对于同一地点的两次大小不同的地震，用伍德—安德森标准地震仪（周期 $T = 0.8\ \mathrm{s}$，阻尼 $D = 0.8$，放大倍数为 2800 倍）进行记录，在不同地点的各台记录到这两次地震的水平向最大振幅比为一常数，且该比值与震中距无关，即：

$$\frac{B_1}{B_1'} = \frac{B_2}{B_2'} = \cdots = \frac{B_n}{B_n'}$$

式中：$B_1, B_2, \cdots, B_n$ 为第一次地震时各台记录的两水平向最大振幅的算术平均值；$B_1', B_2', \cdots, B_n'$ 为第二次地震时各台记录的两水平向最大振幅的算术平均值。对上式取对数，得

$$\lg B_1 - \lg B_1' = \lg B_2 - \lg B_2' = \cdots = \lg B_n - \lg B_n'$$

从上式同样可以得出结论：各台记录的振幅的对数之差，仍然是不随距离改变的常数。据此，里克特提出了近震震级计算公式，即：

$$M_L = \lg B - \lg B_0 \qquad (4-20)$$

式中：M_L 为近震震级，也称里氏震级；B 为地震记录的最大振幅，是该地震记录两水平方向振幅的最大算术平均值，单位为 mm；$\lg B_0$ 为震中距函数，是零级地震在不同震中距处的振幅对数值，称之为起算函数。

里克特对零级地震的规定为：用伍德—安德森标准地震仪记录地震，在震中距为 100km 处记录，如果记录的最大振幅 $B = 1\ \mu m$，那么，该次地震为零级地震，对应的 $-\lg B_0$ 为起算函数。显然，$-\lg B_0$ 随震中距的不同而变化。

里氏震级适用于伍德—安德森标准地震仪，显然存在一定局限性。1959 年，我国地震学家李善邦将公式（4-20）写成了一般形式，并结合我国台网短周期地震仪和中长周期地震仪，建立了起算函数 $R(\Delta)$。其一般形式的里氏震级计算公式为

$$M_L = \lg A_\mu + R(\Delta)$$

式中：A_μ 为以 μm 为单位的地动位移，是两水平向最大振幅的算术平均值；$R(\Delta)$ 为推广后的起算函数，其物理意义为校准地震波随距离的衰减，它与 $-\lg B_0$ 有关，是震中距的函数。

2）面波震级

利用面波最大振幅测定的震级称为面波震级，用 M_S 表示。面波震级主要用来测定浅源远震的震级，其最早是在 1945 年由古登堡提出，实质上是里氏震级在远震上的推广，其计算公式为

$$M_S = \lg A_{Hmax} + 1.656\lg\Delta + 1.818 \qquad 15° < \Delta < 130°$$

式中：A_{Hmax} 为面波水平向最大地动位移，单位为 μm。鉴于上式的局限性，1966 年，我国开始使用郭履灿等人提出的面波震级公式，即

$$M_S = \lg (A/T)_{max} + \sigma(\Delta) + C$$

式中：A 为面波水平向最大地动位移，它是同一时刻两水平分量地动位移的矢量和，单位为 μm；T 为最大振幅对应的周期；$\sigma(\Delta)$ 为面波起算函数，也称面波震级的量规函数；C 为台站校正值。测定 $\sigma(\Delta)$，我国以白家疃地震台为基准台。

3）体波震级

利用体波最大振幅测定的震级称为体波震级。体波震级有利用短周期地震仪测定的体波震级 m_b 和长周期地震仪测定的体波震级 m_B。m_b 是用周期为 1s 左右的地震体波振幅来度量地震的大小；m_B 是用周期为 5s 左右的地震体波振幅来度量地震的大小。因此，m_b 和 m_B 对于不同频段的地震波位移谱分别进行震级测量，但两者均用 1956 年古登堡提出的体波震级计算公式，即

$$m = \lg (A/T)_{max} + Q(\Delta, h) + C$$

式中：A 为体波垂直向最大地动位移，也可为同一时刻两水平分量地动位移的矢量和，单位为 μm；T 为最大振幅对应的周期，单位为 s；$Q(\Delta, h)$ 为起算函数，C 为台站校正值。

2. 地震波的能量

地下核爆炸释放的能量一部分用于汽化和液化爆室周围的岩石介质。只有一部分能量用于形成强应力波。强应力波对岩石介质作压缩功,使岩石介质的孔隙、裂隙压实,耗费掉一部分能量,最后形成弹性波并以地震波的形式向远距离传播。因此,地下核爆炸用于形成地震波的能量只占爆炸总能量的一少部分。我们将爆炸转换为地震波的能量 E 与爆炸总能量 Q 之比 $\eta = E/Q$ 定义为地震能量转换系数。对于封闭式地下核爆炸,地震波的能量转换系数与爆炸的岩石性质有关,在干软岩中爆炸地震波能量转换系数较小,而在湿硬岩介质中爆炸地震波能量转换系数较大。但从总的实测情况来看,地震波的能量转换系数不超过 5%。

通过大量资料统计,可得到面波震级 M_s 与地震波能量 E 的关系近似为

$$\lg E = 11.8 + 1.5 M_s$$

式中:E 为以弹性波形式释放出来的能量,单位为 10^{-7}J。从上式可以看出,面波震级每增加一级,相当于能量大约增加 30 倍。

面波震级 M_s 与里氏体波震级 M 的关系为

$$M_s = 1.13M - 1.08$$

可以得出体波震级与地震能量的关系,即

$$\lg E = 10.18 + 1.695M$$

在表 4-4 中给出了不同试验的震级及地震能量转换系数。从表中可以看出,爆炸的岩石介质性质不同,爆炸转换成地震波的能量系数也不相同。在干硬岩(石灰岩、花岗岩)中,爆炸转换成地震能量要比湿硬岩(花岗岩、砂岩)中爆炸小一个量级。因此,爆炸产生的震级也有差别。在干软岩(冲积土、凝灰岩)中与干硬岩中爆炸的地震能量转换系数和震级差别更大。例如,在干硬岩中爆炸,体波震级 4 级相当于 1 kt 的爆炸,而在冲积土中的爆炸,体波震级 4 级则相当于一个 10 kt 的爆炸。

表 4-4 不同爆炸的震级和能量转换关系

岩石介质	爆炸当量/kt	体波震级 M	面波震级 M_s	$\eta/\%$
干石灰岩	7	4.67	4.20	0.42
干花岗岩	3	4.31	3.79	0.24
湿花岗岩	15	5.45	5.08	4.4

3. 核爆炸当量的估算

对于地下核爆炸,由于震源的释放能量是已知的,因此采用与天然地震相同的方法,通过多次地下核试验观测可以较精确地确定爆炸当量与震级的关系。由于震级与地震波能量 E 有相应的关系,爆炸转换为地震波的能量 E 与爆炸总能量 Q 又有一定的关系,因此,可用震级估算地下核爆炸当量。估算公式采用罗尼(C. F. Romney)公式,即

$$M = \lg Q + 3.65$$

式中:Q 为爆炸当量(kt);

M 为里克特体波震级,它是由实测位移幅值 A 和周期 T 确定的,即

$$M = \lg (A/T)_{\max} + \sigma(\Delta, h) + C$$

式中：$\sigma(\Delta,h)$ 为与距震源的距离和震源的深度有关的校正项；C 为台站校正项；Δ 为震中距（°）；h 为震源深度（km）。

将里克特体波震级 M 换算成国际统一震级 m 的关系为

$$m = 0.63M + 2.5$$

4. 岩石介质的性质对当量计算的影响

地下核爆炸的震级除与爆炸当量有关外，还与地下核爆炸处的岩石介质有很大的关系。经大量分析计算可以得出[40]，在干硬岩介质中体波震级与爆炸当量的关系近似为

$$M = 0.815\lg Q + 3.88$$

在干冲积土中，体波震级与当量的关系近似为

$$M = 0.815\lg Q + 2.9$$

式中：Q 为爆炸当量（kt）。

上面公式中常数项的不同主要是由于岩石介质的性质不同造成的。在干岩石介质中，岩石的孔隙、裂隙没有被水充填，当应力波使岩石介质加载时，对岩石介质做压缩功，使岩石介质的孔隙、裂隙压实，消耗了部分能量。因此，用于形成地震波的能量减少。而在湿岩石介质中，岩石的孔隙、裂隙均被水充满，当应力波加载时，岩石介质的孔隙、裂隙不可能被压实，所以应力波对湿岩石介质做压缩功少，耗费的能量也少。因此，在湿岩石介质中爆炸用于形成地震波的能量比干岩石介质要多。对干软岩介质，其孔隙度要比干硬岩大得多，一般要比干硬岩介质高百分之几十。因此，在干软岩中应力波做压缩功消耗的能量比干硬岩介质要大，故在干软岩介质中爆炸用于形成地震波的能量最少。

以上的当量计算公式均为估算，要想精确获得核爆炸的当量，除需要利用已知当量的核爆炸数据建立核爆炸震级与当量之间的关系外，其系统误差造成当量估计的不准确性，需要通过对核试验场地进行标定来减小。系统误差的减小，不仅需要已知核试验场地质构造等地球物理数据，而且需要掌握足够多的观测数据，进而用建模分析等手段来实现。

5. 爆室大小对震级的影响

美国 20 世纪 60 年代在盐岩介质中进行了大当量的核爆炸与化学爆炸试验，其目的是研究利用地下空腔进行解耦爆炸，即利用地下的一个大洞穴作爆室，使爆炸产生的初压较低，因此，爆炸耦合到洞穴周围岩石介质中的能量减少，形成地震波的能量大大减少，甚至在较远的距离内测不到地震信号。他们的研究结果表明半径 50 m 的洞穴可以完全捂住一个 5 kt 的地下爆炸。从辐射流体力学或球爆炸、点爆炸数值计算结果可以得到，在半径 50 m 的爆室内 5kt 当量的爆炸，在爆室壁上的入射压力仅有 1.60×10^4 kPa，比化学爆炸的初始压力还低得多。因此，在较远的距离上不易探测到。

从以上分析可以看出，利用地下大洞穴做到完全解耦爆炸是可能的。但在地下建造如此巨大的洞穴不但工程巨大，而且存在许多困难。如果利用地下一个适当大的爆室来降低地下爆炸在爆室内产生的初始压力，从而减少地下爆炸耦合到岩石介质中形成地震波的能量是有可能的。因此，利用大爆室降低爆炸耦合到岩石介质中的能量，使爆炸产生的震级降低是完全可能的。

4.5.3 地下核爆炸的爆炸零时计算

爆炸零时是指核武器在地下爆室发生爆炸的时刻，在地震学术语中，发震时刻是指地震发生的时刻。因此，从地震波测定的角度来说，发震时刻即为爆炸零时。发震时刻的计算在地震分析中非常成熟，常用的方法有走时表法和和达直线法。

1. 走时表法计算发震时刻

利用走时表法计算发震时刻的公式为

$$发震时刻 = 初至震相的到时 - 初至震相的走时$$

式中：初至震相的到时可从地震记录图上直接获取，但在信噪比较差情况下，初至震相的到时就无法直接读取，这时就可利用地震波事件初至计算方法来实现，地震波初至点的拾取有基于地震波单分量数据的初至计算方法，例如，前面介绍的基于小波包及 AR 模型的初至点检测方法；也有基于三分量数据的初至点检测方法，例如，刘希强等人在对地震三分向记录信号进行多尺度分解基础上，利用原始信号小波变换系数进行偏振分析的思想来提取初至[44]。

初至震相的走时值可用 S 波的到时 T_S 与 P 波的到时 T_P 之间的时间差通过查询走时表获得。为了减小误差，通常将各台定出的发震时刻取均值，作为最终发震时刻值。

2. 和达直线法计算发震时刻

和达直线法适用于利于区域台网资料测定地方震及近震的发震时刻，其原理方程为

$$T_P = (T_S - T_P)/(k - 1) + T_0$$

式中：T_P 和 T_S 分别为 P 波和 S 波的到时；T_0 为发震时刻；k 为波速比（$k = v_P/v_S$）。和达直线法的含义为；波的到时差 $T_S - T_P$ 与初至波到时 T_P 呈线性关系，由它们构成的直线斜率为 k，直线在 T_P 轴上的截距为发震时刻 T_0。

从上式可以看出，和达直线法不仅可以求发震时刻，还可以计算波速比。使用该方法时应当注意，该方法的核心是最小二乘原理，因此，计算时需要保证一定的数据量，通常要求至少 4 个以上地震台的资料方可实施。

4.5.4 地下核爆炸源位置计算

震源位置确定的常用方法有方位角法、交切法、双曲线法、走时方程求解法、扫描法、波阵面法、球面三角法、球极平面法等[43]，此外还可利用优化方法进行搜索优化定位。本节仅对前 4 种方法进行介绍，其他方法请参考文献 [43] 相关内容。

1. 方位角法定位

方位角法定位的原理是根据纵波初动确定震中方位角，根据震相到时（走时表等）确定震中距，根据震中距及方位角确定震中位置。

当有一个以上地震台获得了初动清晰、P 波与 S 波震相准确的地震记录时，可以使用该方法确定震中位置。由于该方法涉及到 P 波与 S 波到时、P 波初动、走时表等因素，因此，震相不准确、初动不清晰、走时表不适宜等均会给定位带来误差。

2. 交切法定位

在直角坐标系中，若震中点坐标为 (x, y)，台站点坐标为 (x_i, y_i)，则针对任意一个台站，其满足以下关系：

$$\Delta_i = \left[(x - x_i)^2 + (y - y_i)^2 \right]^{1/2}$$

两边平方后得

$$\Delta_i^2 = (x - x_i)^2 + (y - y_i)^2$$

显然，这是一个圆的方程，震中点满足该方程。也就是说，震中点在以台站点坐标 (x_i, y_i) 为圆心，震中距 Δ_i 为半径的圆周上。若有 3 个以上台站的地震数据，显然可以获得 3 个圆周线，其圆周线的交汇点即为震中。

该方法的前提是获得各震中点到各台站的震中距，而震中距可通过走时表法得到，因此，交切法的前提是获得 3 个以上地震台的 P 波与 S 波到时，以及适宜的走时表。其优点是可直接在 1∶200 万的台网布局图上进行定位，且速度快，较准确。

3. 双曲线法定位

该方法适用于确定震中点在区域台网内或者台网边缘的地震。设 T_1、T_2 分别为某种地震波到达两个台站的时刻，v_P 为该波的波速，Δ_1、Δ_2 分别为两个台站的待定震中距。可建立方程如下：

$$\Delta_1 - \Delta_2 = (T_1 - T_2) \cdot v_P$$

式中：右端为一常数，到两个固定台站的距离差为一常数的动点的几何轨迹是双曲线，且双曲线的焦点分别对应两个台站。若再有两个台站的地震波到时，则获得同样的方程，又可形成一条双曲线，两条双曲线的交点即为震中点。

4. 走时方程求解法

设 (x, y, h) 为震源在直角坐标系中的坐标，v_φ 为虚波速度，(x_i, y_i) 为第 i 个地震台在直角坐标系下的坐标，$T_S - T_P$ 为各台记录的 S 波和 P 波的到时差。利用 4.3.2 节中地震波传播的基本理论，可建立直达波的走时方程，即

$$(x - x_i)^2 + (y - y_i)^2 + h^2 = \left[v_\varphi (T_S - T_P) \right]^2$$

式中：x、y、h 及 v_φ 均为待求未知数。

若有 4 个以上地震台站记录到了同一次地震，将每一次地震记录带入到上式中，则可得到同一地震的方程组，对该方程组进行求解，便可确定震源位置。

在实际应用过程中，由于实测数据的误差是不可避免的，为准确获得震源位置，可将对方程的求解分为两步：第一步为粗定位，其过程是对该方程组（一般情况下为超定方程组）进行求解；第二步是利用 Geiger 修定法对粗定位的结果进行修定。Geiger 修定法的基本思路为：给定一个理论上的震源模型，并利用该模型计算出一个理论走时值（通常是 P 波），将此理论走时值与实际观测到的走时值进行对比，如果其差值符合误差要求的阈值，则将该理论震源模型作为此次地震的真实震源参数；如果理论走时值与实际走时值的误差大于误差精度要求，则对理论上的震源模型进行修定，并以修定后的理论震源模型作为新的震源模型，重复以上过程，直到理论走时与实际走时之差小于误差要求的阈值为止。

Geiger 修定法获得震源参数的具体做法[43]如下：

第 1 步：由初定震源参数得出初定模型 (x_0, y_0, h_0, T_0)，将其作为理论模型，它是由大量的实测资料得到的，由它计算得到理论到时，即

$$T_i(x_0, y_0, h_0, T_0) = \frac{\sqrt{(x - x_0)^2 + (y - y_0)^2 + (h - h_0)^2}}{v} + T_0 \qquad (4-21)$$

102

第 2 步：x、y、h、T 是要求出的真实震源参数，设定真实解与初定的震源参数足够接近，则由泰勒展开式得

$$
\begin{aligned}
\tau_i(x,y,h,T) = \tau_i(x_0,y_0,h_0,T_0) + \frac{\partial \tau_i}{\partial x}\bigg|_{(x_0,y_0,h_0,T_0)} \cdot \delta x \\
+ \frac{\partial \tau_i}{\partial y}\bigg|_{(x_0,y_0,h_0,T_0)} \cdot \delta y + \frac{\partial \tau_i}{\partial h}\bigg|_{(x_0,y_0,h_0,T_0)} \cdot \delta h + \frac{\partial \tau_i}{\partial T}\bigg|_{(x_0,y_0,h_0,T_0)} \cdot \delta T + e_i \\
i = 1,2,\cdots n
\end{aligned}
\tag{4-22}
$$

式中：$\tau_i(x,y,h,T)$ 是真实到时，由数据处理知识，对于实际观测的物体来讲，其真实值就是观测值与误差值之和，即算术平均值可作为真实值，在这里认为 $\tau_i(x,y,h,T)$ 为真实到时，实际上就是观测值；e_i 为截断误差；实际上可以认为，误差项 $\delta x = x - x_0$、$\delta y = y - y_0$、$\delta h = h - h_0$、$\delta T = T - T_0$ 为观测值与理论值之差，即增量，当 δx、δy、δh 和 δT 小到一定程度（或小于 ε）时，则认为 $x \approx x_0$、$y \approx y_0$、$h \approx h_0$、$T \approx T_0$，即 x_0、y_0、h_0、T_0 为所求震源参数。

第 3 步：观测到时与由初定震源参数计算的理论到时之差称为残差，在这有

$$
\begin{aligned}
R &= \tau_i(x,y,h,T) - \tau_i(x_0,y_0,h_0,T_0) \\
&= \frac{\partial \tau_i}{\partial x}\bigg|_{(x_0,y_0,h_0,T_0)} \cdot \delta x + \frac{\partial \tau_i}{\partial y}\bigg|_{(x_0,y_0,h_0,T_0)} \cdot \delta y \\
&+ \frac{\partial \tau_i}{\partial h}\bigg|_{(x_0,y_0,h_0,T_0)} \cdot \delta h + \frac{\partial \tau_i}{\partial T}\bigg|_{(x_0,y_0,h_0,T_0)} \cdot \delta T + e_i
\end{aligned}
\tag{4-23}
$$

经过运算得到线性方程：

$$
e_i = R_i - \delta T - a_i \delta x - b_i \delta y - c_i \delta h
\tag{4-24}
$$

其中

$$
a_i = \frac{x - x_i}{vD_i}, \quad b_i = \frac{y - y_i}{vD_i}, \quad c_i = \frac{h - h_i}{vD_i}
$$

$$
R_i = (T - T_i) - \frac{D_i}{v}
$$

$$
D_i = \sqrt{(x - x_i)^2 + (y - y_i)^2 + (h - h_i)^2}
$$

第 4 步：依据误差的平方和为最小时理论值与观测值最接近的原理（即最小二乘法原理），移项：

$$
\sum_{i=1}^{n} e_i^2 = \sum_{i=1}^{n} \left[R_i - (\delta T + a_i \delta x + b_i \delta y + c_i \delta h) \right]^2 = \min
\tag{4-25}
$$

由此条件，可以分别求偏导数，并令其为零，即

$$
\begin{cases}
\dfrac{\partial}{\partial(\delta T)} \left(\sum_{i=1}^{n} e_i^2 \right) = 0 \\[2mm]
\dfrac{\partial}{\partial(\delta x)} \left(\sum_{i=1}^{n} e_i^2 \right) = 0 \\[2mm]
\dfrac{\partial}{\partial(\delta y)} \left(\sum_{i=1}^{n} e_i^2 \right) = 0 \\[2mm]
\dfrac{\partial}{\partial(\delta h)} \left(\sum_{i=1}^{n} e_i^2 \right) = 0
\end{cases}
\tag{4-26}
$$

不难得到下列线性方程组：

$$\begin{cases} n\delta T + \sum_{i=1}^{n} a_i \delta x + \sum_{i=1}^{n} b_i \delta y + \sum_{i=1}^{n} c_i \delta h = \sum_{i=1}^{n} R_i \\[2mm] \sum_{i=1}^{n} a_i \delta T + \sum_{i=1}^{n} a_i^2 \delta x + \sum_{i=1}^{n} b_i a_i \delta y + \sum_{i=1}^{n} a_i c_i \delta h = \sum_{i=1}^{n} a_i R_i \\[2mm] \sum_{i=1}^{n} b_i \delta T + \sum_{i=1}^{n} a_i b_i \delta x + \sum_{i=1}^{n} b_i^2 \delta y + \sum_{i=1}^{n} c_i b_i \delta h = \sum_{i=1}^{n} b_i R_i \\[2mm] \sum_{i=1}^{n} c_i \delta T + \sum_{i=1}^{n} a_i c_i \delta x + \sum_{i=1}^{n} b_i c_i \delta y + \sum_{i=1}^{n} c_i^2 \delta h = \sum_{i=1}^{n} c_i R_i \end{cases} \tag{4-27}$$

求解这个方程组便可得到增量值 δx、δy、δh 和 δT，利用这一组值对初定结果进行修定，经过多次修定就可得最终的理论震源模型。

4.5.5 IDC 中地震信号处理技术

IDC 地震信号的处理技术主要包括：（1）数据质量检查；（2）信号检测；（3）相位识别；（4）单台站事件定位。这些工作都是自动进行的，使用的方法有检测和特征提取以及台站处理，对于主要的地震信号采用的时间间隔一般是 10 min，在一定的条件下也可以增加到 60 min，对于辅助的地震信号采用的时间间隔一般是 3 min。具体处理基础参考文献［45］。

4.6 核爆炸地震波信号的鉴别技术

地震事件检测、基本参数（震源位置、发震时刻、震级等）的确定都是地震台站的日常工作。作为全面禁止核试核查的首选方法——地震波探测，其关键工作是要从接收到的各种震源机制产生的地震事件中识别出核爆炸事件。正如瑞典著名地震学家 M·巴特（Markus Bath）对爆炸地震波的波形分析之后得出的两条结论所言：空中爆炸与正常深度地震相似；地下爆炸与深震相似。这说明，要从接收到的众多地震图中识别出核爆炸事件不是一件容易的事。而目前的核查主要是监测和识别地下核试验，原因是空中核爆炸早在 1970 年代就已经禁止，即使不禁止，现代的侦察卫星也能很容易地侦察到核爆炸试验。所以，地下核爆炸的识别是首要解决的问题，也是核爆炸侦察的重要任务之一。

从监测地下核爆炸的目的出发，国际地震界早就开始进行分辨地下核爆炸与天然地震的研究工作。此外，在测震分析中，为了不把核爆炸错判为天然地震，也需要对二者加以区分。纵观几十年的研究历史，我们发现，科学家们是从两条途径展开研究的：一条是从纯地震学的途径展开的，学者们提出了多种地震波特征作为识别指标；另一条是从信号处理的途径，用模式识别方法开展研究。各自都取得了显著成果，识别率不断提高。

早期，主要是地震学家按第一条途径开展地下核爆炸研究（始于 20 世纪 50 年代），随着计算机技术的发展和广泛应用，20 世纪 70 年代开始，信号处理学家们也加入到核爆炸识别研究行列，按第二种途径展开研究。本节主要介绍文献［7］中地震波性质鉴别中较为常用的一些方法。

4.6.1 核爆炸与天然地震识别的特征提取方法

1. P波初动方向

从理论上推测，爆炸时的P波初动方向应是正号，即为压缩波方向。这是因为爆炸点周围受到的是一个强大的压力脉冲，因此，在包围爆炸点的台站上记录到的垂直向地震图上的P波初动都应该向上（+），而且清晰尖锐，初动周期很短（一般小于2~3s）。在基式地震图（用基式地震仪记录的地震图）上相当于P波最大振幅对应周期的1/2~1/3，P波最大振幅与初动振幅之比 $P_m/P_1 \geqslant 3$。如果在震中周围的台站都记录到清晰的压缩波（P波初动都是向上的），而且振幅满足以上关系，我们就有理由认为它是一个爆炸（震源）。对天然地震来说，P波垂直向初动是按象限分布的，即在某些方向上表现为向上，而在另一些方向上表现为向下。因此，对某一事件，如果同时有几个台站记录到初动向下，可以认为是一天然地震。

利用初动信息进行地下核爆炸事件的识别可能是最早提出来的一种地震学方法。然而，在实际判断初动时有以下3点困难：一是在远距离上P波初动有时不易识别；二是天然地震也有象限型分布不太明显的特例，如以倾滑型断层为震源机制的情形；三是介质的不均匀性可导致P波初动符号分布发生某些畸变。例如，在区域地震范围内，地球介质结构的影响使地震波的传播规律变得复杂，某些情况下甚至不存在初动符号清晰的体波震相。而在远震范围内，虽然地震波的传播规律较为简单，但覆盖地球表面大部分的是海洋，海陆分布的不均匀性使全球地震台网的分布也是非常不均匀的，所以，各自接收到地震震相也就差异很大。文献中还介绍了这样一个听起来令人难以相信的情况：今天居然还有相当多的地震台，包括新近安装的一些数字地震台，其极性是反向的，例如，美国很有名的数字地震台DUG台就是反向的。造成这种情况的主要原因是：很多地震研究机构设立地震台站、台阵和台网主要是为了研究地震波的运动学特性，主要注意力都集中在走时上。所以，靠P波初动来识别地下核爆炸就得小心谨慎才行。不过，在此基础上发展起来的震源机制判据则有可能成为一个有力的鉴别标志。

2. 震中位置和震源深度

震中位置和震源深度是鉴别天然地震和地下核爆炸事件的参考判据之一。如果记录到的某次事件发生在已知的核试验场附近，那么就很有必要参考其他方面的证据继续核实它是不是一次核爆炸；同时，如果有证据表明该次事件的震源深度很浅，那么，它很有可能是一次核爆炸事件。如前所述，震源的定位是地震学观测与研究机构的常规工作之一。尽管在很多情况下，核爆炸事件的地震波形特征与深源地震事件的波形特征在外观上是颇为相似的，如果可以确定某次事件是一次深源地震，那么就可以肯定地排除它是一次核爆炸的可能性。

3. 震级鉴别

地震震级分体波震级和面波震级，分别用 m_b 和 M_s 来表示。体波震级 m_b 主要采用短周期波形的幅度来计算，而面波震级 M_s 则主要采用长周期波形的幅度。如图4-22是在哈格福斯（Hagfors）台记录到的天然地震和核爆炸波形，分为长周期和短周期两部分。

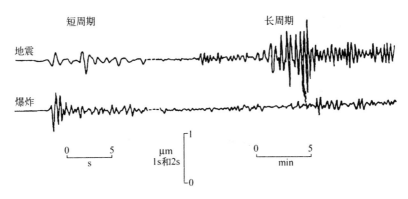

图 4-22　在哈格福斯地震台记录到的地震和核爆炸信号
地震在苏联中部，核爆炸在东勘察加半岛

　　从图上可以看到，核爆炸的短周期波形很发育，而长周期面波就比较小；相反，天然地震的短周期波形不太发育，但是长周期面波却很大。因此，如果对某一事件同时确定其体波震级 m_b 和面波震级 M_s，那么，二者的比值 m_b/M_s 对天然地震和核爆炸来说，会有不同的值，这也就成了一种区分天然地震和地下核爆炸的方法。m_b/M_s 作为天然地震和地下核爆炸的鉴别判据，被认为是 20 世纪 50 年代到 60 年代核爆炸地震学研究的最重要的进展之一。图 4-23 是用震级比作为判据最为显明的例子，从图中可以看出，天然地震和地下核爆炸二者的比值 m_b/M_s 是有明显差异的。

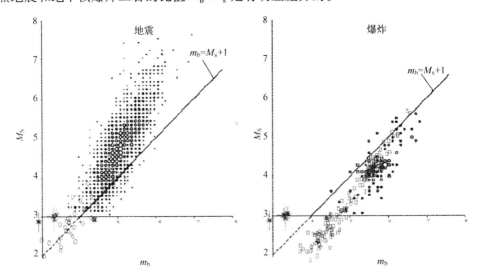

图 4-23　天然地震和爆炸的 m_b/M_s 图

　　这个判据的实质是不同地震波谱成分的比较，与下面要讨论的频谱判据相类似，只是它所涉及的频谱范围大，所以在实际应用中比频谱判别有效。研究结果表明：在所有的判据中，震级比判据可能是将天然地震事件和地下核爆炸事件"分得最开"的判据。
　　震级比判据能被地震学家普遍接受的原因主要有三：一是经过很好地标定的长周期

和短周期标准地震台网，例如，世界范围标准地震台网（WWSSN），为震级的准确测定提供了良好条件；二是20世纪60年代到70年代的核爆炸试验当量较大，可以在远震范围内产生清晰的面波，区域性资料的使用则大大改善了震级测定的质量；三是震级的测定简单易行，并已成为地震台阵、台网的常规工作。

震级比判据的主要缺点是小地震产生的面波常常会淹没在大地震产生的面波之中，从而给 M_s 的测定带来很大困难。20世纪70年代末的研究结果表明，对于欧亚大陆上 $m_b \geqslant 4.75$ 的天然地震和地下核爆炸事件，大约有14%的事件受到这种"遮盖效应"的"污染"，而随着震级的减小，这个比例还要增大。此外，还有相当数量的地震事件按震级比判据可能被判定为核爆炸，对这些所谓"异常地震"只有结合其他方面的信息才能正确判断。这也反映出天然地震的多样性和复杂性。

4. P_m/S_m

一般说来，核爆炸的能量是在很短时间内就全部释放完。因此，在理论上由核爆炸产生的地震波信号在两三秒之内就应该传播出去。而实际上，在P波到达后地震波还要持续几分钟至十几分钟，这是因为传播路径复杂（地球的圈层构造）等原因造成的。尽管如此，与天然地震信号相比，核爆炸产生的地震波还是要简单得多，衰减得较快。

核爆炸主要产生P波，理论上说不会产生S波，但由于上述原因，也可能产生剪切力形成的S波及P波转换成的S波，但S波很微弱，甚至难以辨认。

地震过程中，岩石要发生剪切运动，所以，绝大多数天然地震都会产生比较明显的、可与P波相比较的S波。因此，用P波最大振幅 P_m 与S波最大振幅 S_m 之比（P_m/S_m）可作为识别地震与核爆炸的一个判据。在基式地震仪上，核爆炸的 P_m/S_m 一般大于1，而地震的 P_m/S_m 一般小于1。

P_m/S_m 作为鉴别判据与上述震级比判据本质上是一样的。利用S波携带的信息作判据，还有其他方法，如使用长周期S波与瑞利面波的振幅比；使用由S波测定的体波震级 m_b^s 与由P波测定的体波震级 m_b 之比等。不过，这些判据的问题是S波的性质通常对介质结构比较敏感，因此，在实际操作中往往成功率不高。

5. 波形复杂性

由于地震的震源机制多样，而爆炸源可以当成点源来处理，所以，人们从直觉上推断：一个地震波波形往往比同量级的地下核爆炸的波形要复杂得多，当然，也有个别的地震和核爆炸波形相似。这里的相似有两种情形：一是天然地震的波形和核爆炸波形一样较简单；二是核爆炸的地震波形也和天然地震一样较复杂。图4-24（a）是在哈格福斯记录到的苏联的核爆炸和地震，图4-24（b）是在哈格福斯记录到的美国内达华试验厂的核爆炸和加州的地震。由图4-24（a）可以看出，天然地震和核爆炸的波形相差很大，图4-24（b）也有差别，但是相差不大。图4-25是在我国拉萨地震台测得的核爆炸试验波形，上图是印度在1998年5月11日核试验的波形，下图是巴基斯坦在1998年5月28日核试验的波形，都是宽频带垂直分量。由图4-25可以看出，这两个波形较一般的核试验波形更复杂，巴基斯坦的当量可能较小，但波形较印度的更复杂。据印度官方宣布，他们在5月11日进行了3次核爆炸试验，但各台站只记录到一次，所以上图推测可能是同一时间同一地点（相差1km）的几次核爆炸的产物；据巴基斯坦的官方宣布，他们在5月28日进行了5次核试验，但是，也只记录到一次，所以下图推测可能是在时间上有细微差别的几次核试验的产物。由此可见，核试验的波形确实可能很复杂。

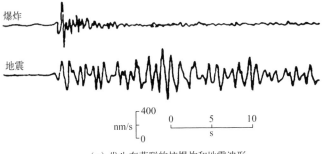

（a）发生在苏联的核爆炸和地震波形

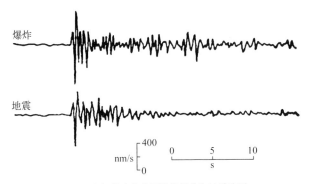

（b）发生在美国的核爆炸和地震波形

图4-24 在哈格福斯地震台记录到的地震和核爆炸信号

波形复杂性的定义有多种，最常用的定义为

$$C = \frac{\int_{t=0}^{t=L} f^2(t)\,dt}{\int_{t=L}^{t=H} f^2(t)\,dt} \tag{4-28}$$

式中：$f(t)$ 是记录到的随时间变化的波形，即某台站的地震记录图或地震波形；C 又叫波形复杂度（Complexity of waveform）。通常采用的积分上下限为 $L = 5$，$H = 35$，单位为 s，即积分时段分别为（0，5）和（5，35）。由式（4-28）可以推知，天然地震的波形复杂度较小，而核爆炸的波形复杂度较大。这是因为核爆炸的能量主要集中在时间段的前部，尾波受到压制，整个波形相对天然地震而言较简单，所以，式（4-28）中的分子部分较分母部分大得多，即 C 较大；而天然地震各种震相都存在，在时间段的前部后部均有能量分布，均较复杂，所以整体较核爆炸波形复杂，因而式（4-28）中的分子可能小于分母，或相当，所以，波形复杂度 C 较小。

由于后来接收到较复杂的核爆炸地震波波形，如图4-25所示，使得人们对"波形复杂度"这一特征判据产生怀疑。然而，人们对它的判断能力仍然寄予一定的期望。我们认为，作为一种描述波形的特征标志，只要有较高的识别率，就仍然是可以利用的。在我们的核爆炸与天然地震分类识别中，波形复杂度的单特征识别率是最高的，这就从一个侧面证实了波形复杂性判据仍然是有效的。

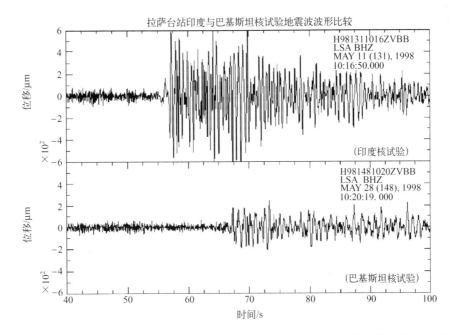

图 4-25　拉萨台站记录的印度和巴基斯坦核试验地震波形比较图（宽频带，垂直分量）

上图是印度 1998 年 5 月 11 日的核试验波形，下图是巴基斯坦 1998 年 5 月 28 日的核试验波形。

6. 自相关系数

输入到模式识别系统中的一维信号在很多情况下可以看作是一个各态历经随机过程的一次实现，经离散化得到的这样一个时间序列只是无限多个可能的时间序列中的一个。因此，从理论上来说，这个时间序列 $\{x(n)\}$ 不能直接作为我们要进行识别的这个随机过程的代表。对平稳随机过程而言，自相关序列（Autocorrelation series）$R(k)$（k 是相应的延迟时间）是固有的对随机过程的描述，换句话说，用任意一次实现来计算其自相关序列 $R(k)$，结果都是相同的。因此，我们对随机过程的自相关序列 $R(k)$ 实施分析，以自相关序列的系数作为核爆地震信号的一种特征表征。

假设接收到的地震信号序列 $\{x(n)\}$ 是一个均值为 0 的各态历经随机过程（对于均值不为 0 的随机过程，可通过预处理将其转换为均值为 0 的随机过程）。对于实际获取的地震信号样本，序列长度常常为一个固定数 N，因此 $R(k)$ 可用下式估计：

$$\hat{R}_N(k) = \begin{cases} \dfrac{1}{N} \displaystyle\sum_{n=0}^{N-|k|-1} x(n)x(n+|k|), k = 0, \pm 1, \pm 2, \cdots, \pm (N-1) \\ 0, \quad |k| \geqslant N \end{cases} \tag{4-29}$$

在实际计算中，为简单起见，我们采用下式计算 11 个自相关函数值：

$$R_x(m) = \sum_{n=1}^{1024} x(n)x(n-m), \qquad m = 0,1,2,\cdots,10 \tag{4-30}$$

由于 $R_x(0)$ 表示平均功率，所以将地震波信号的 11 个自相关函数值均用第一个自相关函数值（即 $R_x(0)$）进行归一化，只保留后面 10 个相关系数用于识别（注：式（4-30）的等式右边忽略了系数 $\dfrac{1}{1024}$，这对识别结果不会造成任何影响）。

用自相关系数作为鉴别判据，主要是因为在式（4-30）中，把随机变量 $x(n)$ 与 $x(n-m)$ 相乘，目的是将它们中间的共性成分相乘。因为共性成分相乘永远是带确定符号关系的，而非共性成分相乘则随机地有正有负，平均来讲趋于相互"抵消"。

7. AR 模型系数

由一个信号序列 $x(n)$ 可建立一个相应的 AR 模型，即，

$$x_t = \phi_1 x_{t-1} + \phi_2 x_{t-2} + \cdots + \phi_n x_{t-n} + a_t = \sum_{i=1}^{n} \phi_i x_{t-i} + a_t \tag{4-31}$$

式中：$\phi_1, \phi_2, \cdots, \phi_n$ 为根据信号序列 $x(n)$ 通过 Levinson 法估计的 AR 模型的 n 个系数；$a_t \sim$ NID $(0, \sigma_a^2)$，N（Normal）表示在 t 时刻，a_t 为满足正态分布的随机变量，其均值为 0，方差为 σ_a^2，ID（Independent Distribution）表示 t 变化时，各个 a_t 之间彼此无关。

从数字信号分析的角度看，在 t 时刻，$\sum_{i=1}^{n} \phi_i x_{t-i}$ 是 x_t 的滤波值，因而 AR(n) 可看作是一个 n 阶自递归滤波器。不仅如此，由于 AR(n) 模型反映了不同时刻同一随机过程内部取值之间的相互依赖关系，因而，它是一个动态模型，是对随机过程的动态描述，具有外延特性，可用于对系统状态的未来趋势进行预测。

从信息论的角度来看，建立 AR(n) 模型的观测序列 $x(n)$ 可视为某一系统的输出，而 $\phi_1, \phi_2, \cdots, \phi_n$ 和 σ_a^2 是其模型的估计参数，因而，系统的特性、系统工作状态的所有信息都蕴含在序列 $x(n)$ 的取值和顺序中，也即蕴含在 $\phi_1, \phi_2, \cdots, \phi_n$ 和 σ_a^2 这 $n+1$ 个参数中，这正是所有模型参数的一个最大特点，即信息的凝聚性——大量数据所蕴含的信息凝聚在少数几个模型参数中。所以，不仅可以根据模型对系统复原原始信号，产生原始的信号序列 $x(n)$，而且可以用于系统分析、模式识别和故障诊断。

在核爆地震模式识别研究中，我们计算了 7 个 AR 模型系数，并将每一个地震波信号的 7 个 AR 模型系数均用第一个系数进行归一化，保留后 6 个系数并构成一模式矢量用于识别。

8. 短时平均过零率

对于连续信号来说，过零是指信号通过零值，过零率就是指每秒内信号值通过零值的次数。对于离散时间序列，过零则是指时间序列取值改变符号，过零率则相当于每秒内序列改变符号的次数。

过零率可以作为序列的"频率"的一种简单度量，尤其是对于窄带信号。由于地震信号序列可近似看作是一类宽带的局部平稳信号序列，因而，可用短时平均过零率作为粗略估计其频谱性质的参数。

定义地震信号序列 $x(n)$ 的短时平均过零率为

$$Z_n = \sum_{m=-\infty}^{\infty} | \text{sgn}[x(m)] - \text{sgn}[x(m-1)] | w(n-m) =$$
$$| \text{sgn}[x(n)] - \text{sgn}[x(n-1)] | w(n) \tag{4-32}$$

式中：$\text{sgn}[\cdot]$ 为符号函数，其表示如下式，即。

$$\text{sgn}[x(n)] = \begin{cases} 1, & x(n) \geq 0 \\ -1, & x(n) < 0 \end{cases} \tag{4-33}$$

而 $w(n)$ 为一个窗口系列，当 $w(n)$ 为矩形窗时，则有

$$w(n) = \begin{cases} \dfrac{1}{2N}, & 0 \leqslant n \leqslant N-1 \\ 0, & \text{其他} \end{cases} \tag{4-34}$$

这里采用 $\dfrac{1}{2N}$ 作为在窗口长度范围内的窗口幅值，同时考虑对该范围内的过零数取平均。因为在此范围内共有 N 个采样点，而每个采样点取用了两次。式（4-34）表示的窗口序列为矩形窗的情况，当然也可采用其他窗口函数，如 Hanning 窗、Hamming 窗、Blackman 窗等。

用短时平均过零率作为鉴别判据，主要是考虑核爆炸源是一种膨胀扩张源，天然地震源多为剪切错动源，核爆炸激发出的波的能量密集，而且频率要比天然地震源激发出的波的频率高（尤其是 P 波），因而，用短时平均过零率作为鉴别判据是可行的。

9. 频谱特性

一般说来，天然地震信号衰减慢，地下核爆炸信号衰减快，再加上两类源所激发出的地震波在频率上的差异，因而它们的频谱是很不相同的。图 4-26 是一天然地震的信号波形及其幅度谱，图 4-27 是一地下核爆炸信号波形及其幅度谱。从图 4-26 和图 4-27 中可以看出天然地震信号与地下核爆炸信号在频谱上存在着明显的差异。

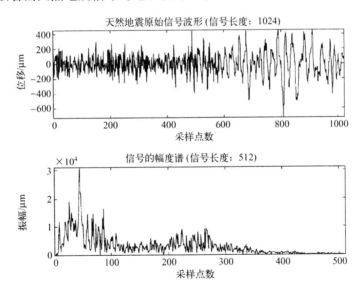

图 4-26　天然地震波形及其幅度谱图

基于上述分析，我们可以定义很多与频谱特性有关的判据。谱比值 SR（Spectral Ratio）即是其中之一，它定义为

$$SR = \frac{\displaystyle\int_{f=L_1}^{f=H_1} |F(f)| \, \mathrm{d}f}{\displaystyle\int_{f=L_2}^{f=H_2} |F(f)| \, \mathrm{d}f} \tag{4-35}$$

式中：$F(f)$ 为地震信号 $f(t)$ 的幅度谱；L_1、H_1、L_2、H_2 分别为高频段和低频段的上、下

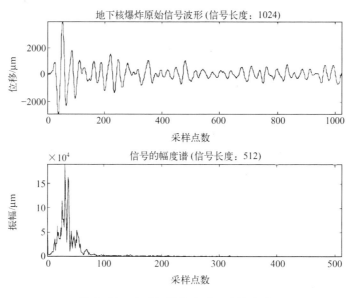

图 4-27 地下核爆炸波形及其幅度谱

限，通常采用的带限赫兹数为 $L_1 = 1.125\ \text{Hz}$，$H_1 = 7.0\ \text{Hz}$，$L_2 = 0.4\ \text{Hz}$，$H_2 = 1.125\ \text{Hz}$。

采用谱比值的基本想法是：地下核爆炸和天然地震具有不同的"颜色"，"颜色"越"偏蓝"，即高频成分越多，SR 值就越大。如果地下核爆炸信号比天然地震信号更"偏蓝"，则用 SR 值就可以鉴别天然地震和地下核爆炸。

为了突出"颜色"，还可以定义另一个频谱特性判据——频率三次矩 TMF（Third Moment of Frequency），即

$$\text{TMF} = \left[\frac{\int_{f=L}^{f=H} F(f)f^3 \mathrm{d}f}{\int_{f=L}^{f=H} F(f)\,\mathrm{d}f} \right] \tag{4-36}$$

式中：$F(f)$ 是地震信号 $f(t)$ 的幅度谱，通常采用的积分限为 $L = 0.32\ \text{Hz}$，$H = 7.0\ \text{Hz}$。显然，信号中高频成分越多，TMF 就越大，因而频率三次矩也可用作一个鉴别判据。

使用频谱特性判据需要考虑以下事实：地震波的频谱特性在相当大的程度上与震源到接收台站之间的传播路径上的介质非均匀性有关。也就是说，对一个核试验场适用的频谱判据，对另外一个地区常常是不适用的。所谓不适用，是指频谱特性判据的鉴别阈值不适用，即不同的核试验场，或不同的接收台站所用的频谱特性判据阈值是不一样的。不过，我们的实验研究表明，这些阈值还是存在某一个共同值的，即可供不同试验场产生的波形作鉴别判据值使用。当然，识别率不是太高，可能就是这种不适应的表现。

10. 短时谱特征

由于地震信号是非平稳的，因此可提取其短时谱特征（STFT）。短时谱特征的提取方法为：用一个 64 点的窗口扫过一个有 1024 点的地震记录，产生 64 个时间段，在相邻段有 48 点重叠。对每个 64 点的时间段计算其傅里叶变换。定义 P_1 为频谱上第 1～5 个点的信号功率；P_2 为频谱上第 6～14 点的信号功率；P_3 为频谱上第 15～32 点的信号功率。每个 P_i（$i = 1, 2, 3$）都可用时间，即段数的函数描述。在每条曲线上前面 32 段

与后面 32 段信号能量比就是短时谱特征。每个地震记录有 3 个特征值，形成一个矢量。

11. 实倒谱特征

倒谱（Cepstrum）保持了 Fourier 频谱的幅值和相位信息。由于地震波是由震源产生的地震能量脉冲通过地层传播时形成的，这种地震波信号可看作是源信号和地球冲击响应的卷积，因此，用对数运算可把这两者分开，从而，用它们进行分类比较容易。

实倒谱特征定义为信号序列的傅里叶变换的对数幅值的傅里叶反变换。即一个实序列 $x(n)$ 的实倒谱 $\hat{x}(n)$ 为

$$\hat{x}(n) = \text{IDFT}\{\log|\text{DFT}[x(n)]|\} \tag{4-37}$$

由于倒谱本身将所有有用信息压缩在很小的时间间隔内，因而，对每个地震波记录从其倒谱取 25 个点组成一个向量，就能提供足够的震源信息。

除以上特征提取方法外，由于地震波信号是一个非平稳的随机时间序列，而时频分析对该信号具有良好的时频局部刻画特性，因此，时频分析无疑成为一种较为理想的地震信号分析工具。近年来，许多学者都开始注重采用时频分析技术，提取非平稳非线性的地震波特征。如小波包分量比特征[28]、多分辨率能量分形特征[30]、时频矩特征[32]、核非负矩阵分解特征[34]等。

4.6.2　核爆炸与化学爆炸的鉴别现状

从全面禁止核试验核查的发展趋势来看，对地下核爆炸与化学爆炸的识别将在核爆炸监测识别中占据越来越重要的地位。

核爆炸是由核裂变或核聚变反应引起的爆炸，爆炸的作用除了冲击波外，还有光辐射、放射性沾染和穿透辐射的作用。地下核爆炸在较短的时间内完成核反应，释放大量的能量，形成极强的辐射波，温度高达 10^7 K，压力高达 10^6 GPa，高温高压能使周围的岩石介质气化和液化。化学爆炸是由物质的化学反应引起的爆炸，化学爆炸的作用主要是冲击波的作用。相对核爆炸来说化学爆炸释放能量的时间相对较长，而且释放能量的空间体积较大，所以产生的压力较低，仅有 20 GPa 左右，温度也较低，大约在 3000 K 左右。在这样低的压力和温度下，岩石的气化和液化可以忽略。化学爆炸的特点是爆炸过程中物质的化学成分发生了变化。

地下封闭的核爆炸对周围岩石的作用过程可以分为 4 个阶段：核反应阶段、流体力学阶段、静力学阶段以及热辐射后效应阶段。在核反应阶段，释放巨大的能量，产生非常高的温度和压力。在流体力学阶段，高温高压使周围岩石气化和液化，由于岩石的气化和液化形成空腔，爆炸产生的冲击波向更远的区域传播，形成弹性波。在静力学阶段，由于空腔中的压力下降，因此空腔开始崩塌，并在空腔上部形成烟囱。在热辐射后效应阶段，崩塌全部形成，发生热的缓慢耗散和放射性产物的衰变。

发生化学爆炸的炸药有多种多样。按炸药的组成可以分为单质炸药和混合炸药，单质炸药是单一成分的炸药，如黑索今、硝化甘油、太安、硝化棉和 TNT 等。混合炸药是至少由两种独立的化学成分组成，如钝化黑索今、聚黑炸药和硝铵炸药等。不同的炸药其物理化学性质各不相同，爆炸的反应速度和爆炸威力也会不一样。化学爆炸按用途还可以分为工业化学爆炸和模拟核爆炸的化学爆炸，工业化学爆炸一般都发生在地表，其震源深度都较小。而地下核爆炸为了防止核泄漏，震源深度一般都有要求，美国地下

核试验采用的安全埋深不小于183m，大多数核爆震源深度在1km左右。

吴忠良等人[46]在1994年从地震学角度指出核爆炸与化学爆炸既有相同之处又有明显的不同。相同之处是在发生爆炸之后产生地震波的阶段，核爆炸与化学爆炸几乎没有差别，不同的是在爆炸的初始阶段，核爆与化爆经历了不同的物理过程。从现有的公开资料看，针对核爆炸与化学爆炸识别的研究还比较少。

国外，为从爆炸地震信号产生机理上比较化学爆炸和核爆炸的差异，1993年，美国能源部进行了防止核扩散试验（Non - proliferation Experiment，NPE）。该试验获得的基本结论有（Lawrence，1995）[47]：

（1）化学爆炸与相同当量的核爆炸比，其耦合到地面的能量更多；

（2）NPE震源函数的频谱中有一个显著的峰，这对应于时间域中的一个过冲量和阻尼正弦径向应力上叠加一个阶梯函数；

（3）与Pg波和Lg波不同，Pn波与震源函数成比例。对NPE试验中的化学爆炸，区域判别量将其判别为核爆炸（Walter，1995）[48]。Stump（1999）利用密集的近震源阵列进一步证实了两种震源类型在0.36 ~ 100 Hz范围内的等价性[49]。

1995年，Argo[50]也指出，在核试验当量大大减小且企图通过技术手段逃避核查的情况下，在区域距离范围内如何有效识别化学爆炸与核爆炸仍是一个未解决的问题。1997年，在哈萨克斯坦进行的埋深试验中，埋深对于单次引爆的化学爆炸的影响得到了检验。在地方震距离范围内，短周期瑞利波Rg为主要波，其谱峰在1 ~ 3 Hz之间。随着埋深的增加，Rg波的振幅显著减小。在区域距离范围内，不能观测到1 ~ 3 Hz之间的Rg波。对于埋深较小的爆炸，在1 ~ 3 Hz范围内，区域Lg波和Sn波得到加强。根据这些观测，Myers[51]于1999年得出结论：对于浅源爆炸，区域Lg波和Sn波得以加强，其主要机理为地方Rg波的散射。同样，在浅源工业爆破中，强烈依赖于频率的Rg -S散射机理对于S波的产生也发挥了作用。为了研究单次引爆的爆炸同生产爆破之间的关系，在美国Black Thunder煤矿进行了试验[52]，发现生产爆破（多次引爆）低频部分（<1Hz）的振幅得到加强，并且产生了大的面波，而在高频部分，生产爆破和单次引爆的爆炸具有相似的特征。这意味着岩石的破碎和大块岩石的移动对于相应S波的产生几乎没有什么影响。2005年，Arrowsmith等[53]指出，当今地震事件识别所面临的挑战不仅包括识别天然地震和核爆炸，还必须包括对化学爆炸（人为化学爆炸、采矿爆破等类型）震源的识别。2005年，Bonner等人[54]对亚利桑那州东北部和东南部的矿区进行的震源现象学试验进行分析发现，经过震级和距离修正方法（MDAC）修正后的单次引爆的化学爆炸、矿爆和核爆的Pg/Lg取值在同一范围内，因此，该判据对识别核爆炸和化学爆炸无效。2006年，Walter等人[55]利用Lg波对工业爆破、单次引爆的化学爆炸、核爆炸以及地震的震源频谱进行了初步分析，他们得出的结论是经过MDAC修正后的P/S判据对识别人工爆炸和天然地震有一定效果，但是不能将工业爆破、单次引爆的化学爆炸以及核爆炸等人工爆炸区分开。此外，他们还比较详细地阐述了频率对识别率的影响，提出将多个频段内的P/S加以平均以减小方差和利用多个台站平均的方法以提高识别率。为了比较不同介质条件和掩埋条件下爆炸矩张量的差异，2008年，实施了新英格兰损伤试验。Stroujkova等人[56]（2009）研究发现，矩张量反演具有占主导地位的对角元素，然而有些爆炸具有相当数量的非对角分量。两个水平对角分量

（M_{xx} 和 M_{yy}）大小相似，而垂直对角分量 M_{zz} 的大小约为每个水平分量大小的两倍。据此，Stroujkova 等人对爆炸源的类型和特性进行了分析和研究。国内沈萍等人[57]在1997年就意识到应找到一种有效的方法对核爆炸、化学爆炸、地震与矿震进行识别，特别是小当量爆破的识别，将对核爆地震学的发展具有重大意义，但他们没有针对核爆炸与化学爆炸的识别进行研究，且此后国内也未见到相关研究成果发表。

4.7　基于多分类器组合的地震信号判别

模式识别研究的最终目的，是为了使分类器达到尽可能好的分类识别性能，在这一目的指引下，产生了多种特征提取和分类器设计方法。对于核爆地震分类识别问题来说，所能够提取的各种判别特征，来自于多种不同的渠道，其表达形式不尽一致，物理意义也各不相同。对于这些具有不同特性的特征，采用适合各自特点的分类器构造方法，是一个合理的选择，例如，支持向量机对于核爆地震信号的全局特征是合适的分类器，而隐马尔科夫模型则更擅长于处理核爆地震信号的时变特征。同时，对于同一种特征，也可以采用不同的方法来设计构造分类器。

在实际工作中，一般的做法是对多个可选的分类方案进行实验评价，并选择其中性能最佳的方案。然而，不同的特征空间往往反映事物的不同方面，在一种特征空间很难区分的模式可能在另一种特征空间上可以很容易地分开，对应于同一特征空间的不同分类器又以不同的方式将该特征空间映射到相应的类别空间。分类器组合方法从信息融合的角度出发，将一个模式识别问题由多个分类器来完成，并将多个分类器的输出进行合理的组合，以充分利用多个分类器之间的信息互补。因此，本节将介绍基于分类器集成的核爆地震模式识别算法[58-59]。

4.7.1　分类器组合方法的优点

在 Valiant 提出的 PAC（Probably Approximately Correct）学习理论基础上，Kearns 和 Valiant 给出了强 PAC 学习和弱 PAC 学习的概念，并提出了两者之间的等价性问题，即弱学习算法是否可以提升为强学习算法。如果两者等价，那么，在学习概念时，只需找到一个比随机猜测略好的弱学习算法，就可以将其提升为强学习算法，而不必直接去寻找通常情况下很难获得的强学习算法。这一问题由 Schapire 给出了构造性证明[60]。

在模式识别领域，相应的弱分类器就是比随机猜测的准确度略好的分类器，换句话说，如果一个分类器的分类正确率大于完全随机事件，则这个分类器称为弱分类器。根据 Schapire 的证明，多个这样的弱分类器组合，其分类能力能够形成一个强分类器。以一个简单的例子来说明这一过程：对于二分类问题，假设有3个分类器，它们的泛化错误率小于 α，如果 $\alpha < 0.5$，那么按照投票法进行分类器组合，将这3个分类器组合后，所得分类器的泛化错误率应该小于 $3\alpha^2 - 2\alpha^3$，可以清楚地看出3个分类器组合之后形成的分类器，泛化错误率得到了降低。

然而，上述结论是在参与组合的各子分类器相互独立的假设下得到的，在各分类器相互独立的假设下，多分类器组合的分类错误率，能够小于其中任何一个子分类器的错误率[61]。如果对于相同的输入，所有子分类器都给出相同或相近的输出，此时，组合分类器的泛化误差接近于各子分类器泛化误差的平均，那么通过分类器组合所能得到的收益就十分有限了。

子分类器之间的差异性是保证多分类器组合性能的关键[62,63]，要增强分类器组合的泛化能力，就应该尽可能地使组合中各子分类器的分类错误互不相关。

通常，用于形成具备差异性的多个子分类器的途径主要有3种：采用不同的特征训练分类器、采用不同的训练样本集合训练分类器、采用不同的分类器结构形式及训练策略形成分类器[64-66]。但是，在实际应用中要产生相互独立的分类器是困难的，只有训练分类器时采用完全不同的训练样本集这种途径，可以保证子分类器之间的独立性，其他途径产生的子分类器，其相关性难以避免。

4.7.2 分类器输出结果融合规则

在得到多个子分类器之后，分类器组合方法利用这些子分类器的输出结果得到最终的决策。根据参加组合的各子分类器所提供的输出信息的性质，分类器组合可以分为3种类型，抽象级、排序级和度量级。从抽象级到度量级，信息是递增的，由度量级信息可以得到排序级以及抽象级信息。这3类融合形式各有其优缺点，度量级上的组合方法，能够充分利用子分类器提供的信息，而抽象级的组合方法，则具有普遍意义，适用于各种形式的分类器组合。

在抽象级分类器组合中，采用的决策规则主要是投票法[67,68]、行为知识空间法[69]。投票法是所有分类器结果融合规则中最简单的一种，它的基本思想是"少数服从多数"，其中，投票人是所有子分类器，候选人是所有可能的分类结果，由投票人给其所支持的候选人投票，票数最多的候选人胜出。基本的投票法把每个投票者看作完全平等的个体，但是，实际情况中通常各个子分类器存在性能上的差异，因此，又出现了加权投票规则，通过对不同的分类器赋予不同的权值，来改善最终的分类效果。行为知识空间法将子分类器输出结果排列为一个矢量，其中，每一个元素代表一个分类器的判决结果，当一个未知样本需要进行分类时，首先用子分类器集对其判决，得到判决矢量，随后在训练集中查找同样获得该判决矢量的训练样本，并计算出不同类别的训练样本在各自类别中所占的比例，并将待识别样本划入比例最大的训练样本所属的类别。行为知识空间法是对子分类器集输出结果多维分布的直接统计，对训练样本的个数要求很高，当训练样本较少时，会出现训练不足的问题。

当分类器输出为类别排序信息时，可以采用的融合规则有最高序号法[64]、Borda 计数法[70]等。对于核爆地震模式识别这种两类问题来说，抽象级和排序级实际上包含了同样的信息，上述几种排序级融合规则相应退化为投票法。

4.7.3 基于样本重采样的分类器组合

使用相同结构的分类器，在同一特征空间中生成多分类器模型时，所用的方法是对样本集进行操作，从同一个样本集中生成不同分布的子样本集，然后，将所生成的子样本集一一输入到相同的分类学习算法中，获取不同的分类器。在基于重采样生成子分类器方面，最重要的技术是 Bagging（Bootstrap Aggregating）[71] 和 Boosting[60]。

1. Bagging

Bagging 的实现，是通过可重复取样（Bootstrap Sampling）来进行的。在该方法中，各分类器的训练集由从原始训练集中随机选取若干训练样本组成，训练样本允许重复选取。这样，原始训练集中某些样本可能在新的训练集中出现多次，而另外一些样本则可能一次也不出现。Bagging 方法通过重新选取训练集，增加了每个子分类器的差异度，从而达到提高泛化推广能力的目的。

2. Boosting

Boosting 是一种循环算法，最早由 Schapire 提出。它由已产生的分类器对各个样本分类的结果来决定在下个分类器产生过程中各个样本的权重，顺序产生一系列分类器。被已有分类器误判的样本，将在新的分类器形成过程中给予较大的权重。这样，新分类器将能够很好地处理对已有分类器来说分类困难的样本。Schapire 最早在文献［60］中给出的算法，在解决实际问题时存在一个缺陷，它要求事先知道弱学习算法学习正确率的下限，这给实际应用带来不便。1995 年，Freund 和 Schapire[72] 提出了 AdaBoost（Adaptive Boost）算法，该算法的效率与文献［60］给出的算法很接近，它对子分类器正确率的下限没有要求，可以非常容易地应用到实际问题中，因此，该算法已成为目前最流行的 Boosting 算法。在 Boosting 算法中，样本的权重系数可以通过样本被抽取到训练集中的概率来体现，也可以通过对样本训练误差加权来体现。

4.7.4　基于差异性度量的分类器组合

1. 差异性度量的概念

到目前为止，对分类器融合方法的研究已经有非常多，但是面对这么多方法如何进行有效融合就成了一个问题。现在研究者们希望找到某种分类器的关联度量方式来对多分类器融合的构造提供依据。

通常认为，融合多个完全一致的分量分类器（输入输出均完全一样）是不会对性能有任何帮助的。如果存在完美的分类器，则融合又是没有必要的。既然分类器不是完美的，那么参与融合的分类器必须是存在差异的，也就是说，至少其中一些分类器要对其他分类器判断错误的样本作出正确的决策。这种性质被称作分类器的差异性。衡量这种差异性的方法被称为差异性度量方法[73]（Diversity Measure）。

研究差异性度量方法只是一个过程而非结果，其最终目的还是要更好地为多分类器融合服务。因为理想的差异性度量方法能够对多分类器融合的性能做出比较准确的预测和判断，从而可以对分类器集合中的样本、特征、分类器进行选择，提高它们的组合潜力。这个领域的研究已经受到了广泛的重视，可以预见它的研究潜力依然是巨大的。

目前对差异性度量的研究主要集中在两个方面：一方面是如何寻找合适的度量方法来有效描述分类器间的差异性；另一方面是如何利用差异性度量对多分类器融合进行改造，从而达到提高分类性能的目的。

对差异性度量的方法的研究已经很多，本节主要讨论如何利用差异性度量改进多分类器融合的识别效果。文中将差异性度量主要应用在以下两个方面：一方面，利用分类器的差异性，对分类器进行选择，提高它们的组合潜力；另一方面，不同分类器的差异性大小不一样，其具有的融合潜力也不一样，所以将差异性度量作为融合权值的一个标准，克服只单一依靠分类器的正确识别率设定融合权值的局限。

经过十多年的发展，已有许多可计算子分类器间的差异性的度量法，主要分为两类：一对一差异性度量和非一对一差异性度量。

1）一对一差异性度量

常用的一对一差异性度量有[74]：Q 统计法、相关系数法、不一致度量法、Double-fault 度量法。表4-5 给出了度量两个分类器的差异值需要用到的一些数据，即分类器两两之间的正确/错误对出现概率。对于两个分类器 D_i 和 D_j，N^{11} 与 N^{00} 表示两分类器均预测正确和均预测错误的概率，即两分类器均做出正确预测或错误预测的训练样本占总训练样本的比例。N^{10} 为 D_i 预测正确而在 D_j 中预测错误的比例，而 N^{01} 为 D_i 预测错误而在 D_j 中预测正确的比例。在得到分类器两两之间的差异性值后，即可求得整个分类器集合的差异性度量值的平均值。

表4-5 2×2 的成对分类器关系表

判别结果	D_j 正确（1）	D_j 错误（0）
D_i 正确（1）	N^{11}	N^{10}
D_i 错误（0）	N^{01}	N^{00}

（1）Q 统计法。

Q 统计方法对两个分类器 D_i 和 D_j 之间的差异性定义如下：

$$Q_{i,j} = \frac{N^{11}N^{00} - N^{01}N^{10}}{N^{11}N^{00} + N^{01}N^{10}} \tag{4-38}$$

式中：$Q_{i,j}$ 的取值范围为 $-1 \leqslant Q_{i,j} \leqslant 1$，当统计互相独立的分类器时，$Q_{i,j}$ 的值为0；当两分类器倾向同时将同一个目标分类正确时，$Q_{i,j}$ 值是正值，相反 $Q_{i,j}$ 值是负值。$Q_{i,j}$ 的绝对值越大，分类器间的差异度越小。

对一个由 L 个子分类器构成的多分类器系统，它的差异性由所有这样的 $Q_{i,j}$ 取平均值获得，即

$$Q_{\text{av}} = \frac{2}{L(L-1)} \sum_{i=1}^{L-1} \sum_{j=i+1}^{L} Q_{i,j} \tag{4-39}$$

（2）相关系数法。

两个分类器输出之间的相关系数，定义如下：

$$\rho_{i,j} = \frac{N^{11}N^{00} - N^{01}N^{10}}{\sqrt{(N^{11} + N^{10})(N^{01} + N^{00})(N^{11} + N^{01})(N^{10} + N^{00})}} \tag{4-40}$$

L 个子分类器集合的平均值为

$$\rho_{\text{av}} = \frac{2}{L(L-1)} \sum_{i=1}^{L-1} \sum_{j=i+1}^{L} \rho_{i,j} \tag{4-41}$$

对任意成对两个分类器，$\rho_{i,j}$ 和 $Q_{i,j}$ 具有相同的符号。与 Q 统计方法一样，$\rho_{i,j}$ 的绝对值越大，分类器间的差异度越小。

（3）不一致度量法。

不一致度量方法对两个分类器 D_i 和 D_j 之间的差异性定义如下：

$$D_{i,j} = \frac{N^{01} + N^{10}}{N^{11} + N^{10} + N^{01} + N^{00}} \tag{4-42}$$

L 个子分类器不一致度量的平均值为

$$D_{av} = \frac{2}{L(L-1)} \sum_{i \neq j} D_{i,j} \tag{4-43}$$

式中：$D_{i,j}$ 变化范围为 $0 \leq D_{i,j} \leq 1$；当两个分类器同时将每一个目标分类正确或错误时，度量值为 0；当两个分类器预测不同，且有一个预测是正确时，度量值为 1。$D_{i,j}$ 越大，分类器间的差异越大。

（4）Double – fault 度量法。

Double – fault 度量法对两个分类器 D_i 和 D_j 之间的差异性定义如下：

$$DF_{i,j} = \frac{N^{00}}{N^{11} + N^{10} + N^{01} + N^{00}} \tag{4-44}$$

对于一个由 L 个子分类器组成的子分类器集合，L 个子分类器的差异性平均值计算公式类似公式（4-44），DF 越大，分类器间差异性越小，具体公式如下：

$$DF_{av} = \frac{2}{L(L-1)} \sum_{i=1}^{L-1} \sum_{j=i+1}^{L} DF_{i,j} \tag{4-45}$$

2）非一对一差异性度量

非一对一差异性度量指的是直接对所有子分类器进行计算。不同于上述成对差异性度量方法，非成对差异性度量并不强调分类器两两间的关系，而是直接着眼于整个分类器集合。

设 $Z = \{z_1, z_2, \cdots, z_N\}$ 是一组类别已知的数据，其中，$z_j \in R^n$。可以通过一个 N 维矢量 $y_i = [y_{1,i} \quad y_{2,i} \cdots y_{N,i}]^T$ 来表示子分类器集合中的第 i 个分类器 e_i 对该数据集的输出，其中，当 e_i 正确识别 z_j 时 $y_{j,i} = 1$，否则 $y_{j,i} = 0$。非成对差异性度量方法大多是在这个向量的基础上来进行的。

常用的非一对一差异性度量主要有以下几种度量方法[74]：Interrater agreement、Measure of difficulty、Coincident failure diversity、熵度量法。

（1）Interrater agreement。

假设 P 表示分类器集合中子分类器的平均正确识别率，即

$$p = \frac{1}{NL} \sum_{j=1}^{N} \sum_{i=1}^{L} y_{j,i} \tag{4-46}$$

式中：L 表示共有 L 个子分类器。

$l(z_j)$ 表示一组子分类器中正确识别 z_j 的子分类器数量，则有

$$k = 1 - \frac{\frac{1}{L} \sum_{j=1}^{N} l(z_j)(L - l(z_j))}{N(L-1)P(1-P)} \tag{4-47}$$

式中：k 越大，分类器间的差异性越小。

（2）Measure of difficulty。

这种度量分类器差异性的方法来自 Hansen 和 Salamon 的研究。我们定义一个随机离散变量 X（所有可能的取值范围是 $\left\{\frac{0}{L}, \frac{1}{L}, \cdots, 1\right\}$）来表示对一个输入样本正确分类的子分类器占所有子分类器的比例，则

$$\theta = Var(X) \tag{4-48}$$

式中：θ 值越大，多分类器系统差异性越小。

（3）Coincident failure diversity。

设 $Y = 1 - X$，p_i 是 $Y = \dfrac{i}{L}$ 出现的概率，则定义为

$$CFD = \begin{cases} 0, & p_0 = 1,0 \\ \dfrac{1}{1 - P_0} \sum\limits_{i=1}^{L} \dfrac{L-i}{L-1} p_i, & p_0 < 1 \end{cases} \tag{4-49}$$

当所有分类器的分类结果都正确或都错误时，这个度量有最小值为 0。当只有一个分类器分类错误，度量值最大为 1。CFD 值越大，分类器间的差异性越大。

（4）熵度量法。

根据"熵"在信息论中定义的特性，可将其用于分类器差异性的度量。在信息学中，"熵"一直被用来作为不确定性的度量。图 4-28 表示了在事件只有两种可能性时的 $P-H$ 曲线。其中，横坐标 P 表示某一事件中任何一种情况的发生概率（在 0~1 之间），纵坐标 H 则表示该事件的"熵"。在图中我们可以看出，当 $P = 0.5$ 时 H 达到最大值，这时候事件两种结果的出现概率是一样的，我们称这种状态为"最不确定的状态"；H 的最小值出现在只有一种结果可能出现的情况下（$P = 0$ 或 $P = 1$），我们把这种状态看作是"最确定的状态"。$P-H$ 曲线很好地体现了这种确定状态→不确定状态→确定状态（$P = 0 \to 0.5 \to 1$）的变化过程。

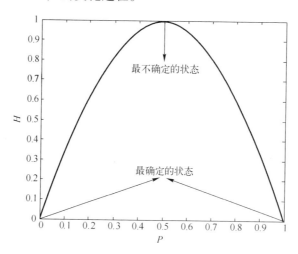

图 4-28　事件只有两种可能结果时的 $P-H$ 曲线

扩展到多种结果的情况，我们可以归纳得到"熵"的定义具有以下一些特性：

当且仅当 $p_1, p_2, \cdots, p_n$ 中只有一个为 0 的时候，$H = 0$。这意味着在输出只有一种可能性的情况下熵 $H = 0$，H 在 $p_1 = p_2 = \cdots = p_n$ 的时候得到最大值。这一情况也被称为最不可确定的情况（任何情况都有着相同的可能性）。

熵度量法，即首先度量各分类器在一个样本上分类结果的离散度，然后得到所有样本离散度的均值，定义如下：

$$\overline{E} = \frac{1}{m} \sum_{x=1}^{m} \sum_{k=1}^{c} - P_k^x \log(P_k^x) \tag{4-50}$$

120

式中：P_k^x 为样本 x 被分到类 k 的概率；m 为样本个数；C 为类别个数。

Kuncheva 和 Shipp 等[68]对各种差异性度量方法进行了分析和实验，发现各种度量方法间相关度很大，且和多分类器正确识别率的关系也近似。

为了验证分类器差异性和分类器的正确识别率之间的关系，通过差异性度量实验[75]，证明了差异性度量值和分类识别正确率存在一定的关系，差异较大的分类器集合的识别率大都集中在较高的识别率区域内。据此，可基于差异性度量进行子分类器选择。

2. 基于差异性度量的子分类器选择

传统的融合方法，是先产生数量庞大的子分类器组成子分类器集合，然后选择合适的融合方法对子分类器集合中分类器产生的结果进行融合得到最终结果。对于多分类器融合而言，子分类器的个数并不是越多越好，主要有以下两个原因：

（1）子分类器数目过于庞大会导致多分类器融合的整体效率下降，尤其是在一些实时性要求较高的系统当中，运行大量的子分类器可能会增加系统的执行时间；

（2）不是所有分量分类器都能为融合做出贡献，有些甚至会导致组合结果的错误。

选择性融合的基本思想就是训练一个数量相当的子分类器集合，并通过适当的方法选择出一些子分类器，将所选择的分类器进行融合从而得到更好的解，图 4-29 就是这一思想的真实表现。

选择性融合技术表明了通过选择部分子分类器来融合同样也能取得好的融合效果，甚至优于使用所有子分类器进行融合，即利

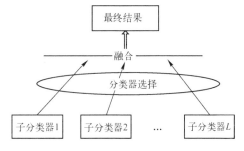

图 4-29　融合的基本思想

用少量的子分类器可以获得很好的识别性能。为了证明选择性融合理论的可操作性，该理论的创始人 Zhou 提出了 GASEN 算法。研究结果表明，GASEN 的泛化能力均优于 Bagging 和 Boosting。其经过选择后子分类器数目远小于 Bagging 和 Boosting 产生的集合中所使用的子分类器数目[76]。

对于子分类器选择的问题，研究者们往往更注重子分类器的识别率和融合方法的运行速度。当子分类器较多时，它们之间的交互影响非常复杂，而且它们之间的相关性有可能还会随着处理对象的不同而变化。如如何设计出一个巧妙的选择准则，既能提高运行速率又能最大限度地获取子分类器间的有用信息是非常重要的。我们对分类器进行选择，其最终目的是提高融合识别率，将一个能发挥更大融合潜力的子分类器集合组合在一起。但至今还缺乏一个描述和区分基本分类器的手段，难以预测和度量基本分类器的融合潜力。

如何选择一个合理的标准，能够在尽可能减少子分类器数量的同时保证信息的完整性。由于分类器差异性度量被普遍认为应该能够对多分类器融合性能进行预测，而且前面通过实验证明差异性和分类识别率存在一定的关系，所以，我们可以利用这种预测来判断子分类器在分类器集合中的作用。

应用基于差异性度量的子分类器选择算法（Diversity Measure Selective Algorithm，DMSA），目的是在减少分类器集合中子分类器个数的同时保持甚至提高分类准确度。

这对于提高系统的效率是非常有帮助的，因为选择只在训练过程中进行，系统执行的时候只需要对选择后留下的子分类器进行组合即可。既然研究者已经发现多分类器集合中的子分类器必须是具有差异性的，那么那些使得子分类器集合差异性下降的子分类器不但不能对整个集合做出贡献，反而会导致整体性能的下降。所以，选择的目的是把这些分类器找到并去掉。

其设计思路为：首先对分类器集合中的所有分类器（设为 N 个）进行差异性度量，并去掉一个分类器，去掉分类器的选择标准是：从集合中去掉这个子分类器时得到的新子分类器集合差异性大于去掉其他任何一个分类器所得到的新集合。基于差异度量的具体选择算法如下：

输入：K 个样本（其中 X 个训练样本，Y 个测试样本）；

（1）用训练样本训练生成 L 个子分类器 e；

（2）用每个子分类器识别，根据识别结果计算出分类器间的差异性；

（3）计算 L 个子分类器差异性度量的平均值；

（4）去掉其中一个分类器 e_i，计算去掉该分类器后剩余分类器集合的差异性度量平均值；

（5）按照步骤（4）依次逐个去掉子分类器，计算剩余分类器集合的差异性度量平均值；

（6）若去掉 e_i 后，剩余分类器集合的差异性度量平均值是去掉其他任何一个子分类器后剩余子分类器结合的差异性度量平均值当中最小的一个，那么去掉 e_i；

（7）对 $L-1$ 个分类器重复上述步骤，直到分类器集合中子分类器的数目为 D，其中，D 为我们希望的分类器数目；

输出：新的 D 个子分类器。

3. 改进投票融合法

投票法的基本思想是"少数服从多数"。最简单的投票法把每个投票者看作完全平等的个体，然后选择得票最多的类别作为融合输出，在普通投票融合算法中，每个分类器拥有相同的权值，显然，这样的权值设定不符合实际情况。研究者们从不同的角度提出了分类器的权值，但无论怎么样改进，这些权值的设定都是在分类器的正确识别率的基础上得到的，正确率越高，分类器获得的权值越大，正确率越低，分类器获得的权值就越小。通过正确率设定权值没有充分考虑分类器的融合潜力。不可否认，融合潜力大的分类器在融合中必将起到更大的作用，但是融合潜力大的分类器，识别率并不一定是识别率最高的分类器。因此，权值的大小并不仅仅取决于性能好坏，分类器的融合潜力对融合也很重要，分类器间的差异性正好是分类器融合潜力的一个有效度量。基于此，本节提出了一种新的权值设定标准 $H_i = \omega_i \times Q_i$，将分类器的正确识别率和差异性有机地结合起来，既体现了分类器的重要性，又考虑了分类器的融合潜力。这里以二分类问题为例，用常用的不一致度量法度量差异性归一化后，得到如下权值公式：

$$H_i = \omega_i \times Q_i =$$

$$\frac{\alpha_i}{\sum\limits_{j=1}^{r} \alpha_j} \times \frac{\sum\limits_{j=1, j \neq i}^{l} D_{i,j}}{\sum\limits_{i=1}^{l} \sum\limits_{j=1, j \neq i}^{l} D_{i,j}} =$$

$$\frac{\dfrac{N_i}{l}}{\displaystyle\sum_{i=1}^{l} N_i} \times \frac{\displaystyle\sum_{j=1,j\neq i}^{l} \dfrac{N^{01}+N^{10}}{N^{11}+N^{10}+N^{01}+N^{00}}}{\displaystyle\sum_{i=1}^{l}\sum_{j=1,j\neq i}^{l} \dfrac{N^{01}+N^{10}}{N^{11}+N^{10}+N^{01}+N^{00}}} \tag{4-51}$$

式中：α_i 为分类器的正确识别率；ω_i 为归一化后的值；Q_i 为分类器 D_i 的差异性度量值；N_i 为分类器 D_i 识别错误的样本个数；l 为分类器个数。

新的投票公式则为

$$\text{class}(x) = \text{argmax}\left(\sum_k H_i T(e_k(x), c_i) \right) \tag{4-52}$$

将差异性度量应用在多分类器融合识别中，对子分类器进行选择，并对根据子分类器的差异性改进投票融合法的权值，既能提高多分类器融合识别的效率，又能更大地挖掘分类器间的融合潜力。

多分类器融合无疑是当前模式识别的研究热点之一，本节正是将多分类器融合识别应用到核爆地震识别中。多分类器融合利用子分类器之间的互补性来对目标进行识别，以提高对目标识别的能力。为了提高子分类器间的融合潜力，文中将子分类器的差异性度量应用到分类器融合中，提出了将子分类器正确率和差异性一同考虑的融合方法，充分考虑了子分类器的重要性和融合潜力，实验结果表明这种融合方法是有效的。在融合过程中，根据子分类器差异性的大小选择子分类器进行融合，经过选择，当子分类器个数约为 14 个时能到达一个更好的融合效果，这也在一定程度上提高了融合效率。

参 考 文 献

［1］席云藻．我国用地震方法对核爆炸进行侦察的简况［C］//核爆远区探测．北京：解放军出版社，1985.

［2］傅淑芳，刘宝诚．地震学教程［M］．北京：地震出版社，1991.

［3］张家诚．地学基本数据手册［M］．北京：海洋出版社，1986.

［4］O·库尔哈奈克．地震图解析［M］．刘启元译．北京：地震出版社，1992.

［5］张诚．地震分析基础［M］．北京：地震出版社，1988.

［6］冯德益．地震波理论与应用［M］．北京：地震出版社，1988.

［7］刘代志、李夕海．核爆地震模式识别．北京：国防工业出版社，2010.

［8］Gutenberg B. The interpretation of records obtained from the New Mexico atomic bomb test［J］. Bulletin of the Seismic Society of America, 1946, 36（4）：327-330.

［9］Bruce A B. Nuclear explosions and earthquakes—the parted veil［M］. San Francisco：W. H. Freeman and Company, 1976.

［10］Bullen K E. Seismology in our atomic age［C］//. Proceding of General Assembly of the IUGG. Toronto：IUGG, 1957.

［11］周公威，陈运泰，吴忠良，等．USGS/ASL 对观测地震学的贡献［J］．国际地震动态，2007（2）：1-10.

［12］Edenburn M W, Bunting M L, Arthur J R, et al. CTBT integrated verification system evaluation model supplement［R］. New Mexico：Sandia National Laboratory, Sandia National Laboratory, Albu&uerque, 2000.

［13］许绍燮，王玉秀，肖蔚文，等．地震核侦察进展简况［C］//核爆效果侦察．北京：解放军出版社，1987.

［14］Li Y P, Toksoz M N, Rodi W. Source time functions of nuclear explosions and earthquakes in central Asia determined using empirical Green's functions [J]. Journal of Geophysical Research, 1995, 100 (B1): 659 – 674.

[15] Xie J K, Cong L, Mitchell B J. Spectral characteristics of the excitation and propagation of Lg from underground nuclear explosion in central Asia [J]. Journal of Geophysical Research, 1996, 101 (B3): 5813 – 5822.

[16] 吴忠良, 陈运泰, 牟其铎. 核爆炸地震学概要 [M]. 北京: 地震出版社, 1994.

[17] Chen C H. 模式识别在地震波解释中的应用 [C] //模式识别应用. 北京: 北京大学出版社, 1990. 157 – 175.

[18] Chen C H, Lin I C. Pattern analysis and classification with the new ACDA seismic data base [R]. Washington: Arms Control and Disarmamment Association, 1975.

[19] Benbrahim M, Benjelloun K, Ibenbrahim A, et al. A new approach for seismic signals discrimination [J]. World Academy of Science, Engineering and Technology, 2007, 25: 183 – 186.

[20] Arrowsmith M D, Stump B W, Arrowsmith S J. Mining explosion identification and discriminant assessment in two unique tegions [C] //Proceeding of 31th Monitoring Research Review: Ground – Based Nuclear Explosion Monitoring Technologies. Tucson: Los Alamos National Laborator, 2009: 436 – 444.

[21] 沈萍, 郑治真. 瞬态谱在地震与核爆识别中的应用 [J]. 地球物理学报, 1999, 42 (2): 232 – 240.

[22] 边银菊. Fisher 方法在震级比 mb/Ms 判据识别爆炸中的应用研究 [J]. 地震学报, 2005, 27 (4): 414 – 422.

[23] 靳平, 潘常周, 肖卫国. 基于贝叶斯原理的爆炸识别判据综合技术研究 [J]. 地震学报, 2007, 29 (5): 529 – 36.

[24] 何永锋, 陈晓非. 利用经验格林函数识别地下核爆炸与天然地震 [J]. 中国科学 (D 辑), 2006, 36 (2): 177 – 181.

[25] 孙煜, 范万春, 许进, 等. 基于小波包变换的地震事件分类 [J]. 核电子学与探测技术, 2000, 25 (1): 32 – 36.

[26] 魏富胜, 黎明. 震源性质的倒谱分析 [J]. 地震学报, 2003, 25 (1): 47 – 54.

[27] 邱宏茂, 范万春, 孙煜. 基于能量分布特征的地震事件识别 [J]. 核电子学与探测技术, 2004, 24 (6): 698 – 701.

[28] 杨选辉, 沈萍, 刘希强, 等. 地震与核爆识别的小波包分量比方法 [J]. 地球物理学报, 2005, 48 (1): 148 – 156.

[29] 刘代志, 王仁明, 李文海, 等. 基于小波包分解及 AR 模型的地震波信号初至点检测 [J]. 地球物理学报, 2005, 48 (5): 1098 – 1102.

[30] 刘代志, 邹红星, 韦荫康, 等. 分形分析与核爆地震模式识别 [J]. 模式识别与人工智能, 1997, 10 (2): 153 – 158.

[31] Liu D Z, Zhao K, Zou H X, et al. Fractal analysis with applications to seismological pattern recognition of underground nuclear explosion [J]. Signal Processing, 2000, 80 (9): 1849 – 1861.

[32] 赵克, 刘代志, 慕晓东, 等. 核爆地震波的时频特征 [J]. 核电子学与探测技术, 2000, 20 (4): 272 – 288.

[33] Li X H, Zhao K, Liu D Z, et al. Feature extraction and identification of underground nuclear explosion and natural earthquake based on FMmlet transform and BP neural network [C] //Advances in Neural Networks – ISNN 2004. Dalian: springer, 2004: 925 – 930.

[34] Liu Gang, Li Xihai, Liu Daizhi, et al. Feature Extraction of Underground Nuclear Explosions Based on NMF and KNMF [J]. Advances in Neural Networks, 2006, 3971: 1400 – 1405.

[35] 韩绍卿, 李夕海, 刘代志. 基于克隆选择原理的核爆地震特征选择方法 [J]. 地球物理学报, 2010, 53 (8): 1829 – 1836.

[36] 张斌, 李夕海, 苏娟, 等. 基于 SVM 的核爆地震模式识别 [J]. 核电子学与探测技术, 2005, 25 (1): 44 – 47.

[37] 韩绍卿, 李夕海, 宋仔标, 等. 基于模糊 C – 均值的原型模式选择及其在核爆地震识别中的应用 [J]. 核电子学与探测技术, 2007, 27 (5): 820 – 824.

[38] 齐玮, 李夕海, 刘代志. 基于 ISOMAP 的核爆地震模式识别 [J]. 核电子学与探测技术, 2008, 28 (2): 434 – 439.

［39］ 李夕海, 刘代志. 基于最近邻支撑向量特征融合的核爆地震模式识别［J］. 地球物理学报, 2009, 52（7）: 1816 – 1824.

［40］ 郝保田. 地下核爆炸及其应用［M］. 北京: 国防工业出版社, 2002.

［41］ 吉恩斯·哈弗斯科夫, 杰纳德·阿格斯尔. 地震仪器概论［M］. 合肥: 安徽大学出版社, 2005.

［42］ 薛峰, 庄灿涛. 国外用地震方法作核爆侦察概况［C］//核爆效果侦察. 北京: 解放军出版社, 1987.

［43］ 孟晓春. 地震信息分析技术［M］. 北京: 地震出版社, 2005.

［44］ 刘希强, 周蕙兰, 沈萍, 等. 用于三分向记录震相识别的小波变换方法［J］. 地震学报, 2000, 22（2）: 125 – 131.

［45］ CTBTO. IDC Processing of Seismic, Hydroacoustic, and Infrasonic Data［R］. Vienna: CTBTO, 2002.

［46］ 吴忠良, 陈运泰, 牟其铎. 核爆地震学概要［M］. 北京: 地震出版社, 1994.

［47］ Denny M, Goldstein, Mayeda K, et al. Seismic results from DoE's Non – proliferation experiment: a comparison of chemical and nuclear explosions［C］//Monitoring a Comprehensive test ban treat. Dordrecht: Kluwer Academic Publishers, 1995: 355 – 364.

［48］ Walter W R, Mayeda K, Patton H J. Phase and spectral ratio discrimination between NTS earthquakes and explosions Part 1: Empirical observations［J］. Bull. Seism. Soc. Am., 1995, 85: 1050 – 1067.

［49］ Stump B W, Pearson D C, Reinke R E, et al. Source comparisons between nuclear and chemical explosions detonated at Rainier Mesa, Nevada Test Site［J］. Bull. Seism. Soc. Am., 1999, 89: 409 – 422.

［50］ Argo P, Clark R A, Douglas A, et al. The detection and recognition of underground nuclear explosions［J］. Surveys in Geophysics, 1995, 16: 495 – 532.

［51］ Myers S C, Walter W R, Mayeda K M, et al. Observations in support of Rg scattering as a source for explosion S waves: regional and local recordings of the 1997 Kazakhstan depth of burial experiment［J］. Bull Seism. Soc. Am., 1999, 89: 544–549.

［52］ Walter W R, Gok R, Bonner J, et al. Regional seismic signals from chemical explosions, nuclear explosions and earthquakes: results from the Arizona source phenomenology experiment［R］. Technical Report, UCRL – TR – 215061, Livermore: Lawrence Livermore National Laboratory, 2005.

［53］ Arrowsmith M D, Arrowsmith S J. Stump B, et al. Discrimination of small events using regional waveforms: application to seismic events in the US and Russia［C］//Proceedings of the 27th Seismic Research Review: Ground – Based Nuclear Explosion Monitoring Technologies. Califomria: The National Nuclear Security Administration and the Air Force Research Laboratory, 20 – 22, September 2005, Rancho Mirage, 498 – 508.

［54］ Walter W R, Mayeda K M, Gok R, et al. Regional seismic discrimination optimization with and without nuclear test data: western U. S. examples［C］//Proceedings of the 27th Seismic Research Review: Ground – Based Nuclear Explosion Monitoring Technologies, Rancho Mirage: The National Nuclear Security Administration and the Air Force Research Laboratory, 20 – 22, September 2005, 693 – 703.

［55］ Walter W R, Taylor S R, Matzel E, et al. Regional seismic chemical and nuclear explosion discrimination: western U. S. examples［C］//Proceedings of the 28th Seismic Research Review: Trends in Nuclear Explosion Monitoring Technologies. Orlando, Florida: 19 – 21, September 2006, 704–714.

［56］ Stroujkova A, Bonner J L, Yang X, et al. Source mechanisms for explosions in Barre granite［C］//Proceedings of the 31th Monitoring Research Review: Ground – Based Nuclear Explosion Monitoring Technologies. The National Nuclear Security Administration and the Air Force Research Laboratory, 21 – 23, September 2009, Tucson, Arizona, 592 – 601.

［57］ 沈萍, 郑治真. 瞬态谱在地震与核爆识别中的应用［J］. 地球物理学报, 1999, 42（2）: 233 – 240.

［58］ 张斌. 侦测目标识别中的关键问题研究［D］. 西安: 第二炮兵工程学院, 2006.

［59］ 张斌, 李夕海, 苏娟, 等. 基于分类器集成的核爆地震模式识别［J］. 计算机工程与应用, 2004, 40（26）: 181 – 183.

［60］ Schapire R E. The strength of weak learnability［J］. Machine Learning, 1990, 5（2）: 197 – 227.

［61］ Garg A, Pavlovie V, Huang T S. Bayesian mixture of classifiers［EB/OL］. available at: http://

www. ifp. uiuc. edu/ ~ ashutosh/uai00. pdf. 2005.

［62］ Ali K M, Pazzani M J. On the link between error correlation and error reduction in decision tree ensembles ［R］. Irvine: University of Calfornia, 1995.

［63］ Ruta D, Gabrys B. Analysis of the correlation between majority voting error and the diversity measures in multiple classifier systems ［C］//Proceedings of the 4th International Symposium on Soft Computing. Paisley: IEEECES, 2001.

［64］ Ho T K, Hull J J, Srihari S N. Decision combination in multiple classifiers systems ［J］. IEEE Transactions on Pattern Analysis and Machine Intelligence, 1994, 16 (1): 66 – 75.

［65］ Cao J, Ahmadi M, Shridhar M. Recognition of handwritten numerals with multiple feature and multistage classifier ［J］. Pattern Recognition, 1995, 28 (2): 153 – 160.

［66］ Brown G. Diversity in neural network ensembles ［D］. Birmingham: University of Birmingham, 2003.

［67］ Franke J, Mandler E. A comparison of two approaches for combining the votes of cooperating classifiers ［A］. In: Proceedings of the 11th International Conference on Pattern Recognition, Conf. B: Pattern Reognition Methodology and systems ［C］. 1992, 2: 611 – 614.

［68］ Kuncheva L I. A theoretical study on six classifier fusion strategies ［J］. IEEE Transactions on Pattern Analysis and Machine Intelligence, 2002, 24 (2): 281 – 286.

［69］ Huang Y S, Suen C Y. A method of combining multiple experts for the recognition of unconstrained handwritten numerals ［J］. IEEE Transactions on Pattern Analysis and Machine Intelligence, 1995, 17 (1): 90 – 94.

［70］ Melnik O, Vardi Y, Zhang C – H. Mixed group ranks: preference and confidence in classifier combination ［J］. IEEE Transactions on Pattern Analysis and Machine Intelligence, 2004, 26 (8): 973 – 981.

［71］ Cho S B, Kim J H. Combining multiple neural networks by fuzzy integral for robust classification ［J］. IEEE Transanctions on Systems, Man, and Cybernetics, 1995, 25 (2): 380 – 384.

［72］ Breiman L. Bagging predictors ［J］. Machine Learning, 1996, 24 (2): 123 – 140.

［73］ Dietterich T D. An experimental comparison of three methods for construction ensembles of decision trees: bagging, boosting, and randomization ［J］. Machine Learning, 2000, 40 (2): 139 – 157.

［74］ Kuncheva L I, Whitaker C J. Measures of diversity in classifier ensembles ［J］. Machine learning, 2003, 1 (5): 181 – 207.

［75］ 冯军. 多分类器融合及其在核爆地震模式识别中的应用 ［D］. 西安: 第二炮兵工程大学, 2011.

第五章　核爆炸电磁脉冲侦察技术

5.1　引　　言

电磁脉冲是一种瞬变电磁现象，从时域波形上看，一般具有前沿陡峭和宽度较窄的特点；从频域上看，则覆盖了较宽的频带[1]。对于电磁脉冲现象，除了人们熟悉的雷电会产生电磁脉冲外，无论是自然界发生的核爆炸（如新星爆发、恒星上的耀斑、黑子活动等）还是人工制造的各类核装置爆炸，均伴有电磁脉冲效应。这种在核爆炸一瞬间由爆心对附近源区产生的一种向外传播的持续时间很短的电磁辐射，称为核爆炸电磁脉冲，简称核电磁脉冲（Nuclear Explosion Electromagnetic Pulse，NEMP）。核爆炸电磁脉冲具有峰值场强极高、上升时间极短、能量极大、频带范围极宽等特点，其频率范围几乎包括了从甚低频（VLF）到甚高频（VHF）的所有无线电射频频段。

核爆炸电磁脉冲侦察是通过对核爆炸产生的电磁脉冲信号的接收与分析，来判断核爆炸的时间、地点、当量等信息的侦察方法。核爆炸电磁脉冲侦察是地基中远区核爆炸侦察的重要手段，利用电磁脉冲对在数千千米乃至上万千米远处的核爆炸进行侦察，必须要解决信号探测接收、信号识别、爆炸位置确定、当量计算等关键技术。

5.1.1　核爆炸电磁脉冲侦察的优势

（1）速度快。核电磁脉冲产生快，与 γ 脉冲同时展开，几乎没有滞后，核电磁脉冲产生后就以光速向外传播。因此，核爆炸电磁脉冲侦察取得数据的时间快，进而能及时提供核爆时间 t、核爆炸地点、当量 Q 和爆高 h 等数据。

（2）探测距离远。由于核爆炸电磁脉冲是一种强电磁辐射，不仅频段宽，而且场强大，因此，它以光速在地—电离层中可以传播很远。目前最远探测距离可达 7000 km。远远大于核爆时的瞬发 γ 辐射和光热辐射的作用距离，因此，可进行远区探测，特别适合用于核反击作战效果判断。

（3）近区波形与爆炸性质有关，且不受气候条件影响。由于核爆炸电磁脉冲侦察是基于核爆炸产生的电磁辐射，这种电磁辐射信号的幅度、频率、波形特征与核爆的性质、爆炸方式、爆高、当量等信息相关。因此，在远区侦察中通过核电磁脉冲信号的接收、分析和处理就可以得到核爆炸源的各种信息，完成远区侦察任务。另外，由于电磁辐射在向远区传播过程中不受气候条件的影响。因此，远区侦察是全天候的，减少了自然环境的影响。

5.1.2　核爆炸电磁脉冲侦察的主要缺点

（1）受雷电及其他无线电信号干扰大。对于中远区核爆炸电磁脉冲而言，其主能量分布在 3~60 kHz 的甚低频频带上，而在该频段，自然界的电磁噪声则主要由大气层中的闪电引起，因此，雷电是核爆炸电磁脉冲鉴别的主要干扰源。此外，许多人为的无线电信号（如无线电广播频段）也在甚低频（低频）波段，也会对核爆炸电磁脉冲的探测造成干扰。

（2）不能探测水下和地下核爆炸。因为在水下及地下核爆中产生的电磁脉冲大部分被水层、土壤吸收，所以辐射出的电磁脉冲很弱，向外传播的距离很近，远区无法接收。

（3）核爆炸电磁脉冲和当量相关性较差，通过电磁脉冲来确定核爆当量误差较大。虽然通过远区接收的电磁脉冲信号进行分析处理也可以计算出爆炸当量，但是与实际爆炸当量相差甚远，可信度太低。对空爆试验的分析表明，实际爆炸当量与计算出的当量要相差一个数量级。

5.1.3 核爆炸电磁脉冲探测理论的发展

早在 1945 年美国第一颗原子弹试验之前，美国著名理论与实验物理学家费米即指出核爆炸可能会产生核爆炸电磁脉冲效应[2]。

1954 年，LASL 实验室的 Richard L. Garwin 对电磁脉冲可能来自信号指数生长期的 γ 源做出了估计；随后，他的估计得到进一步详细的证明[3]。

1956 年，隶属于戴孟德军械引信实验所（DOFL：The Diamond Ordnance Fuse Laboratory）的 Peter H. Haas 在 Nevada 附近组织了一个研究小组针对核爆炸的磁场环境进行测量[2]。1958 年，参加日内瓦讨论违反停止核试验协议的探测方法的苏联代表团，提出了"远距离探测核爆炸的无线电方法"，认为"目前已证实，在大多数情况下，借助于比较简单的无线设备就能顺利地解决接收核爆炸的电磁辐射，把它从大量的干扰中选择出来，确定爆点位置、时间和某些参数等问题。"并认为"用无线电探测核爆炸是相当可靠而方便的，它是监视核爆炸综合技术中的基本部分之一"。同时认为："传播路线对核爆炸产生的电磁脉冲波形的影响，使得有时常常很难把此脉冲与远处的雷电干扰区分出来，但是，区分还是有可能的。"

1959 年，苏联理论物理学家 A. S. Kompaneets 首次提出了用康普顿效应来解释电磁脉冲产生的理论模型。并用计算机对麦克斯韦方程组进行了数值计算，得出了电磁脉冲的理论波形[4]。从 1960 年由民兵导弹（MMS：Minuteman Missile System）系统开始，军事设备研究者们开始考虑电磁脉冲可能对他们的仪器产生的影响。1964 年，美国的别林斯基对上述理论模型进行了修正，认为康帕涅茨算出波形的第一准半周极性为正是错误的。因为只考虑了离子导电阶段，忽略了康普顿电流和电子导电阶段。当考虑到最初的康普顿电流以后，他得出了第一准半周的极性为负。

1961—1965 年，美国兰德公司的卡扎斯和莱特提出了 γ—康普顿电子及 X—光电子在地磁场中绕磁力线作横向偏转运动产生电磁脉冲的模型，并在核爆炸探测利用方面进行了研究。认为"在源附近探测到的爆炸信号可以根据它们的波形与闪电信号区分开来，但对于离源约 1000 km 以外的探测点，波形变得主要是传播路径的函数，而与源的性质很少有关，于是鉴别就成为不可能的了"。

1965 年，美国 IEEE 协会发表"核武器探测"专集，讨论了电磁脉冲传播，长基线双曲线时差定位法。同年，美国 IEEE 杂志发表"核爆炸电磁波探测"，讨论了近距离核爆探测系统中电磁脉冲应用的具体电路和抗雷电干扰的判据，他利用的是 NEMP 中的地磁偏转信号分量。

1969—1973 年，英国专刊及美国专刊上发表了用电磁脉冲与光脉冲符合作为核爆炸判别的方法。

1973 年，美国专刊上发表了利用电磁脉冲与光脉冲按一定时序符合以区别核爆炸与雷电的方法。

1977 年，法国研制出"核爆炸探测和定位站"，利用垂直鞭状天线探测电磁脉冲，用测向双环天线探测方位。

1980 年后，核爆炸电磁脉冲用于与核爆炸光脉冲参数相结合组成核爆炸识别判据，并用于远程定位系统（如 GPS 卫星核爆炸定位系统）。

近几十年以来，核爆炸电磁脉冲探测理论飞速发展，国内学者针对电磁脉冲在各种介质中的传播问题，核爆炸电磁脉冲的数值模拟，以及核电磁脉冲防护等问题[5-14]展开了较为深入的研究。

5.2　核爆炸电磁脉冲的产生

核爆炸电磁脉冲是核爆炸产生的一种次级效应。在 20 世纪 50 年代末期和 60 年代初期，Karzas、Latter、Kompaneets 等人[4]分析了核爆炸产生电磁脉冲的各种机理，最后认为，核爆炸 γ 辐射散射产生康普顿电子模型是空中、地面爆炸时的最主要机理；γ 辐射与 X 射线沉积在高层大气产生的康普顿电子模型是高空核爆炸时的最主要机理。既然 γ 射线是激励电磁脉冲的主要因素，要理解核爆炸电磁脉冲的产生机理，首先需要了解核爆炸的 γ 辐射源。

5.2.1　核爆炸 γ 辐射源

核爆炸时释放出大量的 γ 射线，它是一个从 10^{-8} s 一直持续到秒级的脉冲，不同时刻的 γ 有不同的源。作为核爆炸的杀伤破坏因素，根据 γ 辐射的发射时间，可将它分为 3 类[15]：

（1）瞬发 γ 辐射：从核武器起爆开始到弹体飞散为止产生的 γ 辐射，即时间为 $0 \sim 10^{-5}$ s 左右，包括伴随裂变过程的 γ 辐射、裂变产物 γ 辐射和中子在弹体材料中非弹性散射和被俘获所产生的 γ 辐射。这部分 γ 辐射既能反映内核反应过程的信息，也是形成电磁脉冲的主要激励源。

（2）缓发 γ 辐射：从弹体飞散到早期核辐射对地面 γ 剂量的贡献可以忽略为止，即时间约为 $10^{-5} \sim 15$ s。它主要由裂变产物 γ、空气中氮俘获 γ 和少量的土壤俘获 γ 辐射组成，这是早期核辐射的 γ 辐射剂量的主要部分。

（3）剩余 γ 辐射：从约 $15 \sim \infty$ s，它包括裂变产物 γ 辐射和土壤感生放射性的 γ 辐射。

当百万吨级核武器地面爆炸时，对形成电磁脉冲有贡献的 γ 辐射能量发射率随时间变化的全过程如图 5-1 所示。

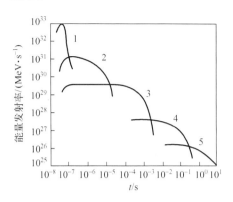

图 5-1 1Mt 核武器地面爆炸 γ 辐射能量发射率随时间变化的典型过程

1—瞬发 γ 和地面非弹性散射 γ；2—空气非弹性散射 γ；

3—地面俘获 γ：4—空气俘获 γ；5—裂变碎片 γ。

对于离地面稍高一点的爆炸，中子到达地面需要一些时间，因而土壤非弹性散射 γ
辐射和俘获 γ 辐射稍向后推迟。随着爆高的增加，空气非弹性散射 γ 辐射和俘获 γ 辐
射的强度减小，而它们的寿命却因空气密度的减小而增加。对于非常高的爆炸，土壤非
弹性散射 γ 辐射、俘获 γ 辐射消失，空气非弹性散射 γ 辐射和俘获 γ 辐射到达的高度
不会超过 30 km。

5.2.2 γ 源与物质的相互作用

γ 辐射可定义为伴随核跃迁的电磁辐射。核爆炸辐射的 γ 光子与物质相互作用的方
式有光电效应、康普顿效应和电子对 3 种类型。在光子与原子相互作用的过程中，光子
具有的全部能量转变为电子的动能和在原子中的结合能，这个过程称为光电效应。参与
光电效应的光子失去全部能量后离开了 γ 光子源，而获得能量的电子便从原子中弹射
出来。

γ 辐射在与原子核库仑场的相互作用中，光子能量全部被吸收而发射出电子——正
电子对的过程被称为电子对效应。同光电效应一样，光子在产生电子对效应后便完全离
开 γ 光子流，但这一过程伴随有能量低于入射光子（初级光子）的次级 γ 辐射。

康普顿效应是一种光电效应，当 γ 光子打击靶物
质时，可以打击靶物质的外层电子，该电子与入射的
γ 光子、出射的 γ 光子之间遵循能量守恒定律。在发
生康普顿效应的过程中，γ 光子与原子中的电子碰撞
后，光子的一部分能量传递给了电子，并向着一个新
的方向发射。获得能量的电子发生反冲，如图 5-2 所
示。如此具有一定能量和动量的电子称为康普顿
电子。

对于给定的光子流而言，在光子与物质相互作用
过程中，产生上述 3 种类型效应中任何一种效应的概

图 5-2 康普顿散射与康普顿电子

率取决于 γ 光子的能量与被作用物质的原子序数。在我们所关心的光子能区范围内，对于低原子序数的物质（例如空气）主要是康普顿效应。

图 5-3 给出了温度为 273 K，压强为 101323.2 Pa 的空气中光子质量吸收系数随光子能量的变化曲线。所谓光子质量吸收系数，是指光子束通过某物质时被减弱的等效截面（因光子被吸收）与该物质的质量之比。等效截面越大，表明该物质吸收该种能量光子的本领越强。由图可见，当光子能量低于 0.1 MeV，主要为光电效应；大于 0.1 MeV 则主要为康普顿效应；当高于 10.2 MeV，电子对效应所占的地位随着光子能量的增加变得重要起来。电子对效应形成负电子和正电子，在电荷上是等量的，对电场没有贡献，在研究电磁脉冲问题时，一般不予考虑。典型裂变装置辐射的 γ 光子的能量范围理论值为 1～5 MeV，平均能量约为 1.5 MeV。故核爆炸辐射的 γ 光子与物质的相互作用主要是康普顿效应。

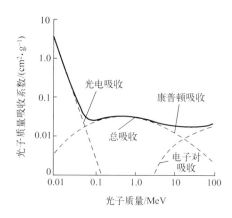

图 5-3　空气中光子的质量吸收系数随光子能量的变化

根据 γ 光子与物质的作用原理，电磁脉冲的形成机制主要可分为康普顿电子模型、光电子模型和火球膨胀的磁场位移模型。目前比较普遍地都用康普顿电子模型来解释，原因是该模型比较直观、合理，也比较好解释。在康普顿电子模型中，电磁脉冲产生的主要机制是康普顿效应。

5.2.3　康普顿电流模型

核爆炸早期核反应过程中产生的瞬发 γ 辐射，穿出弹体进入大气层，发生康普顿散射，从 γ 辐射中获得动能的康普顿电子大体沿着原 γ 辐射的方向（以爆点为原点的径向），以接近于光速的速度向外运动，从而形成了康普顿电流 J_c。

康普顿电子在运动过程中与其周围的空气分子碰撞，使空气分子电离，产生大量的次级电子和正离子。平均每 MeV 约产生 3×10^4 个次级电子，这些电子不再具有高速径向飞行的特点。电子和离子的贡献是使空气的电导率 σ 大大增加。

康普顿电子沿径向飞出的结果，使爆点附近缺少电子，远处电子过剩，即正、负电荷分离，形成了一个大体为径向的电场 E_r，该电场阻止康普顿电子继续向外运动。同时，由于空气电导率 σ 增加，在电场 E_r 的作用下形成了与康普顿电流方向相反的回电流 σE_r 以抵消康普顿电流。

康普顿电流 J_c、回电流 σE_r 和空间电荷 ρ 随 γ 辐射的时间谱变化并互相转化，从而激励电磁脉冲。由于康普顿电流是激励电磁脉冲的主要因素，因而将这种激励机理称为康普顿电流模型。

由于核爆炸产生的 γ 辐射主要通过康普顿效应沉积其能量，故 J_c 分布的区域被称为沉积区。又因 J_c 电流是电磁脉冲的主要激励源，通常又将 J_c 分布的区域称为电磁脉冲源区。

在极端理想化的条件下，当电磁脉冲源区的 J_c 完全球形对称，在以爆点为原点的球坐标下，电场强度 E 只存在径向分量，即

$$E_\theta = E_\Phi = 0, E_r \neq 0$$

由麦克斯韦方程组中的法拉第电磁感应定律可知

$$\frac{\partial B}{\partial t} = -\nabla \times E = 0$$

又 $t = 0$ 时 $B = 0$，故任何时刻 $B = 0$。这表明完全球形对称的核爆炸，所形成的电磁脉冲源区是不可能向外辐射能量的。换言之，源区向外辐射电磁脉冲能量的必要条件之一就是必须存在不对称因素。而实际上这样一种不对称因素总是存在的。对于大气层核爆炸而言，不对称因素有：（1）大地与空气的交界面；（2）大气密度随高度发生变化；（3）地球磁场的存在；（4）核装置本身的不对称性。这几种不对称性因素往往是交互存在的，对于近地面爆炸，因素（1）起主要作用，对于空中爆炸，因素（2）起主要作用。对于外层空间核爆炸，外层空间与大气层的交界面以及因素（3）和（4）是主要的不对称因素。

虽然由 γ 辐射产生的康普顿电流是激励电磁脉冲的主要因素，但是高能中子、热 X 射线和地磁场的影响也是形成电磁脉冲复杂波形的重要因素[15]。

综上所述，电磁脉冲的激励过程如图 5-4 所示。

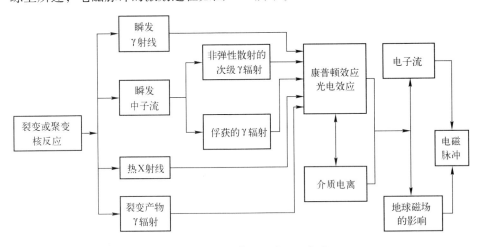

图 5-4　电磁脉冲激励过程示意图

5.2.4　核爆炸电磁脉冲的产生机理

不同高度上的核爆炸，γ 辐射形成的电子流空间分布不同，所受地磁场的影响也不

一样，因此，形成电磁脉冲的具体机理也不相同。

1. 近地面核爆炸电磁脉冲的产生机理

核武器在地面或接近地面处爆炸时，向下方辐射的中子和 γ 光子很快被地面上层的岩土介质吸收，在 γ 辐射方向上基本上不发生电荷分离现象，即不产生电场。然而，在向外和向上的其他方向上，γ 辐射使空气电离并造成电荷的分离。康普顿电子及其在空气中产生的大量次级电子由爆点向外运动比质量较大的正离子容易得多，可到达距爆点 1~10 km 处。留在爆点附近的正离子与电离区（源区）边缘之间形成较强的径向电场。这些电子流的净效应为一竖直向上的合成电子流（净电子流）。从而源区被激励，向外辐射电磁能量，如图 5-5 所示。

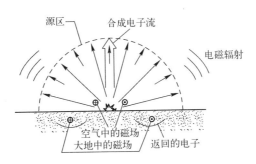

图 5-5　地面核爆炸电磁脉冲形成示意图

另一方面，由于大地的导电性能相对较高，为源区中的电子返回爆点附近提供了一条通路，这就导致了电流环路的形成，即电子在空气中从爆心向外运动，然后通过电导率较高的大地返回。由这样的电流环产生了非常高的水平磁场。在源区内，特别是在靠近地面处，当从地面上方向下看时，磁力线是以顺时针方向环绕爆点的，如图 5-5 所示。在离爆点非常近的地方，当高度电离的空气导电性能超过大地时，转移到大地的传导电流趋于减小，磁场也相应减小。

地面核爆炸时，由 γ 辐射形成的电磁脉冲源区，覆盖范围的半径约为 3~8 km，爆炸当量大则覆盖半径大。

如果核爆炸不是发生在地面上，而是在地面以上百米左右的高度上，γ 辐射就能与大面积的地面相作用。大地的电导率会因此大大增加，流入大地的电流随之增加，地表附近的磁场也会随之加强。

爆高低于 2 km 的低空核爆炸，电磁脉冲具有地面核爆炸电磁脉冲的典型特征。

2. 中等高度核爆炸电磁脉冲的产生机理

当核爆炸的高度低于 30 km 而电磁脉冲源区又不接触地面时，爆点下方的空气密度要比上方的大，而且这种竖直方向上的密度差别是随着爆高的增加而增加的，但总的来说，差别不是很大。

康普顿效应的碰撞频率以及空气的电离情况与空气密度的变化规律相一致，源区上下的不对称性总是存在的。由此产生了一个竖直方向上的合成电子流，在发生电离的区域内激励振荡，其能量以电磁脉冲的形式辐射出去，在与合成电子流垂直的方向上辐射最强。此外，康普顿电子受地磁场偏转的结果，还要向外辐射一个持续时间短的高频脉冲。

中等高度空中核爆炸电磁脉冲源区的半径为 5~15 km，随爆高的增加而增加。源区没有明确的边界，其半径可按空气电导率达到 10^{-7} s/m 的范围来估计。

3. 高空核爆炸电磁脉冲的产生机理

如果核爆炸发生在 30 km 以上的高空，γ 光子向上方辐射，进入密度很低的大气中，以至于 γ 射线在被吸收之前要走很远的距离。另一方面，γ 光子下方辐射将碰到密度逐渐增大的大气。γ 辐射与空气分子相互作用形成的电磁脉冲源区，大致呈中间厚而边缘薄的圆饼状。源区的大小是爆高和爆炸当量的函数。十万吨级及百万吨级核爆炸在不同爆高条件下电磁脉冲源区的半径和高度，分别如图 5-6 和图 5-7 所示。

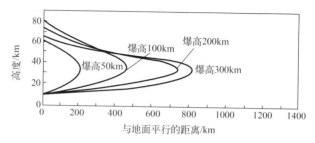

图 5-6　0.1Mt 核武器在不同高度爆炸时电磁脉冲源区的范围

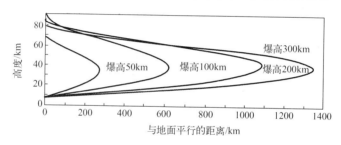

图 5-7　1Mt 核武器在不同高度爆炸时电磁脉冲源区的范围

图 5-7 中横坐标为从爆点与其地面投影点（称地面零点）连线算起平行于地面的距离。曲线是根据 γ 辐射的估算值与不同密度空气已知的吸收系数计算出来的。由图可见，爆点正下方源区最厚，随着与爆点水平距离的增加源区逐渐变薄。这是因为随着与爆点距离的增加，γ 辐射的强度下降。γ 光子向着地面方向射出时，要通过密度不断增加的空气，因而大部分 γ 射线在高约 15~65 km 的空气层中就被吸收了。在水平方向上源区的分布范围则是相当宽的。

在源区内，由于大气密度极低，辐射与空气分子、原子相互作用产生的康普顿电子与其他空气分子、原子碰撞的次数较少，故行程很长，只要不是沿着地球磁场磁力线的方向射出，其运动轨迹就要受到地磁场的偏转而发生弯曲，从而获得径向加速度，围绕磁力线连续旋转。这样，一些密度随时间变化做螺旋运动的电子将形成相干相加的电磁辐射，如图 5-8 所示。高空爆炸以这种方式产生的电磁脉冲与中等高度空中爆炸和地面爆炸时由于源区非对称性形成的电磁脉冲相比，高频成分要丰富得多。

电磁脉冲不仅从源区垂直向下辐射，还从源区边缘以不同角度辐射。其中频率较高的分量在地面上的作用区域延伸至视界范围（即从爆点向下看到的地面范围，最远点为爆点至地球表面的切点）。频率较低的分量其辐射区域甚至能延伸至视界范围之外。

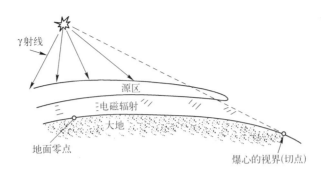

图 5-8 高空核爆炸电磁脉冲形成示意图

上述在能 γ 量沉积区域内，由于康普顿电流和大气电导率的变化激励产生的电磁脉冲构成了高空核爆炸电磁辐射的主要部分，也可称之为沉积信号。另外，高空核爆炸电磁脉冲还包含一个幅度较低，持续时间长达 100 s 级的信号，被称为磁流体动力学信号或场位移信号，其产生机理可用场位移模型来描述。如图 5-9 所示，核爆炸的火球是一个等离子体球，它以一定的速度向外膨胀，同时将排斥地磁场。若将等离子体等效为一个磁偶极子，用以估算场位移模型激励的电磁

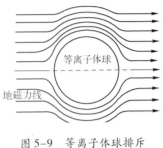

图 5-9 等离子体球排斥
地磁场示意图

辐射，设火球向外膨胀的速度近似于光速，地磁场的磁感应强度 B_0 为 3×10^{-5} T，则可能达到的最大电场强度 $E_{\max} \approx 5 \times 10^2$ V/m，其覆盖的频段为 1 Hz 以下的极低频。

4. 地下核爆炸电磁脉冲的产生机理

地下核爆炸时，γ 辐射与爆点四周的岩土介质相互作用产生的康普顿效应同样会引起电荷分离并形成电磁脉冲。然而密度远远高于空气的岩土介质限制了电离区的膨胀。具有一定电导率的介质又使电磁辐射很快衰减，尤其是高频分量衰减得更快。因此，地下核爆炸电磁脉冲的源区范围小，辐射范围也小。

另外，地下核爆炸时还会由场位移效应产生电磁脉冲。因为核爆炸时被封闭在地下的急剧膨胀的火球是一个等离子体，其电导率极高。等离子体外的磁场并不能穿透该区域。随着等离子体的膨胀，地球磁场受到排斥而发生位移，磁力线被压缩和张弛的结果就会向外辐射电磁能量。

在地下核试验的坑道中，受到 γ 辐射作用的空气会产生与近地核爆炸类似的电磁脉冲。与等离子体接触或受 γ 辐射作用的金属管道有电流流过也会辐射电磁能量。

5.2.5 核爆炸电磁脉冲波形的特点

核爆炸电磁脉冲波形不仅与核装置的特点和爆炸性质有关，而且与爆炸的方式有关。不同的核装置，不同类型的爆炸，在不同的位置上，电磁脉冲的特性是不同的。根据大气层内核爆炸产生的 NEMP 波形的特点，可将电磁脉冲的传播区域大体分为 3 个区域[15]：一是源区，即距离爆心几千米以内的区域；二是近区，即是从几千米到近百千米范围内的区域；三是远区，即百千米以外的区域。文献［15］根据少量的实测波形

和理论计算，分析总结了不同区域的电磁脉冲波形特点。由于远区核爆炸电磁脉冲的波形受到传播路径的影响，因此，本节主要介绍源区和近区核爆炸电磁脉冲波形的特点，关于源区核爆炸电磁脉冲波形的特点，在后续 5.3 节电磁脉冲的传播中介绍。

1. 源区核电磁脉冲特点

源区核爆炸电磁脉冲具有的特点为：（1）场强峰值大，峰值范围一般在 $10^4 \sim 10^5$ V/m；（2）持续时间长，有的长达秒的量级；（3）电磁脉冲波前沿部分高频分量丰富；（4）除前沿振荡部分外，波形主要由两个准半周期组成，第一个准半周期时间短，持续时间为几十到几百微秒，第二个准半周期时间很长；（5）波形频谱很宽，从几赫兹到 10^8 Hz；（6）源区在地面主要是垂直电场，水平电场小于垂直电场 $1 \sim 2$ 个数量级；（7）地面爆炸时，源区磁场波形是由一个有振荡的负准半周和正准半周组成，其幅值在 $10^{-3} \sim 10^{-4}$ T 量级，总持续时间小于电场持续时间，并且随着爆炸高度增加，磁场迅速下降。

2. 近区核电磁脉冲特点

随着距爆心距离的增加，电场波形的高频分量迅速衰减，幅值也随之下降，总持续时间变短，负准半周中拖的很长的后尾消失，过渡到有 3 个准半周，持续时间约为几百微秒的近区核爆炸电磁脉冲波形。根据苏联提供的距离爆心 10 km 范围内原子弹和氢弹爆炸的波形（见图 5-10 和 5-11），以及美国某次原子弹爆炸距离爆心 44.6 km 处的电磁脉冲波形（见图 5-12），可以得出其有如下特点[15]：

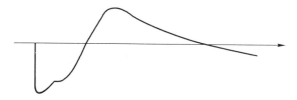

图 5-10　苏联某次距离爆心 10 km 范围内原子弹爆炸的电磁脉冲波形

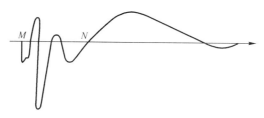

图 5-11　苏联某次距离爆心 10 km 范围内氢弹爆炸的电磁脉冲波形

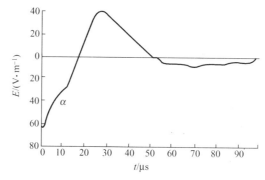

图 5-12　美国某次原子弹爆炸距离爆心 44.6 km 处的电磁脉冲波形

136

（1）原子弹波形由 3 个准半周组成；氢弹波形虽然复杂，但若把氢弹爆炸的前高频振荡部分（即图 5-11 所示 MN 段）看作一个准半周的话，其爆炸波形也可认为由 3 个准半周组成。

（2）原子弹爆炸波形前沿上升时间约为微秒级，比较稳定，在前沿上仅出现一个拐点（如图 5-12 所示的 α），过峰值后，波形单调且平滑地过渡到第二个准半周；氢弹前沿上升时间比原子弹略短，但第一个准半周期上叠加了 5 个较小的准半周，各个准半周的峰值不仅反映了热核爆炸与原子弹爆炸在核反应上的差异，而且可能反映了核装置结构的某些特点。

（3）不论是原子弹爆炸，还是氢弹爆炸，爆炸环境不论是地面还是低空，其在近区的电磁脉冲波形的第一个准半周总是负极性的。

（4）由图 5-12 的频谱图 5-13 所示，近区电磁脉冲波形的频谱为连续谱，且频谱分布在 100 kHz 以下，主频在 10 ~ 20 kHz 附近。随着距离的增加，高频分量损失较多，频谱分布逐渐向低于 100 kHz 转移，其主频率也逐渐低于 10 ~ 20 kHz。

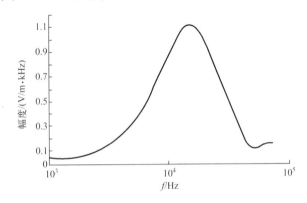

图 5-13　图 5-12 所示电磁脉冲波形的频谱

5.3　核爆炸电磁脉冲的传播

根据核爆炸方式的不同，核爆炸产生的电磁脉冲传播主要可分为 3 类：（1）通过电离层向上方的传播；（2）通过大地和电离层间构成的地球波导向远处的传播；（3）通过大地向地球深处的传播。由于发生在近地面的核爆炸电磁脉冲，将以垂直场的方式，以第二种方式向外传播，因此本节仅讨论第二种传播方式，目的在于弄清远区核爆炸电磁脉冲的特征，它随距离及不同传播方向等影响因素的变化规律，探索它和近区核爆炸电磁脉冲的联系，从而为远区侦察核爆炸提供依据。

由 5.2 节可知，近区 NEMP 频谱的主要能量分布在 100 kHz 以下，主频率在 10 ~ 20 kHz，因此，核爆炸电磁脉冲的传播基本上是甚低频电波的传播问题。

大气层核试验的次数不少，也有不少间接的关于远区 NEMP 的公开文献报道，但实测波形及其特征分析的公开报道却不多见，本节主要根据文献［15］和文献［16］介绍核爆炸电磁脉冲远区波形特点以及传播特征。

5.3.1 远区核爆炸电磁脉冲的特点

核爆炸电磁脉冲（NEMP）在传播过程中，在离爆炸源大约100 km范围内，主要是沿大地表面传播，波形没有多大的畸变，保持着核爆炸辐射场的特征。在100~500 km范围内，需要考虑 NEMP 从高度约为60~90 km电离层 D 层的反射。反射回到地面的波（称天波）和沿地面传播的波（称地波）的叠加，使得这个区域的波形略有畸变，但由于天波比地波弱得多，而且天波比地波晚到50~60 μs以上（距离越短滞后越长），因此其结果是在原来的 3 个准半周的波形上叠加另一个"3 个准半周"波形，如图 5-14（c）所示。由于地波传播中频率高的衰减大，因而波形高频振荡部分衰减很大，以致消失，上升前沿变慢，准半周略有展宽。如果仍然以前 3 个准半周为主要观察对象的话，大体上保持了辐射场的基本特征。文献［15］引用 J. R. Johler 的计算，以距爆心 44.6 km 的波形（如图 5-12）作为源，考虑到电离层的反射，给出了距爆心为 81 km 和 322 km 的波形，如图 5-14 所示。其中，图（a）为地波，（b）为天波，（c）为叠加后波形。和图 5-12 比较来看，其区别是：（1）前沿上升的陡度略为变慢，前两个准半周时间略有增长；（2）出现了新的准半周。尽管有这些细微的区别，但仍然保持了图 5-12 的基本特征。

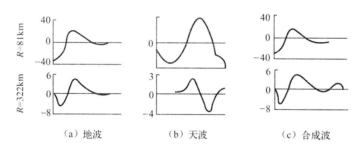

图 5-14　81 km 和 322 km 的计算波形

当距离再增加，在 500~1000 km 范围内，地波已有畸变，天波的贡献也逐渐增大，而且两者的时差也进一步缩短，不仅应考虑一次反射天波，而且要考虑二次以上的天波。在这个距离上的波形已经有了比较大的变化，上升前沿的陡度明显变慢，出现了较多的准半周，整个波形的持续时间明显增长。

当距离达 1000~3000 km 时，NEMP 的传播基本上由地球波导的传播条件决定，在脉冲的频谱中剩下的大部分只是低于 30~40 kHz 的成分，而且脉冲的频谱分布的基本特点随距离不再有大的变化。由于地球波导的滤波作用，使得远区 NEMP 波形和近区脉冲波形相比有很大的变化，主要有如下特点：

（1）核爆炸电磁脉冲波形由近区 3 个准半周的脉冲波形变成了由十几个准半周组成的、持续时间约长达 500 μs 的准正弦波形。

（2）无论是原子爆炸还是热核爆炸，反映核爆炸性质的特征性高频振荡已完全消失，而且二者的波形很为相似，其差异仅保留在第一准半周上。在地波还有一定强度的距离（约 4000~6000 km）内，远区波形第一准半周应能反映近区波形第一准半周的极性。因此，对于原子爆炸，第一准半周基本上是负极性。对于热核爆炸，其极性与近区波形第一准半周的振荡特性有关，如果其中正极性振荡的振幅大、持续时间长，则远区波形的第一准半周基本上是正极性，与原子爆炸波形的第一准半周极性有180°的相位差；反之，如果负极性振荡突出，第一准半周也可能是负极性。当距离再远，地波强度很弱或者消失，记录到的第一准半周可能是天波，那么前述对于核爆炸类型具有鉴别意义的特征就会消失。

（3）核爆炸电磁脉冲波形的前5个准半周持续时间依次递增，而且基本上相对固定。并且，该特征不受爆炸是氢弹还是原子弹、爆炸方式、传播大地条件和传播方向的影响。

（4）远区核爆炸电磁脉冲场强的最大峰值几乎都出现在第三个峰值上，直到6000～7000 km，这个现象都成立。

5.3.2　核爆炸电磁脉冲的地波传播

由于核爆炸电磁脉冲属于甚低频电磁波，甚低频电磁波传播理论研究已有多年，通常认为主要有3种传播机制：一是地面波传播；二是天波传播（射线理论）；三是地—电离层波导传播。地面波传播是指位于地球表面的辐射源发射并以绕射方式沿着地球表面传播的方式，这种传播机制没有考虑电离层对电波传播的影响。在地面波传播方式下，电磁脉冲场强因能量扩散、绕射损耗和半导电地面的吸收等作用而衰减。

甚低频电磁波的波长为10～100 km，其尺度很大，因此，在地球表面上可以沿地球表面发生绕射传播。相同条件下，频率越低则地面波传播的距离越远，频率越高则地面波随距离增加而很快地衰减，传播也就越近。图5-15是地面波传播的示意图。

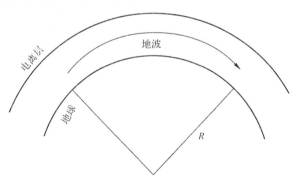

图5-15　地面波传播示意图

在讨论地面波传播时，一般是将对流层视为均匀介质，且电离层的影响不予考虑，而主要考虑地球表面对电磁波传播的影响。由于地面波传播是沿着空气与大地交界面处传播的，因此其传播情况主要取决于地面条件，地面的性质、地貌地物的情况对电波的传播有很大影响。其影响主要体现在两个方面，一是地面的不平坦性，二是地面的地质情况。前者对电波传播的影响随电波波场不同而不同，后者则是从地面土壤的电性质来研究电波传播的影响。

不管核爆炸产生电磁脉冲的机理多么复杂，人们在研究远离爆心处的电磁脉冲传播时，总是将辐射源等效为一个垂直电偶极子。若地球表面某处有一垂直电偶极子，其时间因子为$e^{j2\pi ft}$，在地球表面另一点为接收点，收发之间的大圆距离为d，对地心的张角

为 θ，地球半径为 R，如图 5-16 所示，则接收点的垂直电场强度计算如下[17]：

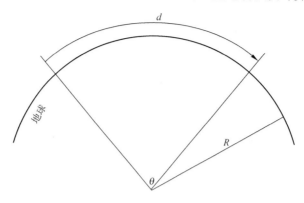

图 5-16　地波传播示意图

接收点的垂直电场强度可表示为

$$E_{\mathrm{g}} = \sqrt{2}\, E_0 \frac{d}{R\,\sqrt{\theta\sin\theta}}\, U \tag{5-1}$$

式中：E_0 为电偶极子在自由空间的基准场，可表示为

$$E_0 = 0.212 \frac{\sqrt{P}}{d} e^{-2\pi f d/c} \tag{5-2}$$

式中：P（单位为 kw）为辐射功率；d（单位为 km）为大圆弧线距离；$\dfrac{d}{R\,\sqrt{\theta\sin\theta}}$ 表示辐射能量在理想导电光滑球面上的几何扩散；U 为地波绕射系数，经典的方法是分别列出地面上下的麦克斯韦方程，使用地球表面的边界条件求解，得到一个收敛很慢的级数。对于收发点均在地球表面的情况，绕射系数可表示为

$$U = \sqrt{\pi x}\, e^{-\mathrm{i}\left(\frac{\pi}{4}\right)} \sum_{s=1}^{\infty} \frac{e^{-\mathrm{i} x t_s}}{t_s - q^2} \tag{5-3}$$

式中：x 为数字距离；i 为虚数；q 为曲率系数。

其表达式分别为

$$x = \left(\frac{KR}{2}\right)^{1/3}\theta$$

$$q = -\mathrm{i}\left(\frac{KR}{2}\right)^{1/3} \frac{\sqrt{\varepsilon_\gamma - 1 - i60\lambda\sigma}}{\varepsilon_\gamma - i60\lambda\sigma}$$

式中：λ 为波长（单位为 m）；σ 为导电率（单位为 Ω/m）；$K = 2\pi/\lambda$ 为波常数；ε_γ 为常数；$t_s(s=1,2,3,\cdots)$ 为如下微分方程的特征根：

$$W_1'(t) - q_1 W_1(t) = 0$$

式中：$W_1(t)$ 为爱里函数。

绕射系数在级数展开后收敛很快，实际上只要取前面有限几项的和就可满足要求。在后续计算中，可以取前 20 项。

5.3.3　核爆炸电磁脉冲的波跳理论

虽然长波范围内沿地面的绕射传播最为有利，然而，在地面波传播方式下，距离辐射源 1000～2000 km 以外时，由地面波传播公式计算出来的场强与实际测量结果随着距离的增加而相差越来越大。这是由于地球表面 60～90 km 以上的电离层对电磁波传播产生的影响所致。因此不能用地面波传播方式来计算，由于电磁波在地球波导中是以波在大地表层和低电离层之间连续反射的形式向远距离传播。在理论工作中主要发展了两种方法：一种是几何光学的方法，又称波跳理论；另一种是波导理论。无论是射线理论，还是波导理论，当这两种方法取得的计算项数足够多时，应该有相同的结果。在这一节里，主要介绍波跳理论。

1. 波跳理论简介

波跳理论的基本思路是：把电磁波近似为几何光线，那么地球波导中任一点的场都是经电离层和地面一次及多次反射的所有反射波——即天波同地波之和。所谓天波传播是指自发射天线发出的电波，在高空被电离层反射后到达接收点的传播方式。经电离层一次反射的波称为一跳天波，经电离层 j 次反射，并经地面 $j-1$ 次反射的波称为 j 跳天波。天波传播示意图如图 5-17 所示。

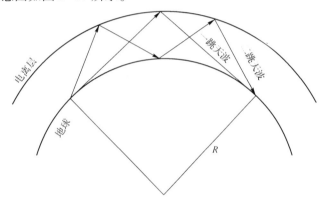

图 5-17　一跳天波与二跳天波传播示意图

对于远区接收到的 NEMP 波形应是地面波和天波传播的合成波形，图 5-18 是核爆炸电磁脉冲传播示意图。图中 R 是地球半径，d 是探测距离，h 是电离层高度，d' 是一跳天波传播距离，θ 是收发点之间的大圆角距离。

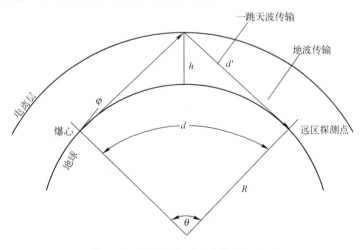

图 5-18　核爆炸电磁脉冲传播示意图

141

对于远区核爆炸电磁脉冲而言，在不同距离上，天波与地面波的射线行程差不同。在某些点处，天波、地面波的射线行程差恰好为波长的整数倍，则两者合成场强最大；在某些点处，射线差使两者反相则合成场强最小。这样，随着距离的变化，接收点场强呈波动状。

对于地面上的垂直偶极子，地波传播垂直电强度由式（5-1）给出，而接收点接收到的天波共有 n 次天波，则接收点电场强度为

$$E = E_g + \sum_{j=1}^{n} E_j \tag{5-4}$$

式中：$E_j = \dfrac{iz_0 P}{\lambda D_j} G_j^t G_j^r \Gamma_j F_j R_j e^{-iwt}$

式中，G_j^t，G_j^r 为收、发天线的方向性系数；R_j 为等效反射系数；D_j 为 j 跳天波所传播的距离；z_0 为真空中波阻抗；Γ_j 为聚焦与发散因子；F_j 为计及收发两端地面影响的绕射修正因子；R_j 为等效反射系数，由地面的反射系数 R_g 和电离层 4 个反射系数 $\perp R \perp$、$\parallel R \perp$、$\perp R \parallel$、$\parallel R \parallel$ 决定。

前面讨论的反射系数都是对于平面波求得的，因此要用聚焦发散因子 Γ_j 来修正，以期能反映球面波的反射并得到相应的反射系数。几何光学无法计及绕射的结果，修正因子（又叫割背因子）Γ_j 就是为了考虑绕射影响而引进的。

2. 波跳理论计算结果及分析

在 NEMP 的传播问题中所关心的是：已知近区某个距离上 $D = d_1$ 的实测波形 $E(t', d_1)$，利用波跳理论求得远区 $D = d_2$ 处的波形 $E(t', d_2)$。

将 $E(t', d_1)$ 作傅里叶展开

$$\widetilde{E}(\omega, d_1) = \int_0^{\infty} e^{-iwt'} E(t', d_1) \mathrm{d}t' \tag{5-5}$$

同样式（5-4）亦可以作傅里叶展开，即

$$\widetilde{E}(\omega, d_2) = \sum_j \widetilde{E}_j(\omega, d_2) \tag{5-6}$$

式中：$j = 0$ 为地波项。利用跳波理论，在 d_2 处的波形应为

$$E(t, d_2) = \sum_j \frac{1}{2\pi} \int_{-\infty}^{\infty} e^{iwt} \frac{\widetilde{E}(\omega, d_1)}{\widetilde{E}_0(\omega, d_1)} \widetilde{E}_j(\omega, d_2) \mathrm{d}\omega \tag{5-7}$$

逐项积分后就是所求得的波形。

上式中 $E(\omega, d_1)$ 反映辐射源的谱特性，$\dfrac{\widetilde{E}(\omega, d_1)}{\widetilde{E}_0(\omega, d_1)}$ 是 j 跳波自源到距离 d_2 的路径上传播介质和反射边界的谱特征，不妨将它理解为 j 跳波传输函数，源的谱和传输函数的乘积经傅里叶积分后便得 j 跳波在时间域的场强。

3. 波跳理论的适用性

把每跳波简单地作为几何射线，用几何光学的方法来讨论波的传播时，在理论上有两点限制。一点是波长的限制，即在一个波长范围内介质的电性质无明显变化，具体

说，几何光学要求介质折射率 n 的空间变化率应小于 n^2 在一个波长内的变化，即

$$\lambda \frac{\mathrm{d}n}{\mathrm{d}x} \ll 2\pi n^2 \tag{5-8}$$

显然，对于长波，这个关系难以成立。另一点是传播距离的限制。若电离层边界高度为 h_0，波长为 λ 的波的方向分辨率为 $\frac{1.22\lambda}{h_0}$，当反射波与边界的夹角 β 小于分辨率时，由于波的绕射，不能再将波分开，因此不能再用几何光学方法来讨论波的反射。β 角可估计为 $h_0/(D/2)$，由 $\beta > \frac{1.22\lambda}{D}$ 可得限制距离为

$$D < \frac{2h_0^2}{1.22\lambda} \tag{5-9}$$

这个距离是不远的，对频率为 10 kHz 的波，限制距离为 300 ~ 400 km。

但是，这里简介的波跳理论并不是把每跳波简单地近似为几何射线，而只是采用了几何光学的级数解的形式，每跳射线是满足边界条件的波动方程的解，由于它们传播的路径不同，它们到达接收点的时间也不同。因此不妨认为各跳波乃是按时间区分的波模，接收点的场也就是不同阶波模场的叠加。这样的解不再受上述两点限制，可以用来讨论低频波向阴影区即远距离的传播，这就是说上面所介绍的计算结果至少在理论上是有意义的。

5.4　核爆炸电磁脉冲的接收

核爆炸时，由于康普顿效应而产生电磁脉冲，核爆炸电磁脉冲频谱很宽，从低频一直到超高频。在传播过程中，不同频率信号衰减不同，所以电磁脉冲波形随距离而发生变化。高频成分，因为波长较短，地面损耗较大，绕射能力较差，传播距离仅有几百千米。频率在电离层临界频率以下的部分，天波不能有效地反射，无法远距离传播。由地面和低电离层下缘所构成的地 – 电离层波导可传播甚低频电磁波。甚低频在地 – 电离层波导中传播衰减小，相位稳定，受电离层扰动影响小。对于中远区、远区电磁脉冲其主能量分布在 3 ~ 60 kHz 的甚低频频带上。

电磁脉冲接收天线是由 X、Y 两个正交的磁性环天线和 Z 路鞭状天线组成。正交的环天线接收辐射源的磁场分量，鞭状天线接收辐射源的电场分量。

5.4.1　鞭状天线对电场信号的接收

甚低频电磁脉冲天线是中远区、远区测量核爆炸电磁脉冲信号最基本的方法。其接收频带是 500 Hz ~ 1000 kHz。

电场接收天线采用不对称振子、天线底端和地之间馈电的鞭状天线，接收电磁波的电场分量。此天线是一根与接地网垂直的金属圆柱形细棒，天线的水平方向图为圆形，在水平方向上无方向性。当天线的几何高度远远小于电磁波波长时，鞭状天线的有效高度为天线几何高度的 $\frac{1}{2}$。天线回路的等效电路如图 5–19 所示。

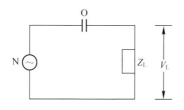

图 5-19　鞭天线等效电路

设 u 为天线端电压，C 为天线等效电容，若输入阻抗为 Z_L，则输入电压为

$$V_L = u \frac{Z_L}{\dfrac{1}{\omega C_L} + Z_L}$$

输入阻抗 Z_L 为电阻和容抗的并联

$$Z_L = \frac{R_L - \dfrac{1}{\omega C_L}}{R_L + \dfrac{1}{\omega C_L}}$$

为保证传输系数有较好的低频响应，要求放大器的输入电阻 $R_L \gg \dfrac{1}{\omega_{min} C_L}$。其中 ω_{min} 为电磁脉冲信号角频率的下限值。

若电磁脉冲信号频率的下限值 1 kHz，天线等效电容为 2 pF，则要求前置放大器输入电阻在几百兆欧以上。

为提高甚低频接收的抗干扰能力，去掉 50 Hz 及其谐波的工业干扰和 100 kHz 以上的长波电台的干扰，接收系统内装有频带范围为 500～1000 kHz 的滤波器，其频带包括了电磁脉冲的主要能量。

5.4.2　环天线对变化磁场的感应

交叉环测向广泛应用于导航等各个领域中。电磁脉冲侦察也运用这种技术，制成方位测量接收机，用于电磁脉冲波方位角（结合电场极性）。

电磁脉冲信号以电磁波的形式向外传播，在传播过程中，电场强度 E 和磁场强度 H 互相垂直，它们又与传播方向互相垂直。

环天线（如图 5-20 所示）是由一圈或多圈线圈组成。环天线有空气芯和铁氧体磁芯两种。环天线为空气芯时，其辐射电阻很小，辐射或接收电磁波的能力弱。如果采用铁氧体磁芯，增加了环天线的辐射电阻，提高了辐射和接收电磁波的能力。

电磁波在传播过程中，磁场在环天线中感应出电动势 $U = L_e E \sin\alpha$。其中，α 为来波方向与天线平面法线之间的夹角；L_e 为天线的有效高度；E 为电场强度。当 α 为 90° 时，磁场强度在天线回路的磁通最大，天线处于这个方向灵敏度最高。对于一定方向的来波，环天线放置的位置不同，感应电动势的大小就不同。

一个环天线不能确定来波的方向。利用两个参数相同的互相垂直的环天线（x 天线、y 天线）就可以确定被测源的方向。这两个互相垂直的天线称为交叉环天线（如图 5-21）。在交叉环中一个天线东西方向放置（其法线为南北方向）接收磁场的南北分量，对东西方向灵敏度最高，另一个天线南北方向放置（其法线为东西方向），接收磁场的东西分量，对南北方向灵敏度最高。

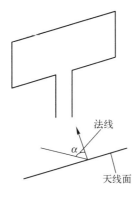

图 5-20　环天线

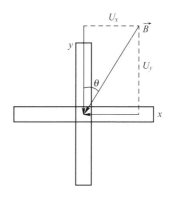

图 5-21　环天线两个方向分量

两个环形天线感应电压分别为

$$U_x = L_c E \sin\alpha \qquad (5\text{-}10)$$
$$U_y = L_c E \cos\alpha \qquad (5\text{-}11)$$

式中：α 为来波方位角，从正北算起，顺时针方向计角。

对式（5-10）、式（5-11）中的 U_x 和 U_y 进行比较，则有

$$\frac{U_x}{U_y} = \text{tg}\alpha \qquad (5\text{-}12)$$

$$\alpha = \arctan\frac{U_x}{U_y} \qquad (5\text{-}13)$$

U_x、U_y 是不难测量到的，根据 U_x 和 U_y 的比值可以得到来波方位角。

5.5　核爆炸电磁脉冲信号的综合处理

利用接收到的电磁脉冲信号进行分析处理，进而分析电磁脉冲信号源的性质、爆炸地点、爆炸高度及当量等信息，是核爆炸电磁脉冲侦察的最终目的。本节主要介绍核爆炸地点、爆炸高度、爆炸当量以及弹种的区分。关于核爆炸电磁脉冲与雷电电磁脉冲的识别问题在 5.6 节进行介绍。

5.5.1　爆炸源位置计算

由于大气层内核爆炸向空间辐射电磁脉冲波，因此可以利用无线电导航的方法来确定出核爆炸源的位置。经典的无线电导航原理，大多可用于电磁脉冲源定位。较为常用的方法有两种，一种为方位－方位系统，一种为双曲线－双曲线系统。其中基于双曲线－双曲线的定位系统在远区核爆炸电磁脉冲定位中取得了较为满意的结果。

1. 方位－方位定位系统

方位－方位定位系统，也称方位交汇法，是一种早期的无线电定位技术。它是由相隔一定距离布设的两个或者多个侦察站点测得的来波方位角，决定其位置线，两条位置线的交汇点，便是电磁脉冲源的位置。每个侦察站点对来波方位角的测量主要由一对垂

直于地面的交叉环天线来实现，如图 5-22 所示。

由于交叉环天线测得的方位角是在水平投影线的方位，因此，无论空爆或者地爆，交汇结果均为爆心投影点的坐标。

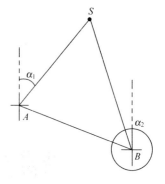

该种方法的定位精度不高，只能是对电磁脉冲源进行粗略定位时使用，且其定位偏差除与测向精度有关外，还与两条位置线的交角 φ 有关。两侦察站点的基线越长，φ 就越小，则相应定位偏差就越小。因此，为减小定位偏差，除了提高测向精度外，还应尽可能增加基线长度。

图 5-22 方位交汇定位示意图

2. 核爆炸电磁脉冲双曲定位方法

我们知道，双曲线是一种二次曲线，其定位为到两定点（焦距）的距离之差为常数的动点的轨迹。其数学表达式为

$$\frac{x^2}{a^2} - \frac{y^2}{b^2} = 1$$

式中：a、b 分别为实半周、虚半周长度。

根据双曲线的定义，我们可知，如果一个被测目标到两个固定站点的距离差 Δd 为一定值，则其几何位置线为一条双曲线。因此，两条位置线的交点便可确定被测源的位置。

若 A、B 为两个测站，d 为两测站之间的距离，M 为被测电磁脉冲源，如图 5-23 所示，Δr 为电磁脉冲源到两测站的距离差。因此 M 点必在如下的双曲线上。

$$\frac{x^2}{\Delta r^2} - \frac{y^2}{d^2 - \Delta r^2} = e$$

式中：e 为一常数。

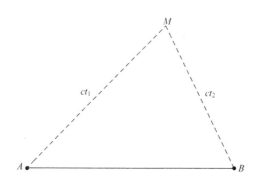

图 5-23 测点与被测源关系示意图

设电磁脉冲传播速度为 c，当电磁脉冲自 M 点发出后，到达 A、B 两测站的距离差可由电磁脉冲波到达 A、B 两测站的时间差 $\Delta\tau$ 给出，即 $\Delta r = \Delta\tau \times c$。因此，对于具有一定路径差的几何位置线为一双曲线，而且，路径差的测量可变换为时间差的测量。到两测站具有一定传输时间差的动点轨迹为一双曲线，不同的传输时间差就可建立不同的双曲线。然而两个测点无法确定电磁脉冲源的位置，因为这时被测源在其中的一条双曲

线上。只有至少 3 个以上的测点，同时测出两条以上的双曲线，才能定位，被测源就在两条双曲线的交点上。

在电磁脉冲侦察中，我们将两测点之间的连线称为基线。根据基线的长短，将双曲线定位系统可分为长基线定位系统或者短基线定位系统。当侦察距离小于 5 倍基线长度时称为长基线定位系统。一般情况下，基线长度 > 1000 km。为精确测量路径差，需要高精度的时统设备和时间差测量手段。一般情况下，长基线定位系统至少需要 3 个测站构成，如图 5-24 所示。

当侦察距离大于 5 倍基线长度时称为短基线定位系统。在短基线定位系统中，基线长度一般为 20 ~ 200 km。短基线定位系统同样至少需要 3 个测站构成，一般情况下为 4 个测站构成双基线侦察阵，如图 5-25 所示。

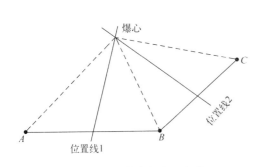

图 5-24　长基线定位示意图

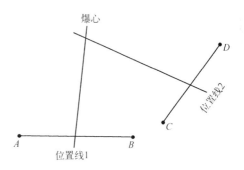

图 5-25　双短基线定位示意图

5.5.2　爆炸当量及爆高计算[16]

在距离核爆炸数千千米的远区，可以有效地接收其产生的电磁脉冲辐射波。对该波进行分析，可给定其波形的各种特征参量。远区侦察要求能够从上述参量中最大限度地获取源的特征信息。比如爆炸当量、爆心相对地面高等。

1. 谱心频率与当量的关系及传播漂移

低空核爆炸的源电流机制，一般由康帕涅茨 – 格林斯基模式加以描述。核爆瞬间辐射的大量 γ 光子与爆心周围空气介质的分子作用，发生康普顿效应，打出沿爆心径向向外高速辐射的光电子电流。该电子电流可以用球形运流电流元模式加以描述，也可仅针对其中某个光电子的运流电流元进行描述。其总的电流效果则是全体电流元的矢量和。

由于爆心周围介质的不对称性，使该类电流源产生偶极子类的辐射。显然，该电流源的辐射场和周围介质的不对称性有关。

经典的康帕理茨 – 格林斯基模式对其频率分布的解释，主要立足于瞬发 γ 光子和缓发 γ 光子辐射产生的康普顿效应上。认为高频分量主要由瞬发 γ 光子贡献，低频分量主要由缓发 γ 光子贡献。

但基于几十千米处近区场的多次探测，特别是对一元装料和多元装料不同的核爆方式的侦察表明，其电磁脉冲辐射场波形的前沿及其初始段的高频分量，和核反应及其瞬发 γ 光子的通量变化率相关。而紧接着的类似阻尼振荡的波形，似乎和瞬间形成的等

147

离子光球的受激辐射相关。

把该等离子光球视为空间一瞬发的孤立"导体"。而被瞬发 γ 光子激发形成的不对称电流矩，在该球形孤立"导体"内则激发出相反的回流电流。仔细分析某个 γ 光子激发的康普顿电子电矩所对应的回流电流元，在该"导体"内的振荡频率，显然它和该"导体"的孤立电容、自感及电导率有关。而其电导率和该"导体"球内的温度有关。其孤立电容及自感则和它的几何形状及体积有关。

由爆炸物理学和爆炸过程的相似定理可知，核爆爆心等离子区，一般分布在其某一等压面的范围之内。而该等压面所包围的体积，和爆炸过程释放的能量相关。其几何形状则和空间介质条件相关。对核爆炸来说，其内的温度可视为一等温球，约为几十万至上千万度，因而其电导率变化不大。于是可知，核爆爆心的康普顿电子电流所对应的回流放电电流的振荡频率和爆炸当量及爆心附近介质条件相关。根据这一分析，可得到近地面核爆某一康普顿电子对应的回流电流元的振荡频率与当量之间的简单关系，即

$$f_e^6 F(Q) \approx 常数 \tag{5-14}$$

式中：f_e 为康普顿电子对应的回流电流元的振荡频率；Q 为当量，$F(Q)$ 为 Q 的某一函数。

由近区探测得到的电磁脉冲辐射场波形 $E(t, D_0)$，经傅里叶变换，即

$$A(f, D_0) = \int_{-\infty}^{\infty} E(t, D_0) e^{-j2\pi ft} dt \tag{5-15}$$

并定义在 f_1、f_2 频带内的谱心频率为

$$f^0(D_0) = \frac{\int_{f_1}^{f_2} A(f, D_0) f \mathrm{d}f}{\int_{f_1}^{f_2} A(f, D_0) \mathrm{d}f} \tag{5-16}$$

显见，$f^0(D_0)$ 为 f_e 的某种表现，或者为其某一特征值。它与全体回流电流元的综合效果有关，f_1、f_2 为 $A(f, D)$ 分布的主频带。

由近区探测的 $E(t, D_0)$—Q 数据，经傅里叶变换显然可得到 $f^0(D_0)$—Q 数据。通过函数拟合的方法得到 $f^0(D_0)$ 与当量 Q 的对应关系，即

$$[a - bf^0(D_0)]^6 = \ln(Q) \tag{5-17}$$

式中：a、b 为两个待定常数。

理论分析给出的式（5-14）与实验数据给出的式（5-17）有明显的一致性。对式（5-17）可解出 Q 的显式表达式，即

$$Q = \exp[a - bf^0(D_0)]^6 \tag{5-18}$$

即得到近地面核爆炸，爆炸当量与核电磁脉冲波的谱心频率之间的解析关系。

远区探测获得的核爆炸电磁脉冲波，均受到地 - 电离层波导介质的滤波作用和衰减作用。其时域波形和频域波形均发生变化。因此利用远区探测波形计算当量及源的其他特征，必须对传播规律加以描述。

地 - 电离层波导介质的甚低频特性使其对源为单众数电磁脉冲波谱心频率的传播漂移关系如下：

$$f^0(D) = [f^0(0)]^{e^{-\alpha\sqrt{D}}} \tag{5-19}$$

148

式中：α 为常数；$f^0(0)$ 为 $E(t,D)$ 波对应源的谱心频率。此处要求主频带选取在 $f_1 = 0.5\,\text{kHz}$，$f_2 = 60\,\text{kHz}$ 上。

2. 当量计算方法

由以上叙述可知，利用远区获得的核爆炸电磁脉冲波形，经傅里叶变换，并按式（5-19）求得其远区波形的谱心频率 $f^0(D)$。当已知探测站距源的距离 D 时，由式（5-18）、（5-19）联立可得

$$f^0(D) = \left[f^0(0) \right]^{e^{-\alpha\sqrt{D}}} \tag{5-20}$$

$$Q = e^{[a - bf^0(D_0)]^6} \tag{5-21}$$

当给定近区参考距离 $D_0 = 17.6\,\text{km}$ 时，即可求出当量 Q 的值。

具体计算过程如下：

（1）由远区核爆炸电磁脉冲波形求出对应的谱心频率 $f^0(D)$；

（2）基于计算的谱心频率 $f^0(D)$，由式（5-19）求出常数 $f^0(0)$，即

$$f^0(0) = e^{\ln f^0(D)/e^{(e^{-\alpha\sqrt{D}})}} \tag{5-22}$$

（3）把 $f^0(0)$、$D_0 = 17.6$ 再代入式（5-20）求出 $17.6\,\text{km}$ 处的谱心频率 $f^0(17.6)$，即

$$f^0(17.6) = \left[f^0(0) \right]^{e^{-\alpha\sqrt{17.6}}} \tag{5-23}$$

（4）把式（5-23）代入式（5-21）即得到以 kt（TNT）为单位的爆炸当量值：

$$Q = e^{[a - bf^0(D_0)]^6} \tag{5-24}$$

上述算法适用于地面爆及爆高不超过火球半径的近地面爆。其特点是当量计算不再依赖于其他源特征信息，如爆高信息。

3. 爆高计算方法

文献［18］研究了低空核爆炸电磁脉冲场强的衰减规律，构建了如下的电磁脉冲波形峰值场强 $|E_{\max}(D)|$ 随传播距离的变化公式：

$$|E_{\max}(D)| = a \left\{ \frac{\left[\sqrt[3]{\ln D} - 3.2 \right] + 1}{\left[\sqrt[3]{\ln D} - 3.2 \right] - 1} \right\}^{\frac{3k}{2}} \tag{5-25}$$

式中：D 为传播距离；k、a 为两个由实测实验估计的常数。

文献［19］归纳导出了距爆心几十千米范围内，核爆炸电磁脉冲辐射场垂直分量的峰值与当量、传播距离、爆高因子等因素之间的关系，即

$$E_{\max}(D_0^*) = eW_\gamma^{\frac{1}{2}} H(h)/D_0^* \tag{5-26}$$

其条件为：

$$D_0^* \gg h, \quad 10\,\text{km} < D_0^* < 100\,\text{km}$$

式中：D_0^* 为探测点到爆心地面的距离；e 为常数；H 为爆高，$H(h)$ 为爆高因子，可由相关文献中查得 $H(h)$ 与 h 之间的关系；W_γ 为该次核爆炸的 γ 当量，一般情况下：

$$Q = \eta^{-1} W_\gamma \tag{5-27}$$

式中：Q 为该次核爆总当量；η^{-1} 为 γ 当量因子。

由式（5-24）～式（5-26）可知，若已知爆炸当量 Q，则可计算出爆高因子 $H(h)$，进而通过查 $H(h) \sim h$ 表，得出爆炸高度。具体计算过程如下：

（1）由式（5-24）计算爆炸当量 Q；

（2）由式（5-27）计算核爆炸的 γ 当量 W_γ；

（3）由式（5-25）计算 D_0^* 处最大峰值场强；

（4）根据计算得出的 $|E_{\max}(D)|$、W_γ，由式（5-26）计算爆高因子 $H(h)$；

（5）查询 $H(h)$—h 对应表，得出爆高 h 参数。

此处，D_0^* 均为近区参考距离，通常情况下，D_0^* 取 44.6 km。

5.5.3 关于弹种的确定[19]

根据核爆炸的反应过程可知，原子弹与氢弹产生核爆炸电磁脉冲的过程有明显不同，因而反映在其近区波形特征上也有不同。具体可表现为如下几点。

（1）原子弹爆炸产生的近区核爆炸电磁脉冲波形第一个准半周波形较光滑，波形上往往有一个拐点；而氢弹爆炸产生的核爆炸电磁脉冲波形的第一个准半周比较复杂，往往包含着许多高频振荡（如图 5-10 和 5-11 所示）。但是该差异性特征随着传播距离的增加会逐渐减弱，乃至消失。

（2）据统计，原子弹爆炸产生的核爆炸电磁脉冲前 3 个半周持续时间之和有 95% 的可能在 73~82 μs 之间，而氢弹对应的时间一般超过 90 μs，平均为 109.4 μs。此外，半周峰值比也有差异。例如，原子弹第三准半周峰值场强和第二准半周峰值场强之比为 1/4，而氢弹第三准半周峰值场强和第二准半周峰值场强之比为 2/3，或者基本相等。

（3）原子弹与氢弹产生核爆炸电磁脉冲波形频谱有明显差异。氢弹产生的核爆炸电磁脉冲平均频率为 8.03 kHz，其主频率范围在 7~8.6 kHz 之间；原子弹产生的核爆炸电磁脉冲平均频率为 17.12 kHz，95% 置信区间为 15.25~18.99 kHz 之间。

5.6 核爆炸电磁脉冲信号的鉴别

核爆炸时产生的电磁脉冲，在远区可由电磁脉冲天线测量，并由此可以得知核爆炸源的许多特性，如爆炸当量、爆炸性质、爆心相对地面高度、爆心位置等。但是，自然界中存在着大量的电磁干扰，特别是雷电电磁脉冲，它和核爆炸电磁脉冲具有相同的频段，相似的持续时间。因此，远区侦察站的核爆炸电磁脉冲接收装置总要把大量的雷电脉冲波形接收下来，形成一个天电脉冲波序列，该序列中的某一个波形就是要侦察的核爆炸电磁脉冲波。能否把核爆炸电磁脉冲波从该脉冲序列中区分出来，就成了用电磁脉冲方法进行远区侦察的技术关键。

近地面核爆产生的源电流，近似呈一球形电流场。它主要由 γ 光子对爆心周围空气介质产生康普顿光电效应，从而产生向心分布的近似球形电流分布。初始康普顿电子再次与空气介质散射，进一步产生次级电子和正离子。由此而形成一个与初始康普顿电子电流反向的回流电流。由于周围介质分布的不对称性，而使整个球形电流出现偶极子效应，从而伴生有辐射场。对于回流电流，其出现要比初始电流滞后一段时间。由于核反应速度极快，显然，对应于回流电流产生的时刻，爆心由于核反应的累积效应，已形成了一个超压等离子光球区。因此回流电流则可近似视为在该等离子光球孤立导体内进行传导的一回流电流。

而大气闪电，即雷电源电流，绝大部分呈树枝状分布。

核爆与闪电源电流的这种明显区别，必被其辐射场携带至远方。但是，经地－电离层波导介质滤波后，由于信号带宽被压缩，还发生了不同频率成分的色散效应，使远方测量的波形之间的差别变得模糊了。

依据仙农（SHANNON，S.H）定理，一个电磁脉冲波所载源的最大信息量为

$$C = W \log_2 \left(1 + \frac{P}{N} \right) \tag{5-28}$$

式中：W 为信号平均带宽，P 为信号电平，N 为噪声电平。C 的单位是 bit/s。显见，只要满足如下不等式：

$$W > 0; \frac{P}{N} > 1 \tag{5-29}$$

远区信号中所包含的源特征信息量就不为零。在这种情况下，总可以通过适当技术途径将其源特征检测出来。

对于核爆及闪电，其源场波形的带宽均为兆赫以上，甚至可达千兆以上。其信噪比则为 100～120 dB 以上，显然这有利于两者的区别。当该信号经地－电离层波导传播后，其平均带宽被压缩到 100 kHz 以内。此时信噪比也降低到 20～40 dB 左右。但不难看出，此时仍满足式（5-29）所给条件。因此，只要找到适当的途径，两者的区别是可以实现的。因此，本节主要从电磁脉冲信号的时域、频域以及时频域等角度介绍其差异性特征。

5.6.1 形态与频谱特征

对每一个实测波形 $X(t)$，通过傅里叶变换，可获得其对应的振幅谱。若 $E_i(t,D)$ 表示第 i 个样本波形，则其振幅谱可用 $A_i^0(f,D)$ 表示，并将其归一化，有

$$a_i^0(f,D) = A_i^0(f,D) / A_{imax}^0$$

式中：A_{imax}^0 为 $A_i^0(f,D)$ 中的极大值。

由于核爆和雷电电磁脉冲波形的主要成分集中分布在 0～60 kHz 频带范围内，于是，给出如下特征量[16]：

1. 信号总能量密度

信号总能量密度是整个电磁脉冲波形的能量之和作为一个特征量的密度函数。它是电磁脉冲波列通过与其相垂直的单位面积的总能量。定义为

$$U = \int_0^\infty S \mathrm{d}t = \frac{1}{Z} \int_0^\infty E^2 \mathrm{d}t$$

式中：S 为坡印廷矢量的模；$S = \frac{1}{Z} E^2$；$Z = \sqrt{\frac{\mu\mu_0}{\varepsilon\varepsilon_0}}$；$E$ 为电场强度。

对于离散时间序列，信号总能量密度可定义为

$$U = \frac{t_s}{z} \sum_{i=0}^N X_i^2$$

式中：X_i 为波序列；t_s 为采样间隔。

2. 二阶谱心矩

二阶谱心矩是对信号变化率的描述。定义为

$$D = \frac{1}{4\pi^2} \frac{\int_{-\infty}^{+\infty} \left[\frac{\mathrm{d}}{\mathrm{d}t} X(t) \right]^2 \mathrm{d}t}{\int_{-\infty}^{+\infty} \left[X(t) \right]^2 \mathrm{d}t}$$

式中：$X(t)$ 为电磁脉冲信号。

3. 归一化总谱

$$W_i(D) = \int_0^{60} a_i^0(f, D) \mathrm{d}f$$

4. 谱心频率

$$f_i^0(D) = \frac{\int_0^{60} a_i^0(f, D) f \mathrm{d}f}{W_i(D)}$$

5. 半峰宽

半峰宽 Δf_i 表示归一谱集中分布带的胖瘦程度。

$$\Delta f_i = \sum_{m=1}^{n} \left[f_{ijm}(A_{imax}^0, D) \pm f_{ijm}(A_{imax}^0/2, D) \right]$$

式中：$f_{ijm}(A, D)$ 为 $A_i^0(f, D)$ 的反函数；$m = 1, 2, \cdots, n$ 表示 $A_i(f, D)$ 中第 m 个极大值。求针对 $A_i^0(f, D)$ 中的极大值不为 1 时，应为诸极值对应半峰宽之和，特别对归一谱写为

$$\Delta f_i = \sum_{m=1}^{n} \left[f_{ijm}(>0.5, D) \pm f_{ijm}(0.5, D) \right]$$

6. 大于半峰的极大值个数

大于半峰的极大值个数 n_i 表示其具有的大于半峰值的极大值个数。且有

$$n_i = n(a_{imax}^0 > 0.5)$$

当 n_i 只取 1 或 2 时，取两极大值外侧，可定义其前后沿平均斜率。当 n_i 取大于 2 时，该定义则不成立。

7. 归一谱前沿平均斜率

归一谱前沿平均斜率表示谱前沿上升的陡度。

$$K_{ijn_i=1} = \frac{a_{ijn=1}^0(\max) - 0.5}{f_{ijn=1}(a^0(\max)) - f_{ijn=1}(0.5)}$$

式中：$a_{ijn=1}^0(\max)$ 表示 $a_i^0(f, D)$ 中由 0 Hz 向 60 kHz 数起第一个大于 0.5 的极大值。后面正文中 $K_{ijn_i=1}$ 将记为 $K_{前}$，而下面定义的 $K_{ijn=2}$ 记为 $K_{后}$。

8. 归一谱后沿平均斜率

归一谱后沿平均斜率表示谱前沿下降的陡度。

$$K_{ijn=2} = \frac{a_{ijn=2}^0(\max) - 0.5}{f_{ijn=2}(a_{m=2}^0(\max)) - f_{ijn=2}(0.5)}$$

式中：$a_{ijn=2}^0(\max)$ 表示 $a_i^0(f, D)$ 中由 0 Hz 向 60 kHz 数起第二个大于 0.5 的极大值。

9. 归一化谱偏斜

归一谱偏斜 L_i 表示其总体分布偏离谱心那一侧及其程度。

$$L_i = \frac{W^{-1} \int_0^{60} [f - f_i^0(D)]^3 a_i^0(f, D) \, \mathrm{d}f}{\left\{ W^{-1} \int_0^{60} [f - f_i^0(D)]^2 a_i^0(f, D) \, \mathrm{d}f \right\}^{\frac{3}{2}}}$$

10. 归一化谱峭度

归一谱峭度 V_i 表示谱的两端相对谱心处的翘起程度。

$$V_i = \frac{W^{-1} \int_0^{60} [f - f_i^0(D)]^4 a^0(f, D) \, \mathrm{d}f}{\left\{ W^{-1} \int_0^{60} [f - f^0(D)]^2 a^0(f, D) \, \mathrm{d}f \right\}^2}$$

5.6.2 小波包能量谱特征

1991 年，Wicherhauser 提出了小波包的概念，小波包方法不仅对信号的低频（近似）部分进行分解，还对高频（细节）部分进行分解，从而可以得到原信号更多的细节信息，小波包分解树如图 5-26 所示。左边为低频（近似）信息，右边为高频（细节）信息。

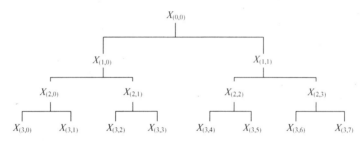

图 5-26 小波包分解树结构

以 S_{30} 表示 X_{30} 的重构信号，以 S_{31} 表示 X_{31} 的重构信号，其他以此类推，只对第 3 层的所有节点进行分析，则总信号 S 可以表示为

$$S = S_{30} + S_{31} + S_{32} + S_{33} + S_{34} + S_{35} + S_{36} + S_{37}$$

基于小波包对信号分析的优良特性，文献 [20] 提出了利用小波包能量谱特征进行核爆炸电磁脉冲与雷电电磁脉冲的鉴别。

对于一个实测电磁脉冲信号 $X(t)$，进行如图 5-26 所示的小波包分解，然后重构，设 S_{3j} 对应的能量为 $E_{3j}(j = 0, 1, 2, \cdots, 7)$，则有

$$E_{3j} = \int |S_{3j}(t)|^2 \mathrm{d}t = \sum_{k=1}^{n} |X_{jk}|^2$$

式中：$X_{jk}(j = 0, 1, \cdots, 7, k = 0, 1, \cdots n)$ 表示重构信号 S_{3j} 的离散点的幅值。每一个重构信号均可得到一个能量特征，进而以能量为元素可以构造一个特征矢量，其特征矢量为

$$\boldsymbol{T} = \begin{bmatrix} E_{30} & E_{31} & E_{32} & E_{33} & E_{34} & E_{35} & E_{36} & E_{37} \end{bmatrix}$$

基于此特征向量可进行性质鉴别分析。

5.6.3 小波包分量盒维数特征

小波包分析和分形理论本质上都是对非线性、非平稳问题的研究，内容均涉及对象

由粗到细的认识过程。基于此，文献［21］提出了基于小波包和分形原理提取电磁脉冲信号特征的特征提取方法——小波包分量盒维数。

小波包分量盒维数是应用小波包变换将信号分解到独立的频带内，然后对每个频带内的信号进行分形分析，计算其盒维数，用不同频带内的信号盒维数来描述信号的非平稳和非线性特征。具体过程如下：

（1）对实测获得的电磁脉冲信号进行3层小波包分解，然后重构，获得8个重构信号。

（2）对原始信号和以及各频带重构信号计算其盒维数，具体计算方法见文献［22－23］。

（3）以原信号和各频带信号的盒维数作为特征进行电磁脉冲信号性质的鉴别。鉴别方法可采用统计模式识别方法，即首先利用性质已知的电磁脉冲信号特征训练分类器，进而利用训练好的分类器对未知性质的电磁脉冲信号进行性质鉴别。关于统计模式识别的方法可参考相关文献［24－26］。

5.6.4　Hilbert 谱区域能量比特征

1998 年，Norden E. Huang 等人提出了 Hilbert – Huang 变换（HHT），该方法特别适合于非平稳信号的处理。目前，HHT 方法已经成功地应用于地球物理学、生物医学和故障检测等多个领域，体现了其独特的优势。HHT 方法主要分为两部分，首先将信号分解为有限个固有模态函数（Intrinsic Mode Function，IMF），然后对分解的每个 IMF 进行 Hilbert 变换，最后汇总所有 IMF 的 Hilbert 变换，从而得到原始信号时频平面的能量分布谱图，即 Hilbert 谱。为分析核爆炸和雷电电磁脉冲信号在 Hilbert 谱是否有差异性特征，文献［27］对某次核爆炸和雷电电磁脉冲信号进行 Hilbert – Huang 变换，获得了 Hilbert 谱（如图5-27 所示）。

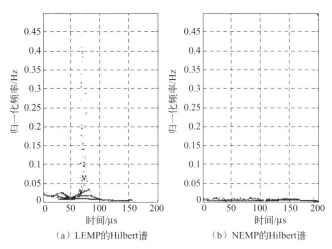

（a）LEMP的Hilbert谱　　　　（b）NEMP的Hilbert谱

图 5-27　LEMP 和 NEMP 信号的 Hilbert 谱

通过统计分析发现，NEMP 和 LEMP 的能量在 Hilbert 谱中聚集于一定的时间和频率区域内，因此，提出了用 Hilbert 谱中的区域能量比作为特征，对二者进行识别。

区域能量比的公式如下：

$$C = \frac{\int_{t_{L_1}}^{t_{H_1}} \int_{w_{L_1}}^{w_{H_1}} |TFR(t,w)|^2 \mathrm{d}w\mathrm{d}t}{\int_{t_{L_2}}^{t_{H_2}} \int_{w_{L_2}}^{w_{H_2}} |TFR(t,w)|^2 \mathrm{d}w\mathrm{d}t} \tag{5-30}$$

式中：$|TFR(t,w)|$ 为时频图中的幅度分布；t_{L_1}、t_{H_1}、w_{H_1}、w_{L_1} 是第一个所选区域的时间和频率范围；t_{L_2}、t_{H_2}、w_{H_2}、w_{L_2} 是第二个所选区域的时间和频率范围。

关于两个区域的选取问题，文献［27］通过搜索寻优方法确定了如图 5-28 所示的计算区域。

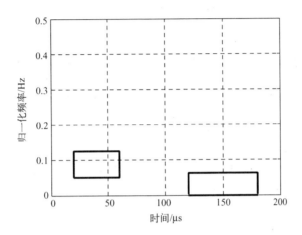

图 5-28　Hilbert 谱中选择的两个区域

参 考 文 献

［1］周壁华，陈彬，石立华. 电磁脉冲及其工程防护［M］. 北京：国防工业出版社，2003.

［2］Barra R，Jones D L，Rodger C J. ELF and VLF radio waves［J］. Journal of Atmospheric and Solar – Terrestrial Physics，2000，62（17 – 18）：1689 – 1718.

［3］Garwin R L. Determination of Alpha by Electro – magnetic Means［R］. Los Alamos：Los Alamos Scientific Lab.，Report LAMS – 1871. September，1954.

［4］Kompaneets A S. Radio Emission from an Atomic Explosion［J］. J. Expil. Theoret. Phys.（Soviet Physics JEPT），1959，35：1076 – 1080.

［5］杨丹，廖成. 高功率电磁波脉冲在电离层中的传播［J］. 强激光与离子束，2009，21（8）：1221 – 1224.

［6］李勇，王建国. 移动坐标系 FDTD 方法在脉冲波传播中的应用［J］. 强激光与离子束，2010，22（11）：2669 – 2672.

［7］孟萃，陈雨生，周辉. 爆炸高度及威力对空间核电磁脉冲信号特性影响的数值分析［J］. 计算物理，2003，20（2）：173 – 177.

［8］梁睿，郑毅，宋立军，等. 核电磁脉冲信号沿地 – 电离层波导传播数值计算［J］. 核电子学与探测技术，2010，30（2）：199 – 202.

［9］梁睿，张恩山，郑毅，等. 近地面核爆炸电磁脉冲数值计算［J］. 核电子学与探测技术，2003，23（1）：62

　-65.

［10］王川川，朱长青，周星，等．电磁脉冲在地下的传播特性研究［J］.微波学报，2012，28（1）：81-84.

［11］谢彦召，王赞基，王群书，等．高空核爆炸电磁脉冲波形标准及特征分析［J］.强激光与离子束，2003，15（8）：781-787.

［12］王泰春，贺云汉，王玉芝．电磁脉冲导论［M］.北京：国防工业出版社，2011.

［13］王建国，牛胜利，张殿辉，等．高空核爆炸效应参数手册［M］.北京：原子能出版社，2009.

［14］乔登江．核爆炸物理概论［M］.北京：国防工业出版社，2003.

［15］刘新中，陈祝东，陈鸿飞，等．核爆炸电磁脉冲远区探测概论［M］.北京：中国展望出版社，1989.

［16］王东文．中近距离电磁脉冲传播分析［C］//核爆远区探测．北京：解放军出版社，1985：157-169.

［17］刘新中．关于低空核爆炸电磁脉冲场强的衰减规律［C］//核爆远区探测．北京：解放军出版社，1985：150-156.

［18］张仲山，李传应．核爆炸探测［M］.北京：国防工业出版社，2006.

［19］李鹏．核爆炸电磁脉冲与背景电磁干扰的识别方法研究［C］//全国电磁兼容学术研讨会论文集．南京：中国电子学会，2005.

［20］祁树锋，曾泰，李夕海．基于小波包分形分析的核爆与雷电电磁脉冲识别［C］//第八届国家安全地球物理研讨会论文集，西安：西安地图出版社，2012：340-344.

［21］沈步明，常子文．分数维［M］.北京：地震出版社，1994.

［22］李舜酩，李香莲．振动信号的现代分析技术与应用［M］.北京：国防工业出版社，2008.

［23］Duda R O，Hart P E，Stork D G．Pattern Classification（2nd Edition）［M］.北京：机械工业出版社，2004.

［24］孙即祥，史慧敏，王宏强，等．现代模式识别［M］.长沙：国防科技大学出版社，2002.

［25］Marques de Sá J P．模式识别——原理、方法及应用［M］.吴逸飞，译．北京：清华大学出版社，2002.

［26］祁树锋，李夕海，韩绍卿，等．基于Hilbert谱区域能量比的核爆与雷电电磁脉冲识别［J］.振动与冲击，2013（3）：163-166.

第六章 其他核爆炸侦察技术

根据核爆炸侦察的信号以及侦察平台的不同，除以上介绍的地震波、次声波和电磁脉冲波 3 种核爆炸侦察技术外，还有一些其他核爆侦察技术。对于近程核爆炸侦察而言，有外观景象侦察、冲击波及声波侦察等；对于 CTBTO 而言，在其国际监测系统中，除了地震波和次声波侦察外，还有水声侦察和放射性核素侦察两种手段；此外，天基核爆炸侦察也成为世界各国开展核爆炸侦察的一种国家技术手段。本章主要针对天基核爆炸侦察、水声侦察以及放射性核素侦察等 3 类侦察手段进行简要介绍。

6.1 天基核爆炸侦察技术

从广义上来说，天基核爆炸侦察主要泛指以卫星为平台，携带可用于核爆炸效应侦察的载荷或者侦察核试验前后活动的遥感成像载荷，遂行核爆炸侦察的一种活动。因此，天基核爆炸侦察可分为两大类：一是基于核爆炸产生的各种效应的侦察，以往也称星载核爆炸探测，或者核爆探测卫星；另一种是利用卫星遥感技术开展的核试验前后活动影像的侦察。从狭义上来说，天基核爆炸侦察主要是指以卫星为平台，携带用于侦察核爆炸效应的载荷遂行核爆炸探测的一种活动。本节从广义的角度，将天基核爆炸侦察分为星载核爆炸探测及卫星遥感侦察核试验两个方面进行介绍。

6.1.1 星载核爆炸探测及其发展

自 1958 年第一颗人造卫星上天以后，美国和苏联就意识到天基核爆侦察的优势。1961 年，美国启用了"Vela"卫星用于核爆监测试验，特别是在 1963 年部分禁止核试验条约签订后，美国为了监测其他国家的核爆炸试验，从 1963 年 10 月至 1965 年 7 月发射了三对维拉卫星，1967 年和 1969 年又发射了两对改进型维拉卫星，1970 年发射了最后一对高级维拉卫星。维拉卫星的轨道高度为 9 万 ~ 12 万 km，倾角为 32° ~ 40°，星上专门载有装有 X 射线（接收初期火球的 X 辐射）、γ 射线（接收瞬发 γ 辐射）及中子（接收瞬发中子）探测器，用于探测空间及大气层核爆炸，后来改进的维拉卫星上增加了能探测近地面大气层甚至地下核爆炸的可见光和电磁脉冲传感器。在 1965 年 7 月至 1979 年 9 月，维拉卫星共测得法国和中国千吨级以上 55 次大气层核试验中的 41 次。

1971 年后，核爆炸探测任务由防御支撑计划（编号 647）的卫星实施，主要装有中子计数器和 X 射线探测器；1983 年夏季，美国发射第一颗携带有核爆炸探测器的全球定位卫星。全球定位卫星是军用导航卫星，系圆形轨道，高度 2 万 km，绕地球一周需 12 h，地球上任何位置上空可同时"看"到四颗卫星，导航卫星精度高，因此可实时侦察全球核试验。美国在全球定位系统导航卫星装载的战区级核爆监测系统是在 20 世纪 80 年代完成研制，NDBS 主要包括桑地亚国家实验室（Sandia National Laboratory, SNL）研制的用于探测大气层内核爆炸的辐射照度仪，洛斯·阿拉莫斯国家实验室（Los Alamas National Laboratory，LANL）研制的用于探测大气层外核爆炸的 X 射线探测仪和用于测量带辐射剂量水平的荷电粒子剂量仪，还包括探测核电磁脉冲的特殊天线。该系统还装载在其他如用于弹道导弹发射或核爆早期预警的国防支持计划卫星上。GPS 和 DSP 卫星在战时将成为美国在全球范围内实行核袭击效果侦查的主要手段。

自 1996 年 CTBT 签订后，LANL 认为基于卫星的核爆监测系统仍是探测大气层和空中核爆炸的关键技术手段。为了进一步完善星载核爆监测系统，LANL 开发并于 1993 年和 1997 年分别发射了 ALEXIS 和 FORTE 低轨道小型试验卫星，其中，ALEXIS 卫星上装有低能 X 射线成像传感器阵列，FORTE 卫星装有瞬发事件快速在轨记录系统。此外，为进一步提高监测效能，LANL 在 GPS 卫星上将采用新型 X 射线和带电粒子探测仪（CXD：Combined X‑Ray Detector）及新一代大气层核爆电磁脉冲探测系统。

苏联也积极发展核爆炸侦察，苏联的宇宙卫星也担负有类似维拉卫星的任务，1962 年 5 月 28 日发射的宇宙 5 号和 1964 年 5 月 22 日发射的宇宙 17 号详细收集了美国核试验产生的放射性物质，后来核爆探测任务由一部分侦察卫星担负。

从美国和苏联核爆探测卫星上的载荷来看，其载荷主要有如下几种[1]：（1）可见光及近红外探测器，用于探测核爆炸火球的光辐射信号；（2）可见光成像仪，用于大气层单星定位；（3）电磁脉冲探测器，用于探测大气层及空间核爆炸，实现双星或者多星定位；（4）X 射线多能谱探测器，用于探测爆炸介于 40 km 至数百千米的近地太空核爆炸，可确定当量和爆高；（5）γ 射线积分通量探测器，用于探测高于 10 km 的核爆炸，可用于爆炸识别、爆时确定等；（6）中子能谱探测器，用于确定核爆炸类型；（7）X 射线成像仪，可用于探测近地甚至深层太空核爆炸。从以上卫星载荷可以看出，用于天基探测大气层及空间核爆炸的技术途径总体可分为 3 类：（1）光信号探测，包括可见光和红外；（2）核爆电磁脉冲探测；（3）瞬发辐射探测，主要包括 X 射线、γ 射线和中子。

利用天基光信号载荷侦察大气层和空间核爆炸需要解决的问题有：（1）地球大气层对光信号向卫星传播的影响；（2）光信号与核爆炸源参数之间的规律。

关于天基核爆电磁脉冲侦察技术，国内外有大量的文献进行了讨论。对于核爆炸侦察效果而言，可总结为源定位技术、当量计算方法以及电离层效应对定位和当量计算的影响等问题。关于天基核爆炸瞬发辐射侦察技术，主要包括瞬发 X 射线、瞬发 γ 射线和中子等。众所周知，早期核辐射（瞬发 γ 射线和中子）是核爆炸特有的一种信号，其强度与核爆炸当量及传输衰减情况密切相关，在地基探测中，由于传输衰减过大，导致其可探测距离太小，因此很少用来探测，但在天基探测时，由于传输介质相对薄弱得多，使得瞬发核辐射探测的相对重要性大大提高，成为一种可用的技术途径。张仲山等[1]在天基核爆探测中针对 3 类天基监测问题进行了较为深入的探讨。

对于天基核爆炸侦察而言，可采用多种技术途径确定核爆炸的源参数，但由于各种技术途径的技术要求及成熟度不同，因此，构建天基核爆炸侦察系统所面临的技术难点主要有以下几点[1]：（1）强噪声本底下弱核爆炸信号获取技术；（2）电离层对 NEMP 探测的影响及消除技术；（3）天基核爆侦察系统的系统配置及优化技术；（4）超容量数据集信息处理技术；（5）星载载荷的可靠性和安全性保障技术。

从技术难题中可以看出所涉及的关键技术有：（1）核爆炸信号的多传感器获取技术；（2）核爆炸信号的识别及融合处理技术；（3）核爆炸信号的标定技术；（4）核爆炸成像信息的图像解译技术等。

6.1.2　卫星遥感技术在核试验侦察中的应用

卫星遥感技术是以卫星为平台，利用物质反射、吸收及透射电磁波的性质来获取目标信息的一种手段。卫星遥感具有侦察范围广，覆盖面积大，运行速度快，可定期或连续监视某一区域，以及非侵密性等优点。卫星遥感在军事上的应用越来越广泛，针对军备控制核查而言[2]，卫星遥感可在远距离大范围内长时间、连续性地监测武器系统的试验、生产、销毁等情况，可以统计地面上处于裸露状态的核武器运载工具、导弹发射井、战略轰炸机、机动导弹及在港的潜艇等。它是监视军控、裁军条约和协议执行情况的重要的技术手段，也是国家技术手段的重要内容。

卫星遥感侦察根据所利用的光谱段，可分为可见光遥感/反射红外遥感、热红外遥感和微波遥感3类。可见光/反射红外遥感，主要是指利用可见光（0.4~0.7 μm）和近红外（0.7~2.5 μm）波段的遥感技术的统称，它们是利用太阳这个辐射源，根据地物反射率的差异，获得目标的有关信息。热红外遥感（8~14 μm）是指通过红外敏感元件探测物体的热辐射能量，显示目标的辐射温度或者热场图像的遥感技术。微波遥感是指利用波长1~1000 mm的电磁波，通过接收地面物体发射的微波辐射能量，或者接收遥感仪器本身发出的电磁波束的反射回波信号对物体进行探测、识别和分析的遥感技术。

目前，世界各国的商业或者军事遥感卫星都可用于侦察核试验。对于大气层及高空核试验而言，遥感卫星可获得核爆炸时的闪光、火球及烟云等影像，进而判断核试验的相关参数。例如，美国是用一种可见光和红外传感器相结合的装置bhangmeter进行核爆炸双峰光脉冲探测，该探测器从115000 km的圆形轨道上对准地球。由于地球反射光的总亮度是核爆闪光的4倍，因此，bhangmeter装置利用电子学的方法，把快速核爆炸闪光与常数的背景光亮度进行分离[2]。对于地下核试验而言，卫星遥感可通过对核试验场长期活动影像的监视，判断核试验的准备情况。例如，美国通过军事侦察卫星，对朝鲜核试验场进行了连续的监视，通过对这些连续监视影像的判读，获取了朝鲜核试验场核试验准备的情报。

目前，卫星遥感技术发展迅速，卫星遥感在军控核查中的应用也越来越受到重视，但目前卫星遥感用于军控核查监测面临的两个主要问题：一是遥感卫星的覆盖范围是否满足军控核查需求；二是卫星遥感影像的快速处理及判读技术是否满足军控核查需求。为此，一方面需要优化设计遥感卫星的运行轨道和运行周期，另一方面，需要快速发展针对军控核查特定情报需求的遥感影像快速处理及判读技术。

6.2　水声侦察技术

水声学是研究海洋中声音的一门科学，主要研究海洋中声音的产生、传播和散射等问题。利用水声侦察水下核试验，是全面禁止核试验条约规定的一种用于核查水下核试验的监测手段，也是世界各国侦察水下核试验的一种手段。在国际监测系统中，共有 6 个水听站，每个水听站由停锚在海底的单个水听器组成，通过电缆与附近的陆地台站相连，每条电缆末端有 3 个水听器构成，3 个水听器之间的距离约为 2 km，这样不仅可使水声台站具备一定辨别信号方位的能力，还可用于加强台站的冗余度和可靠性。要实现水声侦察水下核试验，首先需要了解水声的物理性质及水声传播的基本特征。

6.2.1 水声的物理特性及其传播环境[3]

1. 水声的物理特性

在静止状态流体中的任何一点都存在一定的静压，当声波到达该处时，会使该处的压力偏离静压，该压力称为水声声压。最简单的声波为平面波，其瞬间压力值取决于它在波传播方向上的位置，当邻近质点互相移动靠近时，该处压力增加；反之，当邻近质点互相移动离开时，该处压力减小。假设水中各质点做谐波振荡，则其压力变化可写为

$$p(x,t) = p_{max}\cos(kx - \omega t)$$

式中：p_{max} 为声压最大值；x 为距离声源的距离；t 为时间；ω 为角频率；k 为波数，即 $k = 2\pi/\lambda$；λ 为波长。

海洋是声音传播的良好介质，海洋中声音的一个重要参数为声速。声音在水中可传播很远的距离，海洋中声速的作用就如同光学中的折射率一样，海洋环境决定了声音波动方程中的折射率，海洋表面和海底决定了其边界条件。通常情况下，声速与密度和压缩系数相关，而海水密度与深度、温度和盐度有关。因此，声速随上述因素变化的经验公式为

$$C = 1449.2 + 4.6T - 0.055T^2 + 2.9 \times 10^{-4}T^3 + (1.34 - 0.01T)(S - 35) + 0.016Z$$

式中：C 为水中声速（m/s）；T 为温度（℃）；S 为盐度（‰）；Z 为深度（m）。

声波实质上是介质中传播压力的变化，传播的声波载有能量，当声波传播进入介质的新区域时，声音的能量将输运到该区域。总声强定义为沿声波传播方向在单位时间单位面积的波阵面输运的平均声音能量，可用下式表示：

$$I = \frac{p_{max}^2}{2\rho_0 C}$$

式中：ρ_0 为流体平衡时的平均密度；C 为水中声速（m/s）。

2. 水声的传播环境

海面与海底之间的海洋是声音的波导，海洋的水平分层是影响水声声速的主要因素。靠近海洋表面的是混合层。在混合层中，声速会受当日冷热和风的变化影响，此外，由于压力梯度效应，声速随深度而增加。

在混合层下是季节温跃层，该层是海水温度随深度发生剧变的一层，在该层中，温度和声速随深度增加而减小，并且温度梯度和声速梯度随季节而变化。

季节温跃层下为主温跃层。在该层中，季节变化对其影响很轻微，且随深度增加温度显著降低，温度效应是影响声速的主要因素，声速随深度增加而减小。该层大约下延至水下 1000 m。

主温跃层下直至海底为深海等温层。在该层中，海水温度基本是恒定的 4℃，但由

于压力影响，声速随压力增加而增加。

在主温跃层和深海等温层的交界处，负声速梯度的温跃层和正声速梯度的等温层产生了深海声道，称为声发（Sound Fixing and Rangng，SOFAR）通道。在 SOFAR 声道中声速有一个最低值，称之为深海声道的轴线。

6.2.2 核爆炸水声的产生及传播

1. 核爆炸水声的产生

大气层、水下和地下发生的核爆炸在一定条件下均可能产生水声信号。当在水面上方发生大气层核爆炸时，核爆炸产生水面冲击波，水面冲击波的能量耦合到海洋中，从而产生水声，但在 SOFAR 通道中耦合的声音能量随爆炸高度增加而大大减小。水下核爆炸产生的能量迅速释放，爆炸产生的高温高压使周围海水被加热，部分被汽化，形成一个灼热高压气体球，该气体球迅速膨胀，在水下产生冲击波，水下冲击波波阵面极为陡峭，高峰压力和速度衰减很快，可形成极强的、可传播很远距离的水声信号。地下核爆炸时形成了强大的地下冲击波，后退化成地震波，当地震波能量耦合到海洋中时会形成水声。由于水下存在高效的声音传播通道，因此爆炸产生的水声在很远处还能够监测到。但除核爆炸产生的水声外，海洋中还有各种产生瞬变水声信号的天然和人工事件，例如，石油勘探、水下地震、火山喷发等。

2. 核爆炸水声的传播

声音信号在海洋中传播时，由于海洋及其边界构成了非常复杂的传播介质，会引起声音的失真、延迟和衰减。水下声音信号强度随距离变化的度量可用传播损失来衡量。传播损失是声波几何扩散和吸收衰减所造成的损失的总和。几何扩散损失是声音离开声源的正常衰减，其强度损失取决于传播的距离；吸收衰减是声音在海洋中传播时的一种损失形式，它包含了将声能转换为热能的过程，因此它代表声音在传播介质中真正的能量损失，而几何扩展损失则是声能在空间的再分配。

由于海洋是一个不均匀的介质，声音在这样的介质中传播会发生折射，从而产生弯曲的射线路径。声音在海洋中传播的规律可用斯涅耳定律来描述。

$$\frac{\cos\theta(Z)}{C(Z)} = \frac{\cos\theta_0}{C_0}$$

式中：θ 为相对水平线的声线掠射角；$C(Z)$ 为声速；C_0 为特定深度 Z_0 处的声速。

海洋环境的不同分层对声音传播的影响不同。在表面混合层等温水域，由于压力效应，声速随深度轻微增长，因此，处于混合层中的声源发射的部分能量会陷入表面通道，射线向上弯曲直至表面，并且在表面上会有强反射和散射损失。深水传播的主要特征是向上折射声速，而不与底部发生作用。

当声源位于表面附近时，一些声线会被折射至更深水域，而后再被折射回到更远处的表面区域。当声源位于更深位置时，声音在定向通道内传播，且声音可以传播很远，没有表面和海底的反射损失。

6.2.3 水声侦察中的关键技术

如前所述，除水下或近水面等方式的核爆炸会产生很强的水声信号外，很多其他的自然或者人工事件也可产生较强的水声信号。因此，如何从监测到的水声信号中判别核爆炸信号，进而估算核爆炸的源参数就成为水声侦察的关键技术。为了实现这个目标，全面禁止核试验条约组织在 IDC 水声台站处理手册中对单个水声台站规定了如下处理过程：（1）数据质量检查；（2）数据滤波；（3）事件信号检测；（4）特征提取（包括时间特征、能量特征、矩特征、倒谱特征等）；（5）信号类型确定；（6）信号分组及相位识别。在上述处理后，可进一步地进行信号性质鉴别及源参数计算。

6.3　放射性核素侦察技术

在核爆炸过程中，约有 15% 的爆炸能量以不同的核辐射形式释放，其中 1/3 的核辐射是爆后 1 min 内产生的初级核辐射，主要是由中子和 γ 射线等构成的高能电磁辐射；另外，约有 10% 的总裂变能量以"剩余核辐射"的形式释放，它是由裂变产物衰变过程中产生的，主要是 β 射线和 γ 射线。核爆炸时，核材料裂变可产生 36 种元素的 300 种以上的放射性同位素，还产生许多活化产物[3]。核爆炸的放射性特征是核爆炸后确定其核爆炸性质的唯一确凿证据，因此，监测大气中与核爆炸相关的放射性核素，是侦察大气层内核试验和有泄漏的地下核试验的重要手段。

6.3.1　放射性核素的产生及输运[4]

空中可监测到的放射性核素可由地下、水下及大气层核试验产生。封闭式地下核爆炸产生的放射性裂变产物和活化产物及剩余的核装料大多被捕集在"锅底"的熔岩中，若地下核试验封闭较好，固体放射性物质很难泄漏到地表环境中；若地下核试验封闭较差，特别是在硬岩介质中进行试验，爆炸后产生的裂缝较多时，则固体放射性物质尤其是易挥发的核素（如 ^{131}I、^{133}I、^{132}Te 等），以及前驱核是气体的核素（如 ^{143}Ba、^{140}La、^{89}Sr 等）也可能释放到周围环境中，与此同时，空腔内的气体放射性核素也可沿着裂隙和裂纹到达地面，泄漏到地面的放射性气体有稀有气体和氚。

水下核爆炸时，若爆源为浅层水下，则水面附近的可见及不可见基浪和喷入大气中的爆后产物，以及武器残骸凝聚成的放射性云中均包含了大部分放射性物质。这些放射性物质一般升空高度不高，大部分放射性物质都将残留在水中，大气中残留的放射性主要是气体放射性核素。若爆源为深层水下爆炸，空中一般不产生放射性云，大部分放射性物质都将残留在水中的"悬浮液池"中，随洋流而运动。

大气层内核爆炸产生放射性的过程在第二章中进行了介绍，其核爆炸后产生的放射性烟云一般在爆后约 10 min 达到最大高度，并继续向外扩散，产生蘑菇状烟云，可持续 1 h 或者更长，直至被风吹散为止。放射性烟云达到的高度取决于爆炸威力和大气条件。

如 3.3.1 节所述，根据大气层内温度的垂直变化，大气主要可分为对流层、平流层、中间层和热层。各层高度及温度均与纬度和季节有关，绝大部分可见的气象现象都发生在对流层，平流层空气则非常稳定，很少有对流发生。与放射性核素大气输运有关的是对流层和平流层。具有可视体积的放射性微粒在爆后 24 h 可沉降到地面，称为早期沉降；而以气溶胶或气体形式存在于大气中的放射性核素将随大气气流扩散输运，形

162

成所谓的延迟沉降。理论上，可通过大气输运模拟计算来进行核试验事件定位，并反演输运轨迹。实际过程中，放射性核素在大气中的输运过程十分复杂，影响因素很多，它与源的性质，扩散区域的地形地貌，以及不同高度的大气压力、温度，不断变化的风场、降水等因素均有关。

6.3.2　放射性核素的监测[2,4]

为了监测全球所有可能发生的核试验，CTBT 的放射性核素监测系统由 80 个放射性核素监测台站和 16 个经核证的国家放射核素实验室组成。我国境内在北京、兰州和广州设立了 3 个放射性核素监测台站，在北京成立了国家放射核素实验室。所有监测台站都应能监测大气中是否存在核试验释放的放射性气溶胶微粒，其中有 40 个台站在条约生效后还应能监测是否存在核试验释放的放射性惰性气体。

核爆炸过程释放出的放射性核素中，有十几种可用于鉴别核试验[2]。理论上来说，所有与核爆炸事件、反应堆和其他核事件释放的有关放射性核素都可用于侦察核试验。但由于有些核素，如铀、钚和某些活化产物可能会暴露核装置的结构信息；有些核素的产额太小，难以测量；有些核素的半衰期太短，扩散输运至侦察台站时已衰变殆尽；有些放射性核素不发射 γ 射线或者 γ 射线能量太低，难以测量等因素，CTBT 综合考虑以上因素，确定了 84 种核素为 CTBT 国际监测系统可监测的放射性核素，此外，IMS 惰性气体台站还将监测放射性氙的同位素。关于放射性核素监测分析的具体技术可参考文献 [4]。

参 考 文 献

[1] 张仲山，李传应．核爆炸探测 [M]．北京：国防工业出版社，2006.
[2] 刘成安，伍钧．核军备控制核查技术概论 [M]．北京：国防工业出版社，2007.
[3] 张利兴．禁核试核查技术导论 [M]．北京：国防工业出版社，2005.
[4] 张利兴，朱凤蓉．核试验放射性核素监测核查技术．北京：国防工业出版社，2006.

第七章 多源核爆炸侦察数据的融合处理

在核爆炸侦察信号处理中，由于核爆炸侦察原理和方法的差异，对同一次核爆炸试验而言，每一种侦察手段计算的核爆炸源性质及源参数都可能存在误差。为了提高核爆炸源性质鉴别的准确性以及源参数计算的精确性，本章主要从核爆炸源位置的综合计算及性质融合判别两个方面介绍相关技术。

7.1 核爆炸源位置的综合计算

7.1.1 源位置综合确定方法

对于某一次核爆炸试验，假定核爆炸地点（如图7-1所示）在某确定的笛卡儿坐标系中的坐标为(x, y)，相应的爆炸点极坐标用(r, θ)来表示。

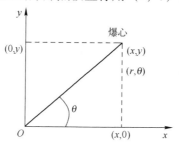

图7-1 爆心位置示意图

假定分别利用次声侦察、电磁脉冲侦察及地震波侦察等3种手段实施了核爆炸源位置的计算，获得了相应的爆炸源位置(r_i, θ_i)（$i = 1,2,3$分别代表相应的侦察手段）。

若爆炸源的真实位置用(r, θ)来表示，其中，r表示爆心到源点的真实距离，θ表示爆心的真实方位。

与此同时，r_i表示第i种侦察手段获得的爆心到源点的距离；σ_i表示第i种侦察手段计算距离时的均方误差；θ_i为第i种侦察手段获得的爆心方位角；ε_i表示第i种侦察手段计算方位时的均方误差；δ_i表示计算相应r_i时的具体误差；φ_i表示计算相应θ_i时的具体误差。则针对第i种侦察手段，计算值与真实值之间的关系为

$$\begin{cases} r_i = r + \delta_i \\ \theta_i = \theta + \varphi_i \end{cases} \tag{7-1}$$

我们假定误差δ_i服从均值为零，方差为σ_i^2的正态分布；误差φ_i同样服从均值为零，方差为ε_i^2的正态分布，即

$$\begin{cases} \delta_i \sim N(0, \sigma_i^2) \\ \varphi_i \sim N(0, \varepsilon_i^2) \end{cases} \tag{7-2}$$

根据概率论的基本理论，r_i 和 θ_i 也服从正态分布，即

$$\begin{cases} r_i \sim N(r, \sigma_i^2) \\ \theta_i \sim N(0, \varepsilon_i^2) \end{cases} \tag{7-3}$$

由以上假定可将多种手段的综合定位转化为求解问题：根据 (r_i, θ_i)，求解 (r, θ)。即根据各种侦察手段计算得到爆心坐标 (r_i, θ_i)，确定爆心的最优估计 $(\hat{r}, \hat{\theta})$，使其均方误差最小。

根据问题描述和数学优化理论，可采用最大似然估计法来寻找最优估计 $(\hat{r}, \hat{\theta})$。根据式 (7-3)，可获得 r, θ 的似然函数分别为

$$L_r(r_1, r_2, r_3; \sigma_1, \sigma_2, \sigma_3) = \prod_{i=1}^{3} f(r_i, \sigma_i, r) = (2\pi)^{-\frac{3}{2}} \left(\sum_{i=1}^{3} \sigma_i \right)^{-1} \exp\left(-\sum_{i=1}^{3} \frac{(r_i - r)^2}{\sigma_i^2} \right)$$

$$\tag{7-4}$$

$$L_r(\theta_1, \theta_2, \theta_3; \varepsilon_1, \varepsilon_2, \varepsilon_3) = \prod_{i=1}^{3} f(\theta_i, \varepsilon_i, \theta) = (2\pi)^{-\frac{3}{2}} \left(\sum_{i=1}^{3} \varepsilon_i \right)^{-1} \exp\left(-\sum_{i=1}^{3} \frac{(\theta_i - \theta)^2}{\varepsilon_i^2} \right)$$

$$\tag{7-5}$$

为获得最优估计 $(\hat{r}, \hat{\theta})$，可分别对相应的似然函数求极大值，进而分别得到 r, θ 的最大似然估计 $\hat{r}, \hat{\theta}$，即

$$\hat{r} = \frac{\displaystyle\sum_{i=1}^{3} \frac{r_i}{\sigma_i^2}}{\displaystyle\sum_{i=1}^{3} \frac{1}{\sigma_i^2}}$$

$$\hat{\theta} = \frac{\displaystyle\sum_{i=1}^{3} \frac{\theta_i}{\varepsilon_i^2}}{\displaystyle\sum_{i=1}^{3} \frac{1}{\varepsilon_i^2}} \tag{7-6}$$

7.1.2 精度分析

为评估该估计的性能，分别计算估计量 $\hat{r}$，$\hat{\theta}$ 的数学期望和方差。

$\hat{r}$，$\hat{\theta}$ 的数学期望分别为

$$E(\hat{r}) = E\left(\frac{\displaystyle\sum_{i=1}^{3} \frac{r_i}{\sigma_i^2}}{\displaystyle\sum_{i=1}^{3} \frac{1}{\sigma_i^2}} \right) = \frac{1}{\displaystyle\sum_{i=1}^{3} \frac{1}{\sigma_i^2}} \sum_{i=1}^{3} \frac{1}{\sigma_i^2} E(r_i) = r \tag{7-7}$$

$$E(\hat{\theta}) = E\left(\frac{\displaystyle\sum_{i=1}^{3} \frac{\theta_i}{\varepsilon_i^2}}{\displaystyle\sum_{i=1}^{3} \frac{1}{\varepsilon_i^2}} \right) = \frac{1}{\displaystyle\sum_{i=1}^{3} \frac{1}{\varepsilon_i^2}} \sum_{i=1}^{3} \frac{1}{\varepsilon_i^2} E(\theta_i) = \theta \tag{7-8}$$

由式（7-7）和式（7-8）可知，$\hat{r},\hat{\theta}$分别是r,θ的无偏估计子。

$\hat{r},\hat{\theta}$的方差分别为

$$\mathrm{Var}(\hat{r}) = \mathrm{Var}\left(\frac{\sum\limits_{i=1}^{3}\dfrac{r_i}{\sigma_i^2}}{\sum\limits_{i=1}^{3}\dfrac{1}{\sigma_i^2}}\right) = \left(\frac{1}{\sum\limits_{i=1}^{3}\dfrac{1}{\sigma_i^2}}\right)^2 \sum_{i=1}^{3}\frac{1}{\sigma_i^4}\mathrm{Var}(r_i) = \frac{1}{\sum\limits_{i=1}^{3}\dfrac{1}{\sigma_i^2}} \qquad (7-9)$$

$$\mathrm{Var}(\hat{\theta}) = \mathrm{Var}\left(\frac{\sum\limits_{i=1}^{3}\dfrac{\theta_i}{\varepsilon_i^2}}{\sum\limits_{i=1}^{3}\dfrac{1}{\varepsilon_i^2}}\right) = \left(\frac{1}{\sum\limits_{i=1}^{3}\dfrac{1}{\varepsilon_i^2}}\right)^2 \sum_{i=1}^{3}\frac{1}{\varepsilon_i^4}\mathrm{Var}(\theta_i) = \frac{1}{\sum\limits_{i=1}^{3}\dfrac{1}{\varepsilon_i^2}} \qquad (7-10)$$

从式（7-7）~式（7-10）可以看出，根据多种侦察手段估计的核爆炸点的估计精度，取决于各种侦察手段单独确定核爆炸位置的精度。

7.2 基于分类器融合的核爆炸性质鉴别技术

核爆侦察的一个主要目标是为了准确获得可疑事件的性质，也只有在确定核爆炸性质后，计算核爆炸时间、爆高、当量及位置等源参数信息才有实际价值，否则，计算源参数信息就没有意义。在基于单种侦察手段的核爆炸性质鉴别中，主要基于单类侦察信号及相应干扰信号的差异性（如核爆炸地震波与天然地震波的差异性、核爆电磁脉冲与雷电电磁脉冲信号的差异性等）进行性质鉴别，采用的方法是在提取差异性特征的基础上，利用模式识别中的分类判别理论进行决策。应用比较广泛的分类方法有：二分法、贝叶斯分类（Bayesian classifier）、K近邻分类（K-Nearest Neighbor）、神经网络分类（Neural Network）、支持向量机（Support Vector Machine，SVM）等。此外，对于单种侦察方法的分类判别而言（如核爆地震分类识别问题），所能够提取的各种判别特征，可以来自于多种不同的渠道，其表达形式不尽一致，物理意义也各不相同。对于这些具有不同物理意义的特征，采用适合各自特点的分类器构造方法，是一种合理的处理方式。为提高单种侦察手段判别的准确性，在实际工作中，一般的做法是对多个可选的分类方案进行实验评价，并选择其中性能最佳的方案。然而，不同的特征空间往往反映事物的不同方面，在一种特征空间很难区分的模式可能在另一种特征空间上很容易分开，对应于同一特征空间的不同分类器又以不同的方式将该特征空间映射到相应的类别空间。因此，第四章4.7节主要介绍了分类器组合方法在核爆地震分类识别中的应用，当然，该方法同样适用于其他的单种核爆炸侦察手段。

对于单种侦察手段而言，无论是通过单个分类器，还是通过分类器融合的方法进行可疑事件源性质鉴别，都可能存在判别误差。在获得多种核爆炸侦察手段对同一事件侦察的数据后，如何通过多种侦察手段的融合，进一步提高可疑事件源性质鉴别的可靠性便成为急需解决的问题。由于每一种侦察数据都是对同一事件利用不同传感器获取的，因此，可利用信息融合的理论解决此问题。对于信息融合理论而言，有像素级、特征级及决策级融合理论和方法。由于各种侦察手段本身都可进行分类判别，因此，本节主要

以各种侦察手段判别的结果为基础，采用分类器融合理论进行核爆炸性质鉴别。关于分类器融合方法的优点，第四章4.7节已有介绍，这里不再赘述。

前面已经知道，分类器融合方法是从信息融合的角度出发，将一个模式识别问题转化为由多个分类器（这里的每一个分类器决策是由一种侦察数据来实现）来完成，并将多个分类器的输出进行合理的融合，以充分利用多个分类器（侦察数据判决结果）之间的信息互补，增强识别的可靠性。因此，分类器之间的差异性是保证多分类器融合性能的关键，要增强分类器组合的泛化能力，就应该尽可能地使组合中各分类器的分类错误互不相关。由于这里的分类器是使用各种侦察手段获取的数据来设计的，因此，各分类器具有较好的差异性。子分类器具有较好差异性后，分类器融合方法就成为提高可靠性的关键。分类器融合方法有很多种，最简单的方法是投票法，它采用了人类社会学中用来解决矛盾的简单和普通的规则——多数投票通过。它也是最经典的一种，其他的融合方法大都是由投票法发展而来。在多分类器融合过程中，投票规则是将各个分类器的决策都作为一票，然后统计出得票最多的类别，看它是否达到规定的比例，如果达到了该比例值，就将该类别作为样本所属的类别，否则就认为样本不属于任何类。

贝叶斯推理[1]是在融合技术中应用比较早的理论之一。在一个公共空间，根据概率或似然函数对输入数据建模，并在一定的先验概率情况下，根据贝叶斯规则合并这些概率以获得每个输出假设的概率来处理不确定性问题。现在主要采用的有积规则、和规则、极大规则、极小规则和中值规则等[2-6]。这些贝叶斯推理方法都是在待识别目标先验分布已知的情况下，通过贝叶斯规则进行融合。贝叶斯融合规则主要有两个难点[7-8]：一个是对先验概率分布的描述；另外一个是在进行计算的时候，常常简单地假定信息源是独立的，而在实际情况中信息源根本不可能完全独立。

在各种推理技术中，Dempster - Shafer 证据推理（D - S 证据理论）得到了很大的发展。D - S 证据理论是由 Dempster 于 1967 年提出，后由 Shafer 加以扩充和发展。它提供了描述证据作用的方法以及从多角度综合多方面的证据对同一问题进行信息融合的数学手段，从而使人们对问题的判决更理性、更可靠。D - S 证据理论在目标识别领域得到了广泛应用[9-10]。它对不确定信息的描述采用"区间估计"，而不是"点估计"的方法，在区分不知道与不确定方面以及精确反映证据收集方面具有很大的灵活性。当不同的分类器所提供的关于目标的报告发生冲突时，它可以通过"悬挂"在所有目标集上共有的概念（可信度）使得发生的冲突获得解决，并保证原来高可信度的结果比低可信度的结果加权要大。虽然 D - S 证据理论不像贝叶斯推理理论那样需要知道待识别目标的先验概率，但此理论只适用于证据独立的情况，要求各个分类器在分类时是相互独立的。为了使各个分类器相互独立，往往使用不同的特征集或不同的训练集。不同分类器都是在解决同一分类问题，对同一样本进行分类，不可能达到完全的独立性，况且，在实际使用中上述独立的条件往往也不一定满足。因此，现在大部分研究都是将证据理论进行适当改进，使其能处理相关证据，希望这样可以提高整个识别系统的识别性能。

模糊积分是一种基于模糊密度的非线性决策融合方法，它通过定义模糊密度可得到单个分类器或分类器集合的任意子集在融合系统中的重要程度，积分过程就相应地将分类器所提供的客观结果转化为分类器重要程度的积分。模糊积分方法主要有 4 种：Sugeo 积分、Choquet 积分、Weber 积分和 Wang 积分[11-14]。模糊积分方法为多分类器融合找到了一种非线性方法，使得对融合信源的独立性要求放宽。用它作为融合工具已在许多应用领域取得较好的效果，例如，计算机视觉、目标检测、语言识别、目标识别、综合评估、手写体识别等。

给定一个模式空间 P，由 M 个互不相交的集合组成 $P = C_1 \cup \cdots \cup \cdots \cup C_M$，其中每一个 C_i，$\forall i \in \wedge = \{1,2,\cdots,M\}$，代表给定的模式类集合。对于来自 P 的一个样本 x，分类器 e 的任务是给 x 指定一个标志 $j \in \wedge \cup \{M+1\}$ 来代表 x 属于类 C_j，如果 $j = M+1$ 则认为分类器 e 不能判断类 x，换句话说，x 被分类器 e 拒识，不管分类器的内在结构如何以及采用何种理论和方法，我们只是简单认为一个分类器作为这样一个函数盒，接收一个输入样本 x 和得到一个输出标志 j，或者简单的说，分类器 $e(x) = j$。

根据对子分类器分类结果的融合方式不同，Lei Xu[15] 把基本分类器的融合方式归纳为 3 个层次：

(1) 抽象层次：对于一个含有 M 个模式类的具体问题，设有 K 个不同子分类器 e_k，$k = l, \cdots, K$，每个子分类器对于输入 x 输出为某个确定的类别号 c_k，即产生一个事件 $e_k(x) = c_k$，再用融合方法集成一个分类器 e，对于给定的 x 输出一个类别标志 c，使得 $E(x) = j$，$j \in \wedge \cup \{M+1\}$。

(2) 排序层次：设有一个输入 x，每个 e_k 产生一个子集 $L_k \subseteq \wedge$，其中 L_k 是可能的目标分类列表，其中的目标分类按照可能性大小排列，然后按照融合分类器 e，使得 $E(x) = j$，$j \in \wedge \cup \{M+1\}$。

(3) 度量层次：每个基本分类不仅提供分类结果，还提供每种分类结果属于相应类的程度。对于一个输入 x，每个 e_k 产生一个矢量 $M_e(k) = [m_k(1), \cdots, m_k(M)]^{\mathrm{T}}$（这里 $m_k(i)$ 表示属于类别 i 的概率），则度量层多分类器融合是使用这些 $e(x) = M_e(k)$，$k = 1, \cdots, K$ 构成一个分类器 e，使得 $E(x) = j$，$j \in \wedge \cup \{M+1\}$。

这三类层次融合利用的信息是一个逐渐具体的过程，由度量层信息可以得到排序层以及抽象层信息。这三类融合形式各有其优缺点，在度量层上的融合方法能够充分利用子分类器提供的信息，而抽象级的融合方法则具有普遍意义，适用于各种形式的分类器融合。

在抽象层次分类器融合中采用的决策规则主要是投票法[16-17]、行为知识空间法[18]。在排序层次分类器融合中可以采用的融合规则有最高序号法[19]、Borda 计数法[20] 等。对于两类识别问题来说，抽象层和排序层实际上包含了同样的信息，上述几种排序层次融合规则相应退化为投票法。度量层次分类器融合直接利用分类器的输出信息，不进行预先判断。基本的度量层分类器融合规则包括最大、最小、中值、求和、乘积规则等。

对于多分类器融合，投票规则是最先被使用的。本节主要对投票法进行介绍，同时简要介绍贝叶斯推理，关于其他分类器融合方法，请参考文献 [9-14]。

7.2.1 普通投票法融合

投票法的基本思想是"少数服从多数"，它将各个分类器的决策都作为一票，然后统计出得票最多的类别，看它是否达到规定的比例，如果达到了该比例值，就将该类别作为样本所属的类别，否则就认为样本不属于任何类。

我们设

$$T_k(x \in C_i) = \begin{cases} 1, e_k(x) = i, i \in \wedge \\ 0, \text{其他} \end{cases} \tag{7-11}$$

来表示 $e_k(x) = i$，则投票规则表示如下：

$$E(x) = \begin{cases} j, \exists i \in \wedge, \cap_{k=1}^{K} T_k(x \in C_j) > 0 \\ M+1, \text{其他} \end{cases} \tag{7-12}$$

也就是说，只有当 K 个子分类器认为 x 来自 C_j 时，分类器 e 才认为 x 来于 C_j，否则拒绝识别 x。式中 ∩ 代表与运算，∪ 代表或运算。

从上述式中可以看出，条件要求过于严格，为此，可给出下面的表达式：

$$E(x) = \begin{cases} j, \exists i \in \wedge, \cap_{k=1}^{K} \{T_k(x \in C_i) \cup (1 - \cup_{q=1}^{M} T_k(x \in C_q)\} > 0 \\ M+1, \text{其他} \end{cases} \tag{7-13}$$

即若其中一个分类器拒绝该输入，则该分类器对结果没有任何影响，认为自动弃权。

在实际应用过程中，在进行多分类器融合时，更科学的是采用多数通过规则，即

$$E(x) = \begin{cases} j, if T_E(x \in C_j) = \sum T_k(x \in C_j) > \dfrac{K}{2} \\ M+1, \text{其他} \end{cases} \tag{7-14}$$

即在具体实现过程中，参与分类器融合的分类器个数（侦察手段至少需要 3 种）必须大于 3，且为奇数。最终决策结果是基于每个分类器的判决结果进行评判，以"少数服从多数"的思想对待识别事件进行分类鉴别。

7.2.2 加权投票法融合

简单的投票法把每个投票者看作权利完全平等的个体，但是，实际情况通常并不是这样的，每一种判别方法对最终结果的贡献程度不一样。因此，可以给不同的投票者赋予不同的权力。例如，在记录总票数时把一个权力较高的投票者的一张投票记为两票，把权利较低的投票者的一张投票记为半票，这种方法叫做加权投票法。加权投票法中最关键的问题是如何判断各个分类器的权值。一种方法是使性能较差的分类器通常会获得较小的权值，即利用每种分类器的训练识别率作为权值进行融合，权值计算公式为

$$\omega_i = \frac{\alpha_i}{\sum\limits_{j=1}^{T} \alpha_j}$$

式中：α_i 是第 i 子分类器分类能力的一个评估（如代表该分类器的正确识别率），每个分类器的权值一旦确定，投票公式则变为

$$E(x) = \mathrm{argmax} \Big(\sum_k \omega_i T(e_i(x), c_i) \Big)$$

从上可以看出，由于权值被归一化，所以，所有分类器的权值之和为 1。

除上述基本的投票融合方法之外，根据权值设定的不同又有如下几种常用的加权投票融合方法[21]。

1. 重标加权投票融合（Re-scaled weighted vote）

在这种融合方法中，其权值的设定主要是根据具体一个预期设定值 N/M（具体设置详见文献[21]），其表达式如下：

$$\alpha_i = \max\left\{1 - \frac{M \cdot \mathrm{err}_i}{N \cdot (M-1)}, 0\right\} \tag{7-15}$$

式中：err_i 表示分类器 i 的错误识别率。则投票公式为

$$E(x) = \mathrm{argmax}\left(\sum_k \alpha_i T(\mathrm{err}_i(x), c_i)\right) \tag{7-16}$$

2. 最好-最差加权投票融合（Best-worst weighted vote）

在权值设定时，首先找出识别效果最好和最差的两个分类器，并将它们的权值分别设为 1 和 0，其他分类器权值的按照下面公式计算，即

$$\alpha_i = 1 - \frac{\mathrm{err}_i - \min_j(\mathrm{err}_j)}{\max_j(\mathrm{err}_j) - \min_j(\mathrm{err}_j)} \tag{7-17}$$

投票公式为

$$E(x) = \mathrm{argmax}\left(\sum_k \alpha_i T(\mathrm{err}_i(x), c_i)\right) \tag{7-18}$$

3. 最好-最差平方加权投票融合（Quadratic best-worst weighted vote）

从 Best-worst weighted vote 得到启发，为了突出分类器的识别率在权值设定过程中的重要作用，提出了一种新的权值设定方法，该方法权值设定公式如下：

$$\alpha_i = \left(\frac{e_i - \min_j(\mathrm{err}_j)}{\max_j(\mathrm{err}_j) - \min_j(\mathrm{err}_j)}\right)^2 \tag{7-19}$$

则投票公式为

$$E(x) = \mathrm{argmax}\left(\sum_k \alpha_i T(\mathrm{err}_i(x), c_i)\right) \tag{7-20}$$

7.2.3　贝叶斯推理

在投票法中，分类器融合只依赖于每个成员分类器的输出标志，并且同作为一票进行表决，并没有考虑到每个分类器不同的分类性能，显然不太合理。通常，分类器的分类性能可以由一个矩阵给出，该矩阵是由分类器的先验知识形成的，我们称它为混淆矩阵。贝叶斯方法就是通过各个分类器的混淆矩阵来统计它的分类对错情况的。

朴素贝叶斯法要求必须满足所有的成员分类器之间互相独立。设样本集合 A 有 m 个样本，有 n 个分类器，每个分类器的决策为 B_k，$k = 1, 2, \cdots, n$，先验概率为 $P(A_i)$ 和条件概率 $P = (B_1 B_2 \cdots B_n \mid A_i)$，$i = 1, 2, \cdots, m$，则可得到样本后验概率 $P = (A_i \mid B_1 B_2 \cdots B_n)$ 如下式所示：

$$P = (A_i \mid B_1 B_2 \cdots B_n) = \frac{\prod_{k=1}^{n} P(B_k \mid A_i) P(A_i)}{\sum_{j=1}^{m} \prod_{k=1}^{n} P(B_k \mid A_j) P(A_j)}, \quad i = 1, 2, \cdots, m \tag{7-21}$$

最后根据某种规则选出最优决策，例如，选取具有最大后验概率的决策为系统决策。

7.3 多源核爆炸侦察数据融合处理系统设计

7.3.1 总体设计思路

多源核爆探测数据融合处理系统在设计过程中，将充分应用现有成熟的计算机技术、软件开发技术、数据管理技术、前沿的分析分类识别算法，以 VC++6.0 和 AC-CESS 2003 为主要开发环境，使用人机交互式输入技术，并且以方便未来业务的扩展和系统扩充为目标。

多源核爆探测数据融合处理系统共分为 6 个功能模块：（1）数据文档读入、存储、显示模块；（2）数据特征值计算、存储、显示模块；（3）数据分类识别、存储、显示模块；（4）数据文档管理模块；（5）数据打包输出模块；（6）系统维护模块。

文档读入、存储、显示的主要功能为读入数据文档，如果是标准文档，将数据按约定存入数据库，如果是非标准文件，标准化后存入数据库，按照头文件信息要求绘制波形。

数据特征值计算、存储、显示的主要功能为依据数据类型（地震/次声/电磁脉冲）计算数据特征值，将特征值存入数据库，并将计算结果显示。

数据分类识别、存储、显示的主要功能为实现对 n 个数据的 n 个特征使用 n 个分类器分类识别，将识别结果显示。

数据文档管理的主要功能为数据文档的修改、删除、查询，以及数据特征值显示绘图。

数据打包输出的主要功能为将数据、特征值、识别结果按约定格式打包输出。

系统维护的主要功能为数据库备份与恢复、用户管理、密码管理、重新登录。

依据上述系统功能，将该系统分为数据库与程序模块两大部分。

数据库包含数据导入临时库和数据主库，数据导入临时库的功能是为数据导入模块提供数据信号初步处理数据存储的支持；数据库主库的功能为存储经过处理的数据信号，包含信号数据本身、数据的基本属性信息和数据信号提取出的特征值，以及识别属性配置表和用户信息。

程序模块可分为 5 个模块：主界面模块、数据导入与特征值提取模块、数据管理模块、数据识别模块、用户管理模块。各模块功能如下：

（1）主界面模块的功能为系统集成的实现，提供用户登录和系统各个功能模块调用。

（2）数据导入与特征值提取模块的功能为对数据进行预处理，提取特征值，配置数据属性，并将结果导入数据主库，且提供查重功能。

（3）数据管理模块的功能为包含已识别数据、未识别数据、数据导出、数据备份与恢复子模块。

（4）数据识别模块的功能为对数据主库中未识别信号数据进行识别，并按识别结果入数据主库，主要有两部分组成，识别属性表配置部分和识别引擎部分。

（5）用户管理模块的功能为提供添加删除用户和用户密码修改功能。

171

系统功能结构图如图7-2所示。

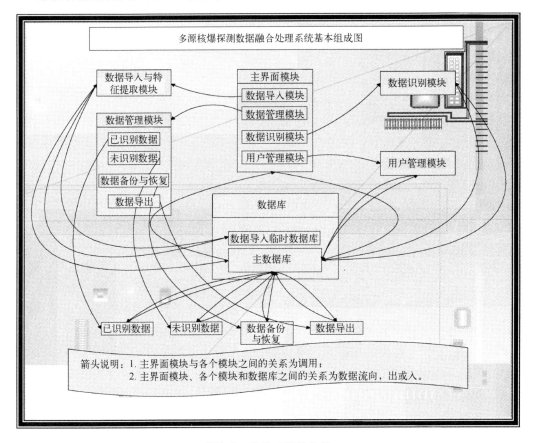

图7-2　系统功能结构图

7.3.2　关键技术

融合处理系统的关键技术主要包括信号的特征提取、分类器设计以及分类融合。这些关键技术在前面几章中均有详细介绍，这里针对系统应用进行简要阐述。

1. 核爆地震波信号的特征提取

对于利用地震波进行核爆炸监测识别而言，主要涉及到地下核试验与天然地震的鉴别问题，为此，地震波信号的特征提取主要围绕地下核试验和天然地震的正确区分而展开。根据地下核试验和天然地震在震源机制上的不同，主要提取不同特征，如波形复杂度、谱比值、频率矩、倒谱系数、短时谱、自相关系数、AR模型系数、平均过零率、小包波分量比等。

2. 核爆电磁脉冲信号的特征提取

对于利用电磁脉冲波进行核爆炸监测识别而言，主要涉及到核电磁脉冲与雷电电磁脉冲的鉴别问题，为此，电磁脉冲信号的特征提取主要围绕核电磁脉冲与雷电电磁脉冲的正确区分而展开。根据核电磁脉冲与雷电电磁脉冲在源机制上的不同，主要提取不同特征，如归一化谱特征值、信号总能量密度、二阶谱心矩、动态谱特征、小包波分量比等。

3. 核爆次声信号的特征提取

大气中存在着许多种类的次声源，虽然对某些次声源的研究具有一定的意义，并且可能某些次声源可被人们利用，但从核爆炸监测识别的角度来说，他们都可以列为噪声源。为能有效地识别核试验，必须研究分析这些噪声源与核爆炸产生的次声的差异，找出区别它们的一些规律和特征。因此，主要从时域、频域和倒谱域提取特征，如质心、离散度、偏斜度、峭度、频谱滚降、频率通量、平均过零率，伪倒谱系数等。

4. 核爆炸信号的分类器融合

分类器融合方法是从信息融合的角度出发，将一个模式识别问题由多个分类器来完成，并将多个分类器的输出进行合理的组合，以充分利用多个分类器之间的信息互补，增强识别的可靠性。分类器融合的前提是子分类器设计，本节主要应用了支持向量机、二分法、K 近邻法、Fisher 法以及 BP 神经网络等分类器。在完成子分类器设计的基础上，针对多源核爆探测数据的融合采用了 7.2 节所述的普通投票法和加权投票法两种分类器融合方法。

7.3.3　系统综合集成

1. 系统主界面模块设计与系统集成

系统通过主界面调用系统的其他子模块，因此可以说，主界面是系统的最顶层窗口。为实现系统的安全性，本模块首先实现用户登录，然后实现主要功能模块的调用功能、模块状态实时监测、功能模块运算结果显示与输出等功能。

系统用户登录界面如图 7-3 所示，输入正确的用户名和密码便可登录到软件主界面，如果输入错误次数超过 3 次系统会自动退出。

图 7-3　用户登录界面

用户登录完成后，便出现系统主界面（如图 7-4 所示），系统主界面的主要功能是准确显示系统功能以及融合识别过程中的各类数据分析结果。系统主界面本身不具备数据输入、识别与分析等功能，而是通过调用各功能模块实现相应的功能，而后将结果显示在主界面。

系统的主界面整体结构为上下左右结构，上面部分显示系统名称以及正在运行的模块，左面部分显示系统的全部功能以及当前使用人员名称，右面部分为客户区，显示当前操作的使用窗口。

左侧的功能模块包含数据导入与特征值提取，数据管理，数据识别，用户管理，设计如图 7-5 所示，点击调用相应模块。

2. 数据输入与特征提取模块的设计与实现

数据输入与特征提取模块是系统的核心模块之一，主要功能是：实现输入模式的选择、信号数据的预处理、属性信息配置和特征值提取，并将以上结果转存至主数据库。

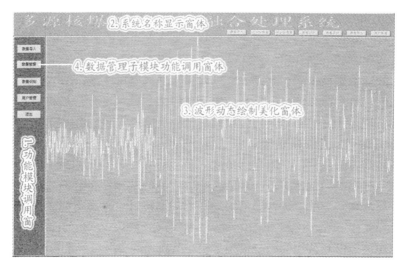

图 7-4　用户登录后的系统主界面

1）数据输入模块

对于输入模式，主要实现单类型与多类型台站数据的输入模式选择功能，以及输入数据类型选择模型，如图 7-6、图 7-7、和图 7-8 所示。

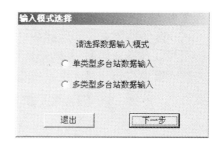

图 7-5　数据管理模块展开后的设计图　　　　图 7-6　输入模式选择

图 7-7　单类型输入模式下的数据类型选择　　图 7-8　多类型输入模式下的数据类型选择

2）特征提取模块

特征的提取是系统的核心之一，本模块主要实现 3 种类型波形信号的特征值的提取，具体的特征提取方法详见 7.3.2 节。

3. 数据管理模块的设计与实现

数据管理模块是系统的 5 大模块之一，主要实现波形信号数据、属性信息、特征值的管理。在数据管理模块里，又将数据管理模块分为已识别数据子模块、未识别数据子模块、数据导出子模块和数据备份与恢复模块。其中，已识别数据和未识别数据子模

174

块，主要实现对已识别数据和未识别数据的信息显示和管理功能；数据导出模块主要实现主数据库中数据按照标准格式数据导出；数据备份与恢复模块主要实现对主数据库的全库备份。

1）已识别数据模块的设计与实现

对于本模块，以 Access 2003 数据库为基础，采用 Vc ++6.0 编程实现调用地震波、次声与电磁脉冲波形数据库的标准数据格式来实现已识别数据管理模块的显示。在显示框中，同时调用了 3 类数据的标准数据格式，同时具有单独显示某类波形数据的功能。实现后的运行图如图 7-9 所示。

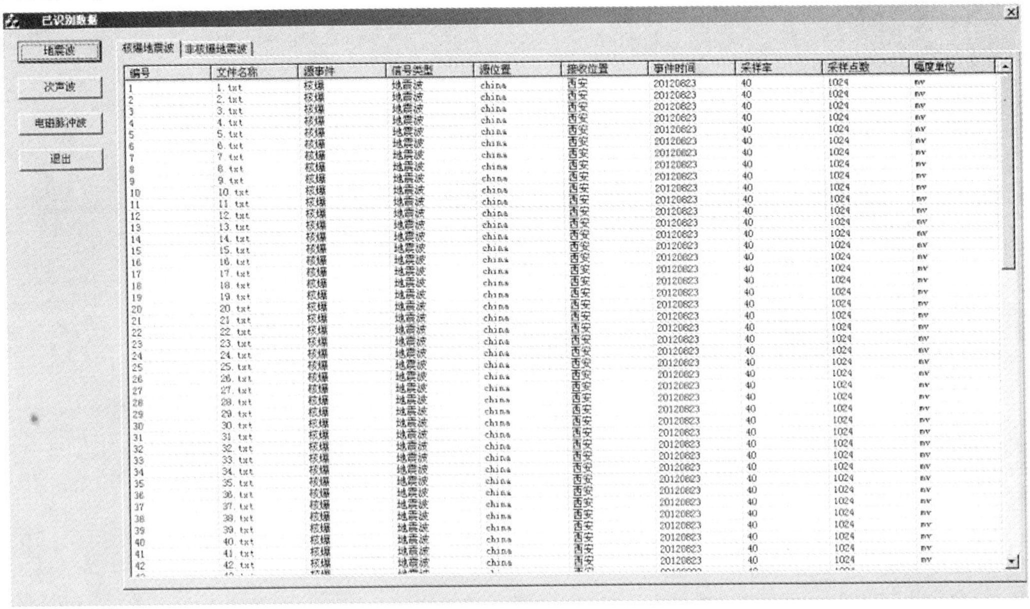

图 7-9　已识别数据模块的主界面

为能更加详细地了解每条波形数据的性质，本模块以波形属性配置表为数据接口，通过双击函数调用波形数据属性接口功能实现了已选定波形信号数据的属性信息和特征值显示、修改与删除功能。具体如图 7-10 所示。

2）未识别数据模块的设计与实现

未识别数据模块与已识别数据模块的功能相似，在设计上采用了同样的设计原理。即未识别数据同样共分为地震波、次声波、电磁脉冲波 3 种类型。通过调用波形数据库实现地震波、次声波或电磁脉冲波的显示功能。通过双击函数调用波形数据属性接口功能，实现已选定波形信号数据的属性信息和特征值显示、修改与删除功能。

3）数据备份与恢复模块的设计与实现

为实现数据的可靠存储与丢失后的恢复，系统设计了数据备份与恢复模块，其基本功能是利用文件复制函数，实现主数据库文件的备份或恢复。其实现后的运行图如图 7-11 所示。

4）数据导出模块的设计与实现

为实现需要部分或者全部的波形数据在不同计算机之间运行的需求，设计了数据导出模块。该模块具有选择所需 3 类波形数据，并以标准数据格式打包输出的功能。实现后的功能界面如图 7-12 所示。

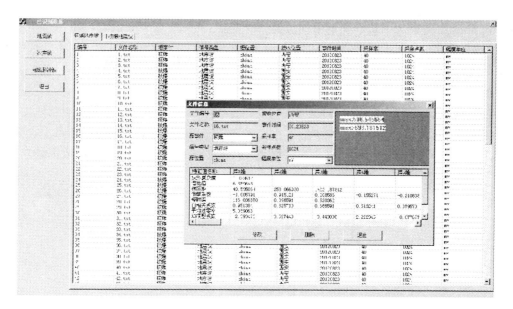

图 7-10　已识别数据模块的波形属性管理界面

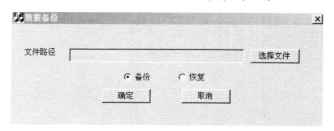

图 7-11　数据备份与恢复运行界面

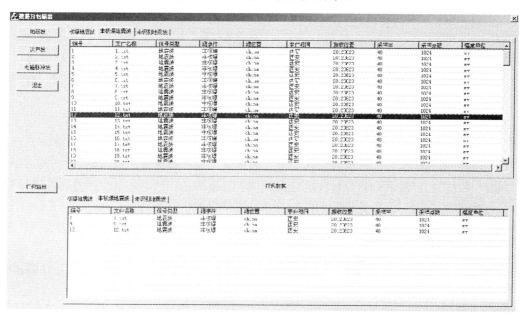

图 7-12　数据导出模块的功能界面

4. 数据识别模块的设计与实现

数据识别模块是系统核心模块之一，也是系统实现多源融合处理的具体体现。系统对 3 种类型波形的特征值采用不同分类识别器，进行了较为复杂的人机交互融合识别。由于涉及到同一类型数据融合识别和不同类型数据之间的融合处理，为了实现程序的便捷与共用思想，在本模块引入了特征值识别引擎的思想。

从总体来说，多源融合处理部分主要分为界面部分（识别属性表配置）、识别引擎、识别结果统计与显示 3 部分来设计，其中特征值识别引擎设计是其核心。对于总体处理流程而言，界面部分配置好识别属性表，存入主数据库之中，并调用识别引擎。识别引擎根据识别属性表从数据库中读取特征值，按识别属性表选择分类器进行识别，并将识别结果存于识别属性配置表之中。识别引擎识别完成后，调用识别结果汇总子程序（可放入识别界面中），对识别结果进行统计，并提示是否按照识别结果识别波形信号存入主数据库之中。

1）识别属性配置表

为适应具有一类、两类或三类波形信号的识别功能，系统分别设计了单类型识别属性配置表和多类型识别属性配置表。通过数据识别按钮的调用后，采用人机交互方式，人为选择一种类型或多种类型的待识别的波形。确定后，调用相应的识别属性配置表，进行待识别文件的选择、分类器的选择以及融合方式的选择。选择完成后，将相应识别属性配置信息送至特征值识别引擎。待识别文件选择界面如图 7-13 所示，分类器选择界面如图 7-14 所示。

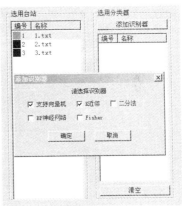

图 7-13　待识别文件选择界面　　　　图 7-14　分类器选择界面

2）特征值识别引擎设计

对于特征值识别引擎，首先进行识别属性配置表的读取，然后进行相应特征值的读取，进而进行分类器的调用，最后进行分类识别的融合处理。为便于管理和设计，系统采用了类封装的思想，在融合处理模块首先调用相应的类，然后基于获得的识别属性、波形特征值以及分类器，进而采用融合处理方式进行分类识别。数据类型及融合方式选择属性界面如图 7-15 所示，数据识别属性配置界面如图 7-16 所示。

在系统的融合处理过程中，若对训练得到的分类器性能不满意，或者利用新的训练样本对分类器进行训练，则需要训练识别引擎，对于识别引擎训练而言，可分别调用地震波、次声波和电磁脉冲波识别的 3 个引擎。地震波识别引擎的分类器训练引擎如图 7-17 所示。

177

图 7-15　数据类型及融合方式选择属性界面

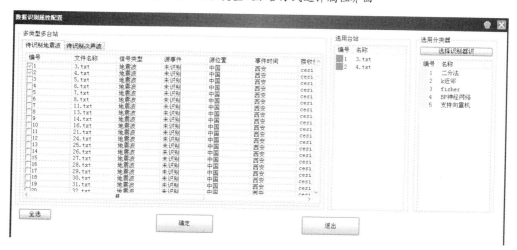

图 7-16　数据识别属性配置界面

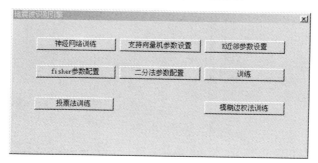

图 7-17　地震波引擎分类器训练界面

3）识别结果统计与显示

经数据特征值识别引擎得出的识别结果送至识别结果统计与显示模块，在结果统计与显示模块，将使用的识别模式、融合方法以及相应识别结果进行显示，并将识别结果入库。具体界面如图 7-18 所示。

5. 用户管理模块的设计与实现

用户管理模块是系统的一个辅助功能模块，其主要功能是实现系统使用用户的管理，具体功能包括新用户的添加、已有用户删除以及用户密码的修改。其实现后的运行图如图 7-19 所示。

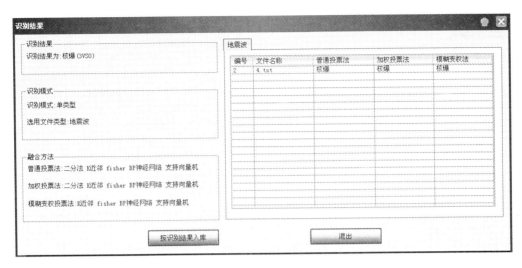

图 7-18 数据识别结果统计与显示模块

图 7-19 用户管理模块

参 考 文 献

[1] Valet L, Mauria G, Bolon P h. A statistical overview of recent literature in information fusion [J]. Aerospace and Electronic Systems Magazine IEEE, 2001, 16 (3): 7-14.

[2] Wald L. An European proposal for terms of reference in data fusion [J]. International archives of photogrammetry and remote sensing, 1998 (7): 651-654.

[3] 杨勃, 卜英勇, 黄剑飞. 多核信息融合模型及其应用 [J]. 仪器仪表学报, 2010, 31 (2): 248-252.

[4] Buede D M, Girardi P. A target identification comparison of Bayesian and Dempster-Shafer multisensorfusion [J]. IEEE Transactions on Systems, Man, and Cybernetic-part A: Systems and Humans, 1997, 27 (5): 569-577-

[5] Jeon B, Landgrebe D A. Decision fusion approach for multitemporal classification [J]. IEEE Transactions on geoscience and remote sensing, 1999, 37 (3): 1227-1233.

［6］ Pan H, Mcmichael D, Lendjel M. Inference algorithms in Bayesian networks and the probanet system ［J］. Digital Signal Processing, 1998, 8 (4): 231 – 243.

［7］ Kam M, Zhu X, Kalata P. Sensor fusion for mobile robot navigation ［J］. Proceeding of the IEEE, 1997, 85 (1): 288 – 295.

［8］ Saha R K, Chang K C. An efficient algorithm for multisensor track fusion ［J］. IEEE Transactions on Aerospace and Electronic Systems, 1998, 34 (1): 200 – 210.

［9］ 潘震. 多传感器信息融合的谢佛 – 登普斯特方法 ［J］. 火力与指挥控制, 1994, 19 (3): 12 – 16.

［10］ 蓝金辉, 马宝华, 蓝天. D – S证据理论数据融合方法在目标识别中的应用 ［J］. 清华大学学报, 2001, 41 (2): 53 – 59.

［11］ 张斌, 李夕海, 刘代志. 基于模糊积分的核爆地震自动识别研究 ［C］//国家安全地球物理学术研讨会论文集. 西安: 西安地图出版社, 2005: 42 – 46.

［12］ Guo G, Bi Y, Bell D, et al. Combining multiple classifiers using Dempster' srule of combination for text categorization ［J］. Applied Artificial Intelligence, 2007, 21 (3): 211 – 239.

［13］ 明袁, 保宗, 苗振江. 基于模糊规则的多分类器融合 ［J］. 电子与信息学报, 2007, 29 (7): 1707 – 1712.

［14］ 孔志周, 蔡自兴. 分类器融合中模糊积分理论研究进展 ［J］. 小型微型计算机系统, 2008, 29 (6): 1093 – 1098.

［15］ Xu L, Krzyzalc A, YSuen C. Methodsof combining multiple classifiers and their applications to handwriting recognition ［J］. IEEE Traps. Systems, Man, and Cybernetics, 1992, 22 (3): 418 – 435.

［16］ Franke J, Mandler E. A comparison of two approaches for combining the votes of cooperating classifiers ［J］. Proceedings of the 11th International Conference on Pattern Recognition, 1992, (2): 611 – 614.

［17］ Kuncheva L I. A theoretical study on six classifier fusion strategies ［J］. IEEE Transactionson Pattern Analysis and Machine Intelligence, 2002, 24 (2): 281 – 286.

［18］ Huang Y S, Suen C Y. A method of combining multiple experts for the recognition of unconstrained handwritten numerals ［J］. IEEE Transactions on Pattern Analysis andMachine Intelligence, 1995, 17 (1): 90 – 94.

［19］ Ho T K, Hull J J, Srihari S N. Decision combination in multiple classifiers systems ［J］. IEEE Transactions on Pattern Analysis and Machine Intelligence, 1994, 16 (1): 66 – 75.

［20］ Melnik O, Vardi Y, Zhang Cun hui. Mixed group ranks: preference and confidence in classifier combination ［J］. IEEE Transactions on Pattern Analysis and Machine Intelligence, 2004, 26 (8): 973 – 981.

［21］ Kuncheva L I. Combining pattern dassifiers methods and algorithms ［M］. New Jersey: John WiLey 8L Sons, Inc. , 2004.